摄影与影视制作系列丛书

数码摄影后期处理教程

王萌 主编 夏双双 杜健 副主编

化学工业出版社

·北京·

本书从最著名的平面图像处理软件Adobe Photoshop入手，以无基础为起点，通过众多具体的实例，引领读者通过对照片基本错误的修正和补救，到对普通作品的美化和修饰，借助高级技能进行改头换面的高级精修，以至进入鬼斧神工再创作境界的层阶，在后期技能上实现从零到中级高手的飞跃。

Adobe Lightroom是非常适合专业摄影师输入、选择、修改和展示大量照片的高效率软件；通过学习，读者今后可以在照片资源管理方面花费更少的时间，让摄影创作与照片管理变得轻松而且高效。

教程示例涉及了人像摄影、风光摄影、体育摄影、纪实摄影以及广告静物（淘宝）摄影等多方面的作品。

本书可供高等院校摄影及相关专业师生使用，也是摄影爱好者和从业者进行后期调整修饰和再创作的重要参考工具书。

图书在版编目（CIP）数据

数码摄影后期处理教程/王萌主编. —北京：化学工业出版社，2017.9

（摄影与影视制作系列丛书）

ISBN 978-7-122-30358-5

Ⅰ. ①数… Ⅱ. ①王… Ⅲ. ①图象处理软件-教材 Ⅳ. ①TP391.413

中国版本图书馆CIP数据核字（2017）第183641号

责任编辑：李彦玲　　文字编辑：姚　烨
责任校对：边　涛　　装帧设计：王晓宇

出版发行：化学工业出版社（北京市东城区青年湖南街13号　邮政编码100011）
印　　装：北京方嘉彩色印刷有限责任公司
787mm×1092mm　1/16　印张$11\frac{3}{4}$　字数273千字　2017年11月北京第1版第1次印刷

购书咨询：010-64518888（传真：010-64519686）　售后服务：010-64518899
网　　址：http://www.cip.com.cn
凡购买本书，如有缺损质量问题，本社销售中心负责调换。

定　价：69.00元

FOREWORD 前言

在实际摄影过程中，难免发生构图不太规范、主体位置与大小比例不合适、拍摄角度有欠缺、手忙脚乱造成操作失误以及现场环境（包括天气、光线、背景等）无法达到预期设想等情况。这些都会导致完成的作品不够理想，更需要筛选、整理大量的资料片源。这些问题通过后期处理，很大部分都可以得到很好的改善和处理。

本书不再按照多年所谓的“学院派”方式，照本宣科地编写一本说明书式的教程，而是换新思路，要让读者“玩儿”着学，学着“玩儿”，不仅示例要多，配图要多，更要简单、实用、见效，同时还要节省笔墨，总结起来就是要“易（学）、趣（味）、专（业）、精（简）”。这是一种尝试，更是一种突破。在提纲上经过几次易稿后，编写过程中还多次将初稿交给不同城市的师生学习使用，并将大家反馈的问题进行研究总结，重新调整顺序、增减案例、设计配图，并且添减大量文字再次撰写。终于在第四次试用后，得到的反馈总体意见是，“有意思、好学好用、由浅及深不费力、和其它的书真的不太一样、确实学到了实用的技巧、还有没有第二季更多更深入的内容”。虽然这还都是微小规模的试验，收到的评价远远不够全面，但是对编者来说已经是很大的鼓励和肯定了。

本书尽可能照顾零基础和浅基础的读者，在篇幅允许的情况下利用大量实例逐渐带入新工具和选项的使用，由浅及深，好玩儿好用。配图几乎标示了所有能在图片上标出的可操作环节。各个章节的安排尽量衔接紧密，让新掌握的操作能获得多次复习的机会并产生螺旋式上升的效果。后期章节内容稍有难度，层次略高，配图适当缩减。

本书主编为王萌，副主编为夏双双、杜健。各章节编写分工如下：第一章陈天龙、王健，第二章第一节王健、杜雅娜，第二节陈天龙、杜健，第三节杜健、陈天龙、杜雅娜，第四节杜健、王萌，第五节、第六节王萌，第三章夏双双、王萌。全书统稿由王萌完成。

再次感谢化学工业出版社和陈勤教授对编者的帮助，同时也要在此感谢在本书试用中给予大量建设性意见和无私协助的许允丹、兰恭斌、吕松、吕健、杨鑫等诸位老师！同时一并感谢清华大学、温州职业技术学院、武汉信息传播职业技术学院、天津中德应用技术大学等院校的众多师生为本书提供的大量帮助和宝贵意见。

虽不能尽善尽美，但求不断进步！欢迎并恭谢读者进行批评指正！

王　萌

2017年8月

本书导读

（如何更好地阅读本书）

本书配图较多，人物部分配图中又添加了文字和边框标注，并在文章中对一些菜单命令和工具与普通文字进行了区分，为了方便读者的阅读，说明如下。

1. 带○的数字：基本用于具体操作上的步骤顺序，个别章节也作为区域说明使用，如第二章第一节。

2.【 】：文章中凡是菜单命令、工具名称以及功能区域的名称都使用了【 】加以标注，例如：

菜单命令：【菜单栏】、【图像编辑窗口】、【滤镜】等；

工具名称：【背景橡皮擦工具】、【多边形套索工具】等；

功能区域：【图像编辑窗口】、【图层选项卡】、【右键快捷菜单】等；

功能按钮：【创建新图层】、【创建新的填充或调整图层】等。

3. 小图标：与软件中相同的图标图案便于读者在使用过程中快速查找，分为以下3类。

工具图标：考虑到读者使用的软件语言版本可能不同（中文版、英文版），所有的工具的中文名称前面增加了一个图标图案，如：【污点修复画笔工具】、【渐变工具】；

光标图标：点击不同工具后，鼠标光标在软件中表现出的图案也是不同的，文章中直接用图形呈现，如：、、；

按钮图标：一些窗口中的按钮，也用名称前增加了相同的图形，如：【更多选项】、【创建新组】、【删除】。

4. □：表示的是键盘上的按键，如：Alt + ←Backspace 键、按 Ctrl + Alt + Shift + E 键。

5. “ ”：引用的话语或一些通俗的称呼，用“”加以标注：如“蚂蚁线”等。

6. “小提醒”“小贴士”“小技巧”：正文外额外提供的一些内容，短小精辟，常常是实际操作中一些容易忽略或引起头疼跳脚的小问题，点明后能让人有“原来如此”的收获；并且按照重要度进行了分级，共分5个级别，星级越高重要性越大，如：“小提示： 重要度：★★★★。”

7. 配图：包括框线、文字、箭头和手指手势4部分（下图）。

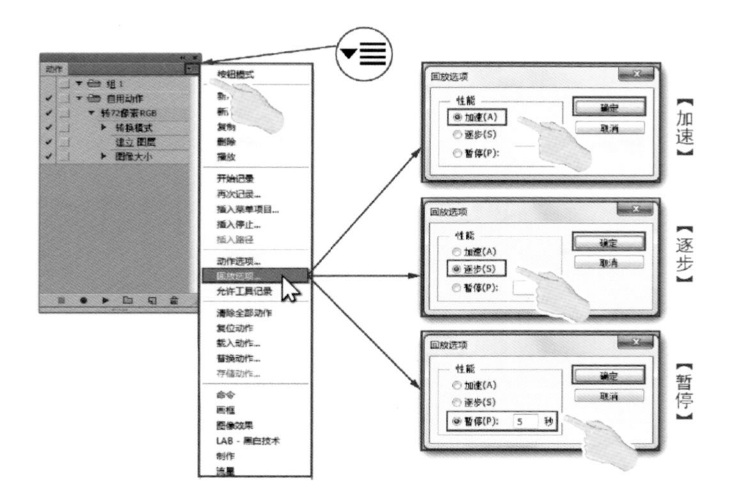

● 框线

• 红色或黄色方框线：是菜单栏、弹出的窗口、点击的选项、可以输入的参数数值或要点击的按钮，两种颜色是为了观看醒目；

• 红色或黄色圆框线：可以拖动的滑块，两种颜色是为了观看醒目；

• 玫瑰色方框线：局部放大图；

● 文字

• 红色或黄色文字：对框线的区域进行的说明，分色为了醒目；偶尔有文字是对照片本身进行的说明提示；

• 玫瑰色文字：局部放大图文字提示；

● 箭头

• 标明文字说明具体指向的框线，少数文字说明因为紧挨着框线，故未做箭头指向；

● 手指手势

• 本书后面的章节，为了给读者增加一定的难度，强化记忆，在配图中取消了文字标注，只在需要操作的项目或区域用手指手势指出，提醒注意。

目录 CONTENTS

第一章　数码摄影后期概论

Chapter 01

一、数码摄影能为我们做什么

数码后期就是将数码相机拍摄的照片或者通过扫描仪采集其他平面介质的图像作品，通过专用的计算机软件进行调整、修饰、美化，最终完成拍摄者的艺术表达的操作过程。

简单的归纳数码后期主要能使我们完成的有三大类工作。

（1）修正

修正原始照片在拍摄时的不足：包括倾斜、曝光不正确（过曝或欠曝）、色彩饱和度不足、白平衡错误、失焦、取景过于杂乱、去除污点/划痕等，让原片得以完美无瑕。

（2）调整

应该也可以算做是“再创作”中简单的一部分，主要是对原始照片进行色彩调节、对比度调节、色相调整，照片大小的裁切、色彩模式的改变等等，但不改变原片的基本面貌。

（3）再创作

利用原始照片作为素材，通过大量操作加入一些原片没有的特殊效果，例如：制造动感、人物皮肤的美化、为人物上妆、增加文字、变换背景、照片做旧、合成渲染照片，以及制造卷边、邮票、浮雕、立体、油画等效果，让原片改头换面成为一幅全新的作品。

二、数码摄影前期与后期的重要性

提到数码后期，大家就不由自主地想到了时下摄影界最大的一种争论“前期重要还是后期重要。”这个问题。确实有很多摄友在刚开始接触摄影时都会遇到这个问题，引申一下就是“进行了后期加工的摄影作品是不是就不是‘真实’的摄影作品。”，这些问题困扰着非常多的新人。

要不要后期制作，关键还是要看照片的用途。简单地说“要”或者“不要”后期制作都是不全面的。

胶片时代的摄影人追求的最高境界是依靠刻苦学得的基础知识，秉承着“汇涓流而成江海，积跬步而至千里”的精神，经过长期不断的摸索锻炼，日积月累出丰富的经验，博百家之长集于一身，取精去粕，最终达到一“片”（底片）惊人，造就不朽之作。时至今日，还有一批运用数码摄影的人士在为这样的目标而努力，这些人的确是摄影领域的精英和传统摄影艺术技巧孜孜不倦的传承人。

新闻或纪实类摄影需要如实还原拍摄事物的真实面貌，除了为保证发布效果而进行少量的曝光量及对比度的调整外，不应过多进行其他后期加工操作；而纯粹为了展示技巧与功力的风光、人像类摄影比赛，更应该以不加入任何后期手段为好。

但毕竟不是每个学习摄影的人都要成为摄影大家，掌握摄影的目的是多一种技巧可以刚好的配合今后所从事的其他工作，并且摄影也不仅仅只是为了新闻纪实和专业技巧的摄影比赛，更多的还是为生活服务，相比之下，摄影作品绝大多数还是应用于企业广告宣传、公益类广告宣传、产品包装、电影海报、生活美化（例如婚纱照、艺术照等等），这些方面还需要依靠数码后期来节约成本、提高效率并达到更高标准、更加艺术化的效果。

摄影的初衷是真实记录和表现，镜头里收录的内容就是“原始素材”；按下快门的一刹那，由于人类穷其智慧将相机的功能设计得愈加地完美，通过机身上相当一部分带有“后期功能”的一系列技术操作，虽说是“拍下即是所见”也还是经过了一些最简单的基础后期处理了，这就是“原片”。

因为前期拍摄需要更娴熟的技术训练和艺术表现的深厚积累，因此摄影技术基础训练极其必要，摄影表现前期的重要性和不可代替性更是毋庸置疑的。好的前期是根本，如果一张照片没有前期基础，全靠后期也是徒劳无功，喧宾夺主地过分的强调后期，前期随便应付，这样的作品最终缺少情感元素，表现苍白无力。好的前期和后期应该是相辅相成的，是“锦上添花”，而不是“亡羊补牢”。

有一才能有二，有“前”方能有“后”，摄影的魅力就是在于前期的“目的”和后期的“呈现”，后期就是在原片素材的基础上去“还原”“丰富”“呈现”这个目的。前期为后期提供了丰富有效的原片素材，后期则是对前期的作品进行修整以及再加工、再创作。前期与后期是阴阳关系，缺一不可，两者都是手段，后期可以让摄影更完美，让摄影人更多的自我个性意图得以表现。

后期是一种摄影习惯，后期技术其实就是数码时代的暗房操作。

著名的摄影大师安塞尔·伊士顿·亚当斯本人也是一个真正的暗房后期大师，他的复杂的曝光技巧在暗房中才能获得真正全面的实现，这些技术正是对胶片媒介制约的最大突破。亚当斯有一句名言“前期（摄影）是谱曲，后期是演奏”，如今这句话更被后人发扬为“创作是谱曲，拍摄是演奏，后期是华彩”。

数码摄影的前期与后期终究是互相服务的。在掌握扎实的前期技术的基础上，熟练运用数码后期技术，一定能达到“如虎添翼”、“功力倍增”的高超境界！

三、八种最流行的数码后期软件

1. 传统专业领军软件——Photoshop

Photoshop是Adobe公司旗下最为出名的图像处理软件之一，简称“PS”，诞生于20世纪80年代，是集图像扫描、编辑修改、图像制作、广告创意，图像输入与输出于一体的图形图像处理软件，在数码摄影技术得到大范围普及的今天，更是深受广大摄影爱好者的喜爱。

经过三十多年的发展，Photoshop的功能已经达到了惊人的强大，主要功能包括：

① 支持多种图像格式以及多种图像色彩模式；

② 可以对图像进行色调和色彩的调整，以及色相、饱和度、亮度、对比度的调整；

③ 提供了强大的提取图像范围的功能；

④ 强大的图层、蒙版、通道功能；

⑤ 强大的滤镜功能；

⑥ 具有全面的图像采集能力；

⑦ 可以对多幅图像进行合并、增加特殊效果；

⑧ 制作简单的3D效果以及处理简单的矢量图形；

⑨ 可以直接进行网页制作。

Photoshop也被称为“思想的相机”，用它与我们手中的数码单反相机相结合，不仅能够真实地反映现实世界，而且能够根据自己的思想创造出虚幻的景物和梦幻的图像。

在数码摄影已成家常便饭的今天，“PS照片”已经是妇孺皆知的词语，虽然这不代表一定是用PS软件来完成的，但这个用词足以说明PS软件的领军身份和强大的影响力。

学会并灵活运用Photoshop，每个人都可能成为图形图像方面的专家，使你创作的作品达到专业水平。

2.新锐软件——Lightroom

全名“Adobe Photoshop Lightroom”，简称“LR”，从名字就可以看出，这是一个脱胎于PS的软件，一脉相承的血缘关系注定LR与PS是最亲密的战友。

准确地说，LR是一个照片处理软件（PS是强大的图形图像处理软件），人称摄影师的必备后期工具，界面和功能与苹果公司2005年10月推出的Aperture颇为相似，主要是面向数码摄影的专业人士和高端用户，支持各种RAW格式图像，主要用于数码相片的浏览、编辑、整理、打印等。

LR的特点在于，它提供了一个管理、调整、存储、备份与分类以及展示大量的数字照片的简单应用程序（因为出生晚、起点高，在这方面LR是完全超过PS的），而且调色预设非常方便，可以随时预览跟对比照片修改方案和预设，其中个人可以创造预设和使用其他人的预设是最热门的功能。

总的来说使用LR调色快速方便，如果要对照片进行细致精修还是得用PS。

从目前来看，也许是LR的历史还不够长，也许是折服于PS超级强大全面的功能和无尽的扩展能力，大多数摄影师还是坚持使用PS，不过可以预见，PS搭配LR的使用方法一定让我们有如虎添翼的感受。

3.佳能EOS数码单反后期软件——DPP

软件全名“Digital Photo Professional”，简称“DPP”，是Canon（佳能）公司开发的处理佳能EOS系列单反数码相机所拍摄RAW文件的官方软件，是一款开放的免费软件。

DPP具有高速处理与编辑图像的强大功能，能够在不对原始图像进行修改的基础上对图像进行演算和处理，可以轻松地进行高级编辑并打印RAW格式图像，是Canon（佳能）为了满足主要拍摄RAW格式图像的专业摄影师和高级摄影发烧友而开发的专业软件。

术业有专攻，和其他相机厂家一样，佳能也对于其EOS相机专用的RAW格式做过加密处理，相比其他通用的RAW格式图像处理软件，DPP处理佳能数码单反拍摄的RAW格式照片来的更加得心应手。

4.尼康后期软件——Capture NX

Nikon（尼康）数码单反专用图像修饰软件“Capture NX”，是由在此之前推出的“Nikon Capture 4”改进而成的，对于喜欢根据自己的创意，轻松快速地增强影像效果的摄影者而言，是一款“真正意义上的便捷强大的软件”，它为数码摄影者提供强大的工具，通过简单易用的操作编辑NEF、JPEG和TIFF档，以优化照片图像。

Capture NX简单、直接的用户界面使图像增强变得更加简单，独有的基于Nikon软件有限公司的专利技术“U Point”的图像编辑技术提供了一个完全无损的工作流程，在易用性方面甚至超过PS中大名鼎鼎的“蒙版”，尤其可以对图片任意区域进行独立控制，属于一旦拥有便欲罢不能的功能。

2014-2015年，曾经令摄影爱好者颇有微词的付费规则改为由免费的Capture NX-D（捕影工匠）替代，提供了多屏幕应用，可以选择主界面看编辑界面，副屏幕全屏输出预览，跟主流图形处理软件保持一致。这款软件一定能和尼康的相机产品一起，为用户提供更有趣的摄影和影像编辑的体验。

5. 专业的RAW格式编辑软件——Capture One

这是一款独立的相片编辑软件，由丹麦PHASE ONE（飞思）数码后背公司开发，独有的运算技术作为拍摄支持软件系统后期处理的核心，可以转换数码相机所拍摄出来的RAW图像格式以及替代相片的处理流程，它代表了RAW工作流程软件的新世纪，同时也代表了一个RAW转换变程的新处理方法。

后期的Pro版使用的工作流程采用了很多高级专业数码摄影师的意见，包含的工具和功能都是专业摄影师所需要的，拥有无限制批量冲洗功能、多张对比输出功能、色彩曲线编辑、数码信息支持、附加数码相机的支持以及其他的功能。

在管理功能方面，Capture One Pro也丝毫不逊色于以此见长的Lightroom。同时，软件软件可以提供最好的转换质量，从而解除摄影师后顾之忧，不用为学其他复杂软件而苦恼。

Capture One Pro毫无疑问是RAW转换软件的标准。这对于衷于对高品质影像输出，只用RAW格式拍照的摄影人，显然是不能错过的一款软件。

6. 不仅仅能看图的软件——ACDSee Photo Manager

ACDSee由ACDSystems开发，这家公司堪称全球图像管理和技术图像软件的先驱。

ACDSee是目前非常流行的看图工具之一，支持性强，能打开包括ICO、PNG、XBM在内的二十余种图像格式，并且能够高品质地快速显示它们，甚至近年在互联网上十分流行的动画图像档案都可以拿来欣赏。最大的特点就是“快”，与其他图像观赏器比较，打开图像档案的速度无疑是快的不少。

这款软件不仅提供了良好的操作界面、简单人性化的操作方式，自带电子相本、树状显示资料夹、快速的缩图检视、拖曳功能等，更提供了优质的快速图形解码方式、支持丰富的图形格式、强大的图形文件管理功能和影像编辑的功能，包括数种影像格式的转换、藉由档案描述来搜寻图档、简单的影像编辑修剪，还可以直接利用网络分享图片，并通过网络快速有弹性地传送数码影像；图片可以播放幻灯片的方式浏览，还可以看GIF的动画以及播放WAV音效档案。

ACDSee被广泛应用于数码图片的获取、图片管理、照片浏览、数码照片后期处理和优化，确实是数码相机爱好者进行数码照片后期处理必备的工具软件之一。

7. 国产软件：不傻的“傻瓜型”利器——光影魔术手

傻瓜型的图片编辑，就跟当年的傻瓜照相机一样，不需要你会测光，懂曝光，只需构好图，轻按快门就可以了，至于测光、曝光灯参数设计等，就直接交给相机来完成。而光影魔术手显然就是这么易用，通过简单的设置，我们就可以制作出自己想要的专业胶片摄影的色彩效果，而不用深究这到底怎么来的，非常适合初级用户。

8. “以人为本”的最强大国产图形处理软件——彩影

彩影软件是梦幻科技推出的国内最强大、最傻瓜的图形处理和相片制作软件，拥有非常智能、傻瓜而功能强大的图像处理、修复和合成功能，专业但却并不复杂，解决了国内外图像处理软件过于复杂、不易操作的问题，让所有用户不需要专业的图像美工技能即可轻松制作出绚丽多彩的图像特效图：

① 独创的“PerfectImage”数字图像处理引擎让图像处理质量和还原能力呈现最清晰细腻的高画质；

② 另一独创的“FasterImage”数字图像处理引擎则拥有优化的高速图像处理能力，超大分辨率单反照片的处理速度更快；

③“OnePanel”界面技术让操作不必像传统软件的众多弹出窗口中切换和设置，几乎所有的设置都不弹窗，直接在图片上所见即所得；

④ 多图像窗口并发处理以及众多专业抠图技术；

⑤ 创意相框、绚丽场景叠加效果更精美更灵活；

⑥ 艺术合成照、蒙版照、强大抠图合成制作；

⑦ 超过百种的专业数码暗房效果以及图像修复功能；

⑧ 国内唯一真正具备全部艺术字功能效果的软件；

⑨ 更丰富的整套图像处理解决方案。

选择哪款软件基本上取决于每个人的工作方式和习惯。只要持之以恒，通过不断学习和实践操作，熟练掌握一两种图形图像处理软件，你完全可以创作出精彩绝伦的照片，成为数码后期处理的高手甚至是大师的日子指日可待。

四、学习本书后能做到什么

本书将带领大家由浅及深一步一步实际操作几十个实例，你能学到的远不止这些。

修正照片颜色

抠图换背景

挽救曝光不足

让静止的照片动起来

为蓝天增添云朵

制造岁月的记忆

体态轻盈不反弹

时光倒流

思考题

1. 简单归纳数码后期能为我们完成的工作。
2. 结合自己的理解，简要论述数码摄影前期与后期之间的相互服务。
3. 什么样的摄影作品不太建议进行数码后期加工，为什么？
4. 能否说出4种以上最流行的数码后期软件及其特点？

第二章　专业的后期软件Photoshop

Chapter 02

第一节　直接上手Photoshop

一、百闻一见（初识界面）

1. 帮助我们工作的那些窗口

小提醒：　　重要度：★★★★★

Photoshop（简称PS）的确非常神奇，但归根结底它只是一个工具而已，不要把它看成神物。

而且学PS并不很难，重点是学会怎么使用它，所以先要掌握功能，然后掌握方法，重点是要坚持，要有耐心。

最实际的是不要试图掌握PS的每一个功能，熟悉并用好你最需要的相关部分就很不错了。

PS界面的设计已成为专业设计软件的经典，其特点是布局紧凑合理、使用方便、可读性强，带给使用者很大方便。虽然经过了几十年十几个版本的变迁，CS以及后续版本CC还是基本上延续着前期版本的风格。

不同版本的PS界面因为功能的多少略有不同，为了能够在今后的学习和实际应用中能够比较顺利地使用软件，我们以新装PS CS6版本的基本功能工作区模式下大致认识一下PS的软件界面。

每次打开PS CS6软件，都会出现一个很漂亮的欢迎窗口（图2-1-1）。

漂亮的开机界面也是PS软件最大的特点，几乎每一个版本都不一样，到了CS6版本，我们甚至可以自己制作欢迎界面了。

图2-1-1　PC CS6欢迎界面

进入软件后，打开一张照片文件，就可以看到完整的的工作界面（图2-1-2），主要包括7大部分，先来了解第1～5部分，也就是帮助我们工作的那些窗口。

图2-1-2　PS CS6工作界面

（1）【菜单栏】：和几乎所有的视窗软件一样，最上面横着的一栏就是“菜单栏”，包含了PS中几乎全部的命令。【菜单栏】为整个环境下所有窗口提供菜单控制，包括【文件】、【编辑】、【图像】、【图层】、【文字】、【选择】、【滤镜】、【3D】、【视图】、【窗口】和【帮助】共十一项，并且都包含有不同的子菜单栏。在菜单命令中，凡是出现【▶】的，说明这个命令下包含有子菜单栏，当鼠标经过这个命令时，会自动显示出相应的子菜单供选择使用（图2-1-3）。在PS中通过两种方式执行所有命令，一是菜单，二是快捷键。

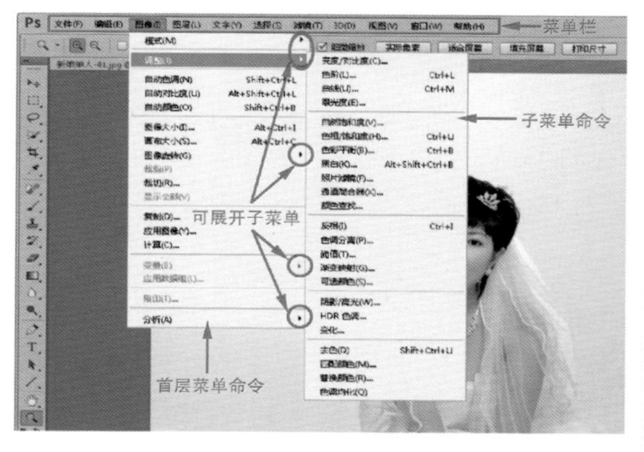

图2-1-3　菜单栏

（2）【选项栏】：也称“属性栏”，当选中某个工具后，在这里显示相应工具的属性设置选项和信息，有些选项是可以更改或直接输入数据的（图2-1-4）；在PS 6.0（注意，这里不是PS CS6）以后的版本新增了这项功能。

图2-1-4　选项栏

（3）【工具栏】：也叫“工具箱”，汇集了各种各样的工具。很多工具的图标右下角会有一个【◢】展开标记，代表这是一个工具组，鼠标点击时可以看到它包含的多个更细致的工具，每一个都可以使用；【工具栏】可以根据自己的需要随意拖动到任何地方的（图2-1-5），并且可以通过点击自身标题栏区的【◀◀】或【▶▶】按钮在单栏或双栏之间切换（图2-1-6），我们称其为“折叠按钮”；在PS的任何窗口中出现这个标记都可点击，以“展开”或“收缩”相应的栏目。

图2-1-5　工具箱可以任意拖动

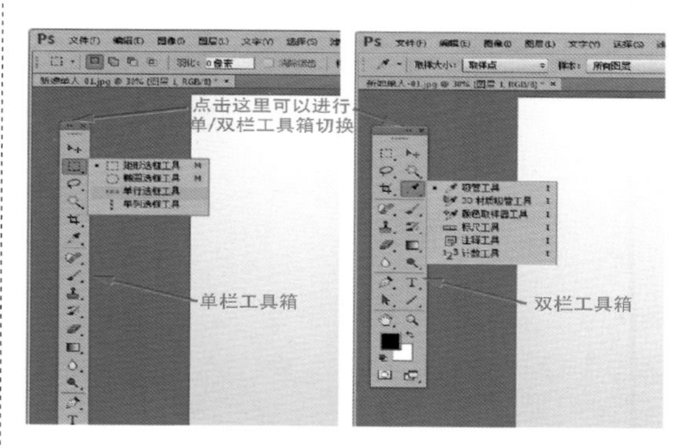

图2-1-6　工具箱可以单/双栏切换

在后面的实例操作中我们将使用双栏的【工具箱】（图2-1-7）。

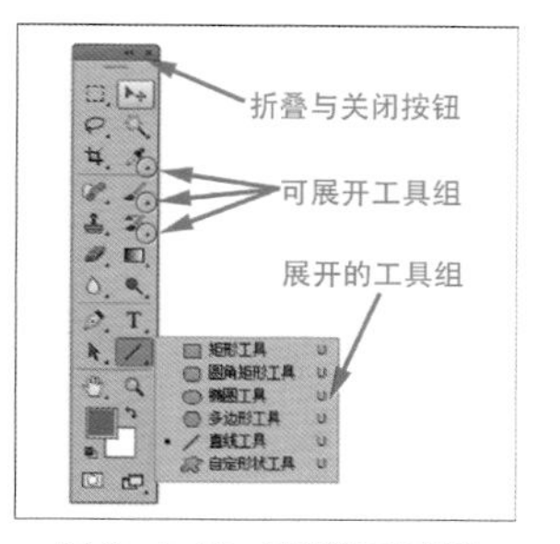

图2-1-7　双栏工具箱

（4）【控制面板】：也称作“选项卡”“调板”或“组合面板”，用来放置照片图片制作所需要的各种常用的操作面板，打开【菜单栏】—【窗口】命令，可以有多达26个不同功能的【控制面板】选项卡选用（图2-1-8、图2-1-9）。

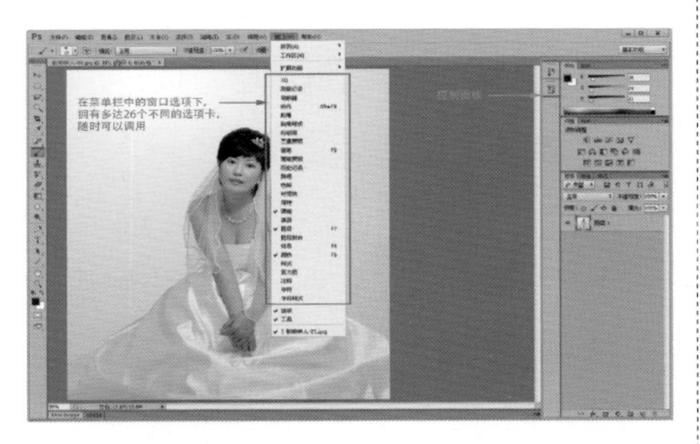

图2-1-8 【窗口】命令下可选用的【控制面板】选项卡

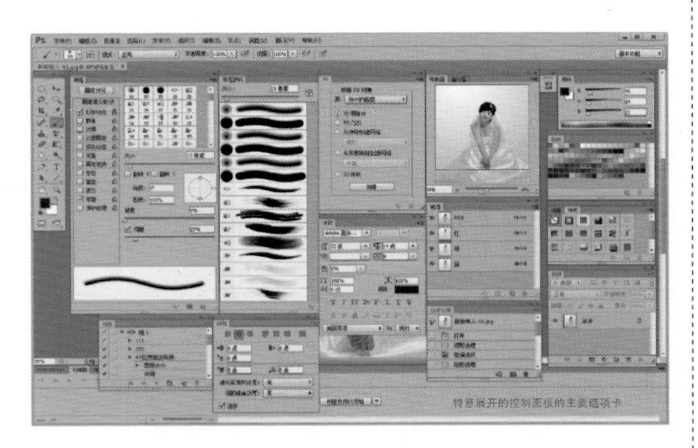

图2-1-9 特意打开展示的主要【控制面板】选项卡

这些面板可以根据实际需要单个或者组合起来使用，可以随意拖动、隐藏或者显示（图2-1-10），处于打开状态的面板不需要时可以关闭（隐藏）。

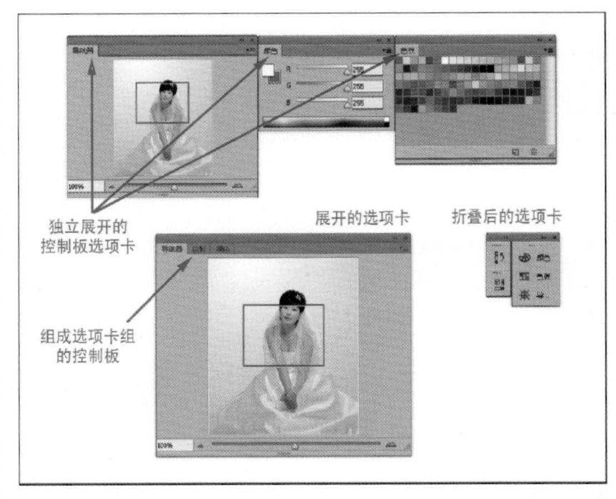

图2-1-10 【控制面板】选项卡可以单独打开/组合

（5）【右键快捷命令】：在操作中，点击鼠标右键，可以出现快捷命令菜单，减少去顶部【菜单栏】寻找命令的时间、提高效率。在【图像编辑窗口】中点击右键，则显示当前工具能用的快捷命令。如果是在编辑窗口外空白处点击右键，则可以快速调整PS软件显示的颜色配置。在不同的打开的【控制面板】上，单击右键则可以有更多的功能选项以供选择（图2-1-11）。

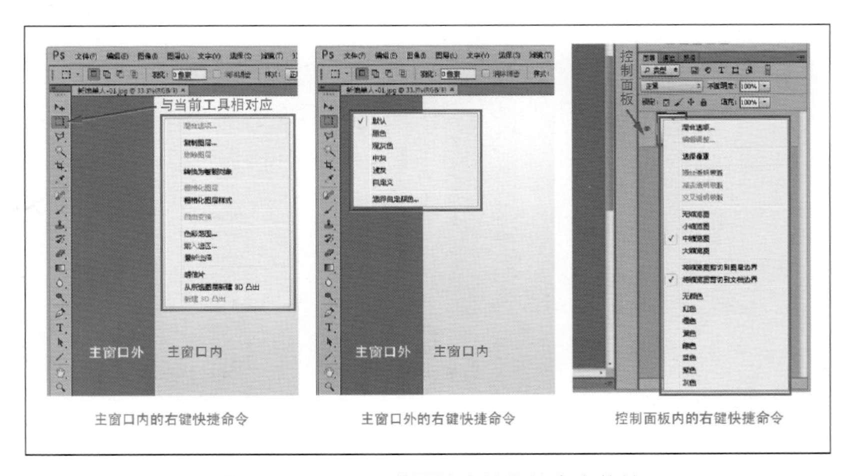

图2-1-11 不同位置的右键快捷命令菜单

2. 直接工作的区域

下面将继续介绍我们直接处理照片工作的区域（图2-1-12）。

图2-1-12　PS CS6软件界面——主要工作区域

（1）【图像编辑窗口】：中间的窗口就是【图像编辑窗口】，是PS的主要工作区，俗称"主窗口"。没有任何照片/图片文件打开时，这个窗口是看不到的（图2-1-13）。

图2-1-13　无编辑窗口（无照片图片打开）的状态

当打开一个照片文件或新建一个空白文件时，就可以看到这个窗口，并且可以进行照片编辑工作。在窗口自带的标题栏（也称索引栏）提供了打开文件的基本信息，包括文件名、缩放比例、颜色模式等（图2-1-14）。

【图像编辑窗口】可以根据需要任意放大/缩小，把鼠标移动到窗口内转动鼠标转轮就可以完成这个操作，当窗口放大到超出屏幕的显示区域时，窗口本身就不再有变化，但是窗口中的图像按之前的中心点继续放大，且只能显示图形的一部分。

图2-1-14　图像编辑窗口打开状态

为了方便使用，PS提供了4种快捷显示模式：在【工具栏】中选择【抓手工具】后，在【选项栏】中会出现【实际像素】、【适合屏幕】、【填充屏幕】、【打印尺寸】4个选项，分别介绍一下。

①【实际像素】：点击后，当前的图像会按照实际像素（实际尺寸）的大小在窗口中显示，如果原图很大，这时的窗口在屏幕上的可显示区域中是最大化的，可能显示的只有图像的一小部分，同时在窗口标题栏与最下部的【状态栏】中显示出"100%"的缩放比例。

把前面图例的照片按【实际像素】放大后的显示效果如图2-1-15所示；在实际使用中，经常需要这样去观察照片原大时的细节。

图2-1-15　大照片按【实际像素】放大后的效果

如果照片的原片本来就很小，即便是选择了【实际像素】，显示出来的图片仍旧不会太大（图2-1-16）。

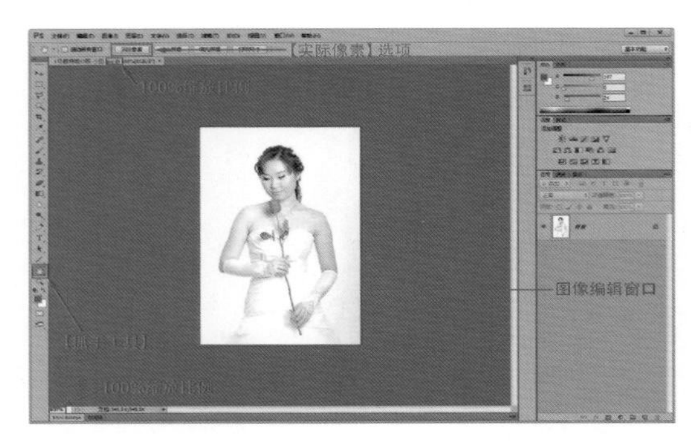

图2-1-16　小照片【实际像素】的效果

②【适合屏幕】：这是在实际使用中最常用的选项。点击后，图像编辑窗口会按照当前界面实际大小中可显示的最大区域展开，并以当前图像的最长边（长或宽）满足编辑窗口的最大尺寸显示，同时在窗口标题栏与最下部的【状态栏】中显示出实际缩放比例。不同长宽比照片【适合屏幕】的显示匹配是不一样的（图2-1-17、图2-1-18）。

图2-1-17　宽形照片自动按宽度匹配【适合屏幕】显示

图2-1-18　长形照片自动按长度匹配【适合屏幕】显示

每次点选【适合屏幕】选项之后，无论之后PS软件界面大小发生何种变化，已经显示的图像大小都不会再有变化，直到再次点击【适合屏幕】，则图像显示重新按照上述方式与【图像编辑窗口】匹配。

对于很小的照片，点击这个选项后，图片由于原片像素小的原因被放大了不少，显示也因此变得模糊了。

③【填充屏幕】：点击后，【图像编辑窗口】也会按照当前界面满屏时可显示的最大区域展开，并以当前图像的最短边（长或宽）满足窗口的最大尺寸显示，同时在窗口标题栏与最下部的【状态栏】中同时显示出实际缩放比例。

我们看一下前例中2张照片在【填充屏幕】选项下的显示效果（图2-1-19、图2-1-20）。由于这种方式很少使用，因此在右键快

图2-1-19　前例宽形照片自动按长度匹配【填充屏幕】显示

图2-1-20　前例长宽形照片自动按宽度匹配【填充屏幕】显示

捷命令中被去掉了，当把鼠标移至编辑窗口内点击鼠标右键时，只能看到3个选项（图2-1-21）。

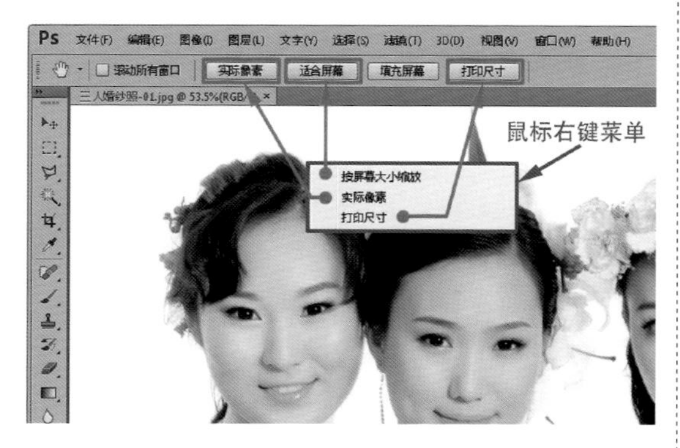

图2-1-21　在【抓手工具】下点击编辑窗口内的【右键快捷】选项

④【打印尺寸】：虽然右键快捷命令中保留了这个选项，但在实际使用中确实也很少用到这个选项，本书中对此不再做详细说明，只要记住这个方式类似于模拟显示打印效果的作用就可以了（图2-1-22）。

图2-1-22 【打印尺寸】显示效果示意

上述四种选项，不光在【抓手工具】中可以使用，在【工具栏】里紧紧排在它下面的【缩放工具】（又称“放大镜工具”），以及在【选项栏】中也有。并且，使用【缩放工具】时在编辑窗口内点击鼠标右键，也同样会出现其中三种选项，与上述的使用方法是完全一样的。

小贴士：　　重要度：★★

如果双击【抓手工具】则编辑窗口自动变成【填充屏幕】的显示模式；如果双击【缩放工具】则编辑窗口自动变成【适合屏幕】模式；这样是不是快多了？

PS可以同时打开多个照片文件，并拥有各自的【图像编辑窗口】，同时打开多个照片还有助于对不同的照片进行对比。

当同时打开多张照片时，PS默认的也是最经常使用的是【合并到选项卡】的拼贴方式，也就是只显示当前选中的照片所在的这一个【图像编辑窗口】，需要进入到不同照片文件的【图像编辑窗口】时，点击该照片左上部的标题栏即可。打开的文件太多导致屏幕上显示不下时，则需要点击标题栏最右侧的【>>】，在打开的窗口中点击需要的照片文件名即可（图2-1-23）。

图2-1-23　切换【图像编辑窗口】的方法

同时，PS还为我们提供了多种拼贴方式，具体的拼贴方式因不同的PS版本而不尽相同，版本越高，提供的方式越多（图2-1-24）。

我们用同时打开4个照片文件展示了PS提供的主要拼贴方式的效果（图2-1-25～图2-1-27），需要注意的是：如果打开的文件数比效果设定的窗口数少，则相应的拼贴方式

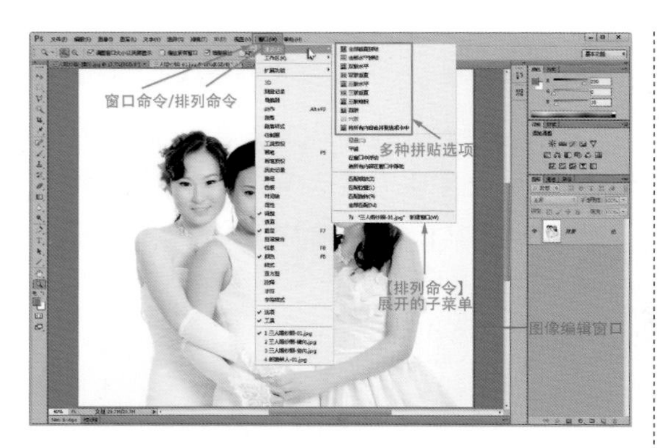

图2-1-24 【菜单栏】—【窗口】—【排列】命令下提供了多种拼贴方式

是“灰色”的，表示不可选用；如果打开的文件数比效果设定的窗口数多，系统会自动把图片合并到不同的选项卡内（图2-1-28）。更具体的使用效果需要大家在实际应用中去摸索感受。

图2-1-25 打开4个文件时的【全部垂直拼贴】效果

图2-1-26 打开4个文件时的【全部水平拼贴】效果

图2-1-27 打开4个文件时的【四联】效果

图2-1-28 打开4个文件时的【三联堆积】效果

除了点击窗口的标题栏，也可以点击该窗口的任何位置将其切换成当前窗口，并且在任何一种拼贴方式下，只要选择【菜单栏】—【窗口】—【排列】—【合并到选项卡】选项，就回到了最初习惯的默认窗口显示状态。

【图像编辑窗口】还可以从软件界面窗口中“浮动”出来，也就是让选中的【图像编辑窗口】从选项卡中脱离出来。“浮动”窗口可以在【菜单栏】—【窗口】—【排列】中去选择命令（图2-1-29），也可以通过将鼠标移动到【图像编辑窗口】标题栏上点击左键然后拖动来实现。

“浮动”的窗口不仅可以任意放大/缩小，并且能够拖动到屏幕的任何位置（图2-1-30）。我们既可以只浮动当前处于编辑状态的【图像编辑窗口】，也可以一次性将所

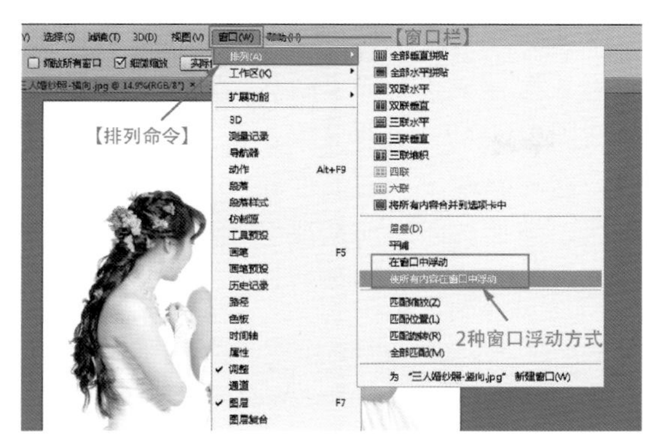

图2-1-29 【图像编辑窗口】"浮动"命令

图2-1-30 "浮动"的窗口随意缩放与任意拖动

有打开的文件全部浮动起来，然后自由的拖动。"浮动"后的窗口更可以在Windows的【任务栏】中分别选中，直接进入【图像编辑窗口】进行操作。

如果需要解除窗口"浮动"状态，选择【菜单栏】—【窗口】—【排列】命令下的【将所有内容合并到选项卡中】即可。

（2）【状态栏】：位于图像编辑窗口的最底部（图2-1-31），三部分内容如下。

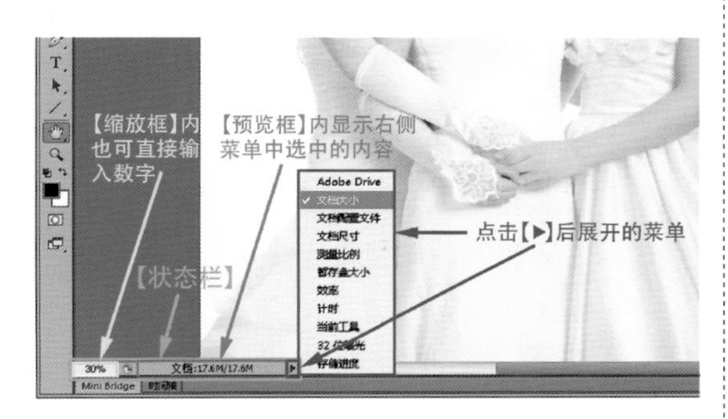

图2-1-31 位于图像编辑窗口下部的【状态栏】

① 缩放框——当前【图像编辑窗口】的显示比例，也可直接输入数值来改变。

② 预览框——单击最右边的【▶】按钮，则会弹出菜单，选择任一命令，相应的信息就会在中部的预览框中显示出来。

③ 文档配置内容——在【状态栏】上按下左键，会显示出图像的"宽度"、"高度"、"通道"、"分辨率"等信息；如果同时按 Ctrl +左键，显示的则是图像的"拼贴宽度"、"拼贴高度"、"图像宽度"、"图像高度"等信息（图2-1-32）。

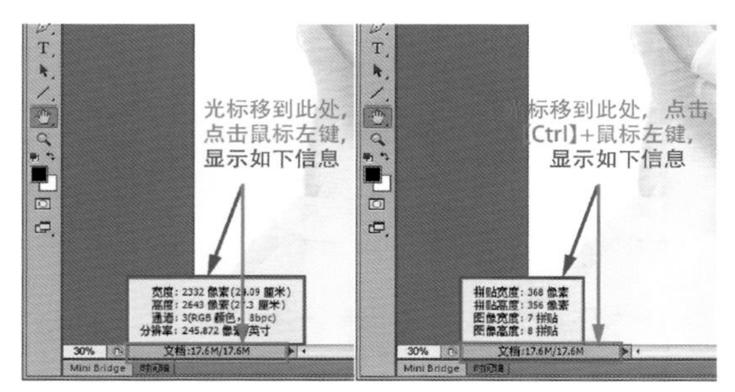

图2-1-32 【状态栏】下显示的文档配置内容

3.改变屏幕的显示模式

在处理照片的过程中，一般都喜欢满屏工作，这样可以最大面积地显示整张照片画面，细节也可以更清晰。

PS CS6提供了3种不同的屏幕显示模式，分别是【标准屏幕模式】、【带有菜单栏的全屏模式】和【全屏模式】，这3中选项存在于2个位置（图2-1-33）。

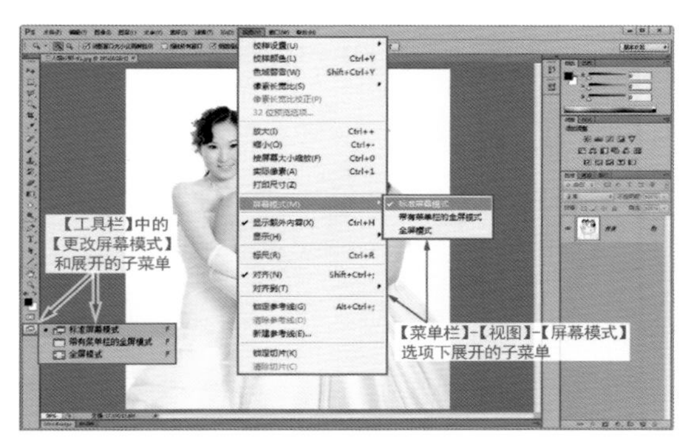

图2-1-33 【屏幕模式】的命令菜单

（1）【菜单栏】—【视图】—【屏幕模式】命令子菜单中。

（2）【工具栏】的最下部 【更改屏幕模式】。

可以根据自己的需要对图像的显示模式进行切换。

①【标准屏幕模式】：这是PS默认的屏幕显示模式，也是我们最习惯用的一种模式（图2-1-34）。它包含了【菜单栏】、【工具箱】、【控制面板】、【图像编辑窗口】的标题栏、【状态栏】、导航条以及右上角的最大（恢复）/最小/关闭按钮。

图2-1-34　标准屏幕模式

②【带菜单栏的全屏模式】：在这种模式下，软件窗口变成最大化时（全屏），【图像编辑窗口】的标题栏、【状态栏】、滚动条和最大（恢复）/最小/关闭按钮都不见了（图2-1-35）。

图2-1-35　带菜单栏的全屏模式

③【全屏模式】：如果是点选工具或菜单进入这种模式，屏幕会先出现一个提示窗口（图2-1-36），选择【全屏】后进入全屏模式，这时隐藏了所有的面板，全屏幕变成黑底色，照片按照当前的比例在屏幕中间显示（图2-1-37）。

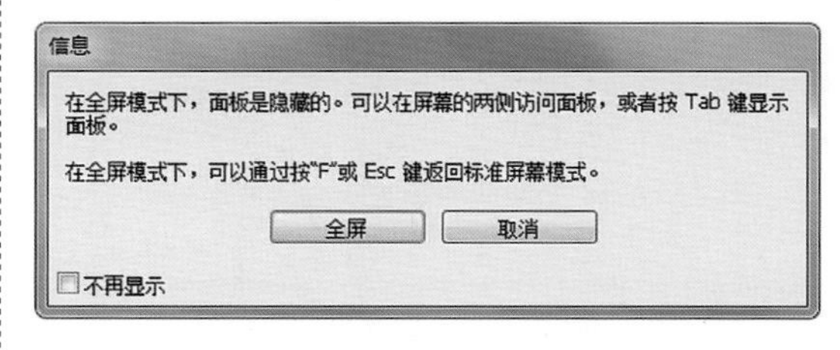

图2-1-36　选择【全屏模式】前显示的提示窗口

图2-1-37　全屏模式

在任何一种屏幕显示模式下工作，如果打开其他照片，则按照这时的屏幕模式显示。如果重新启动PS软件，则自动恢复到默认的【标准屏幕模式】。

小贴士：　　重要度：★★★

按下大写的 F 键时，PS将按照【标准屏幕模式】、【带有菜单栏的全屏模式】、【全屏模式】的顺序循环切换；在【全屏模式】下，只要按下【Esc】键，立刻恢复到【标准屏幕模式】。

经常会发生屏幕显示莫名其妙换了一种模式，不要着急，有 F 就可以搞定了。

二、小试牛刀（简单二次构图）

本节开始，将从实例操作入手，直接尝试图片编辑的操作，为了照顾零基础的初学者，在前期尽可能将操作过程详尽配图展示，后期大家对PS的菜单和命令逐步熟悉后，适当减少配图，而【工具栏】也从本节开始按照双列格式使用。

1.旋转/翻转照片

（1）旋转照片

在日常的拍摄中，有些时候会把相机竖立起来操作，但拍出来的照片在后期处理时与正常的浏览方式有±90°的角度差，需要校正过来，具体操作如下。

① 点击【菜单栏】—【文件】—【打开】，从文件夹中点选照片文件（../示范图例/广州电视观光塔-夜景01.JPEG），然后点击右下角的【打开】（图2-1-38）；这时，【图像编辑窗口】中就显示出我们要编辑的照片了（图2-1-39）。

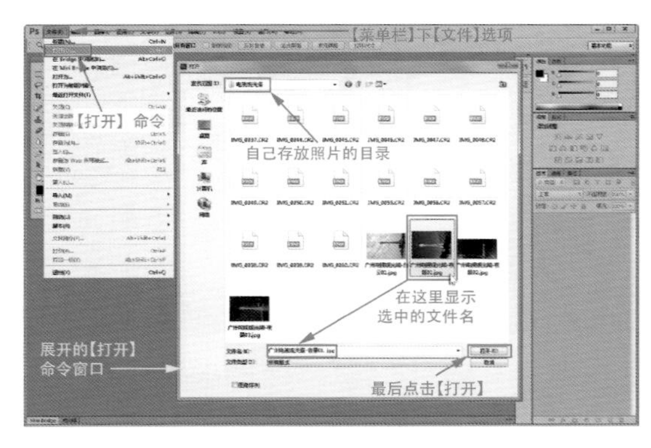

图2-1-38 【打开】照片文件

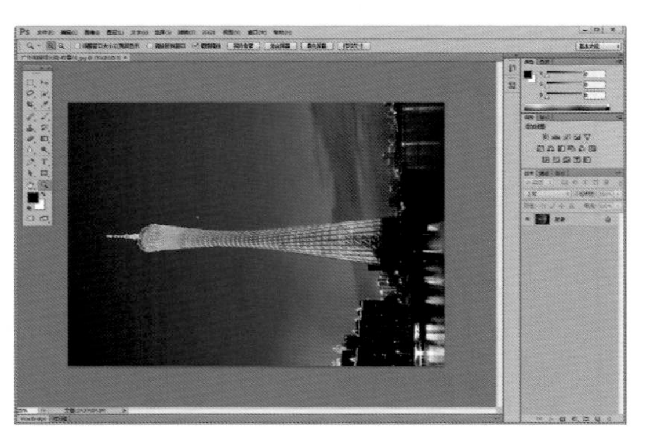

图2-1-39 打开后的照片

② 本例中的照片，与需要的效果偏转了–90度，这就需要将其按90度旋转：点击【菜单栏】—【图像】—【图像旋转】—【90度顺时针】（图2-1-40），这时我们看到，照片已经变成了需要的正常观察角度了（图2-1-41）。

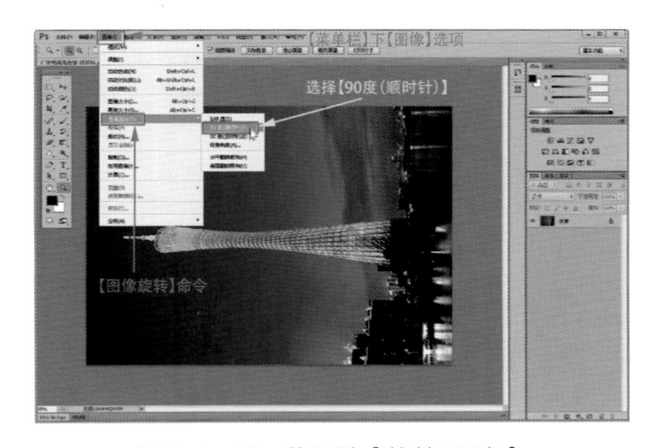

图2-1-40 将照片【旋转90度】

图2-1-41 旋转完成后的照片

③ 接下来要将修改好的照片保存：点击【菜单栏】—【文件】—【存储】，就保存好了刚才修改的照片文件了（图2-1-42）；以后我们再打开这张照片的时候，就是刚才旋转90度修改以后的效果了。

图2-1-42 【存储】修改后的照片文件

④ 上述存储方式，是将原照片文件覆盖直接替换成修改后的照片；如果不希望覆盖原照片，可以这样操作：点击【菜单栏】—【文件】—【存储为】，在弹出的窗口中的【文件名】栏里填写与原文件名不同的名字，最后点击右侧的【保存】（图2-1-43）。这样，既保留了原来的照片，同时得到了一张修改后的照片。

图2-1-43 将修改后的照片【存储为】不一样的文件名

（2）翻转照片

有时，为了达到一些特殊的效果，比如：制作水面投影特效、制作对称效果以及按照特定需求作为图片背景，可能需要把照片进行左右翻转或上下翻转，这时，就需要进行照片翻转操作。本例的照片是按竖片拍摄的，但是后期制作挂历的时候需要一张横向的照片，于是使用了翻转后拼合的效果，具体操作如下。

① 点击【菜单栏】—【文件】—【打开】，选择“（../示范图例/禾子小朋友的照片01.JPEG）”，然后点击右下角的【打开】（图2-1-44）；打开后的照片在【图像编辑窗口】中显示（图2-1-45）。

图2-1-44 【打开】“禾子小朋友的照片”

图2-1-45 在图像编辑窗口中打开的示例照片

② 接下来想将这张图片进行左右翻转：点击【菜单栏】—【图像】—【图像旋转】—【水平翻转画布】（图2-1-46）；这样，就完成了照片的水平翻转（图2-1-47）。

图2-1-46　执行【水平翻转画布】命令

图2-1-47　完成了水平翻转效果的照片

③ 如果只是想要得到一张水平翻转的照片，这时按照前面讲过的方法直接保存就可以；但是，实际应用中，几乎很少是直接把图片进行翻转就完成了的，通常还要进行其他编辑修改工作，这里我们给大家展示一下本例最终要达到的效果，一张非常具有童趣的用于制作挂历的横向照片（图2-1-48），具体的操作方式会在今后的章节中描述。

图2-1-48　水平翻转后与原片进行拼合后的作品

小贴士：　　重要度：★★★

制作图片翻转非常要注意细节，原片中一些带有文字的地方（如服装标牌、路标、车牌、书籍等）也被翻转了，要根据最终的效果需要（除水面倒影、镜面效果之外的）看是否要将这些局部画面再重新翻转回来或做其他处理。

2.调正照片

学习摄影的时候，曾经要求尽量保证地平线的水平（对角线构图等特殊情况例外），但拍摄时很难保证水平线一丝不差，经常会或左或右的倾斜，这就需要在后期对照片进行调正。

（1）首先，打开“漓江山水01”（图2-1-49，图中不再标注打开的细节）；初看这张照片，总觉得有点别扭，那么问题到底出在了哪里？

图2-1-49　打开示例图片
（注意观察哪里别扭）

（2）为了有助于观察，特意在示例图中标注了两条参考线（实际操作中屏幕上没有）。其中黄色的是照片中实际的地平线，红色的是真正的水平线，这样，照片左低右高的倾斜程度就一目了然了（图2-1-50），这是拍摄时相机没有端平造成的，需要对照片进行调正。

图2-1-50　在照片中标出的“地平线”与实际水平线

（3）在【工具栏】中选择【标尺工具】，具体位置如图（图2-1-51）。

图2-1-51　点选【标尺】工具

在【工具箱】中点选带有【◢】展开标记的工具组时，需要点住左键稍长时间，才能展开工具组菜单。

（4）现在【标尺工具】就变成了这组工具的当前工具并显示在【工具栏】，同时【选项栏】显示相关的可选项；当鼠标移入【图像编辑窗口】后，指针也变成了，右下角的“+”号表示可以点下鼠标左键设立起始点；先在照片地平线的左侧选好位置，点住左键向右侧沿着这条地平线拉出一条线条，在合适的位置松手，这时，图片上就出现了一条与照片中地平线平行的标尺线条，两端的“+”号代表端点。为了显示效果明显，图例中的线条被特意加粗了，实际的线条是非常纤细的。

拉出标尺线条后，点击【选项栏】中最右侧三个选项中的【拉直图层】就可以了（图2-1-52）。

图2-1-52　用【标尺工具】拉出照片的地平线并点击【拉直图层】

如果拉出的线条并不理想，还可以进行修改。将鼠标箭头靠近线条的任意一端的端点，鼠标指针右下角的“+”不见了，变成了，这时点住左键，就可以拖动这个端点到任何位置，满意后松开鼠标左键，从而改变线条的长短、角度和方向；如果将鼠标箭头靠近线条的中间，鼠标指针变化后，点住鼠标左键，就可以拖动线条到任何位置，满意后松开鼠标左键。

点击【拉直图层】后，PS自动按照将标尺线条的角度变成水平角度进行图片的拉直工作并显示拉直后的照片，我们同样在照片上标出红/黄两条参考线，可以看到两条线完全平行了，也就是现在照片中地平线是水平的了（图2-1-53）。

现在观察屏幕，发现了几个有趣的现象，需要一一说明（图2-1-54）：

图2-1-53　执行完【拉直图层】命令后的照片

图2-1-54　执行【拉直图层】后我们看到的变化

① 首先，屏幕右侧【控制面板】中的【图层选项卡】中之前写着“背景”的地方变成了“图层0”，同时右侧的“🔒”也不见了；这是因为执行【拉直图层】的过程中，PS自动引入了图层的相关操作，把原本锁定的背景图层解锁了，变成了可以执行删除、移动等操作的普通图层，同时把背景自动变成了透明。

② 在【图像编辑窗口】的四个边角出现了灰/白方格相间的区域，这是PS专门用来代表透明区域的，表示什么也没有。

③ 拉直后的照片没有完全填满【图像编辑窗口】，照片本身也有四个边角“不见”了；这是因为所谓的拉直照片，实际是将照片按自动计算的角度旋转了，使得原来照片中倾斜的地平线变水平了；照片既然旋转了，有些部分就移动了，【图像编辑窗口】以外的部分被遮挡住了，而窗口内没有照片的区域变成了透明；四个边角虽然不见了，但并不是没有了，后面学会了【移动】操作，还是可以看到这些被遮挡的部分。

④ 示例图特意用红色边框代表【图像编辑窗口】、用蓝色虚线代表原来的照片，对比之后我们可以清楚看到原照片目前的状态。

调正照片的操作到这里就完成了，如果我们就这样把照片进行保存的话，会发现存好的照片虽然地平线不歪了，但是照片本身的四个边角变成了白色的三角形，这就需要继续对照片进行【裁剪】工作。

小提示：　　重要度：★★★

在同一个图像编辑窗口中只能拉出一条标尺线条，当点下新的起始点拉出又一条线条，原来的线条就会消失。如果不想让标出的线条影响后续的工作，点击【菜单栏】—【视图】—【显示额外的】；这是一个复选命令，如果之后还需要使用标尺工具，则需要重复点选上述命令才能在画面中显示标尺线条。

3. 裁剪照片

继续沿用上一个示例把照片的四边进行修剪，不要出现透明或白色的区域。

（1）点选【工具栏】—【裁剪工具】（图2-1-55）。

图2-1-55　点选【裁剪工具】

（2）选中【裁剪工具】后，其即成为【工具栏】中本组工具的当前工具，同时【选项栏】显示相关的可选项；当鼠标移入【图像编辑窗口】后，鼠标指针变成了，同时，在【图像编辑窗口】四周会出现一圈的虚线的裁剪框，在裁剪框的四角和四个边的中部，出现八个裁剪手柄，分别是空心的"◸"形和"▭"形，可以通过拖动这八个裁剪手柄来确定"裁剪框"的位置和大小（图2-1-56）。

图2-1-56　裁剪框与裁剪手柄

（3）接下来确定要把照片裁剪成什么样：把留出透明区域的地方裁剪掉，还要尽可能多的保留画面；通过特意加上的红色边框示意线条，可以更清楚地看到需要裁切的位置，同时，通过拖动裁剪手柄将裁剪框的边框线移动到合适的位置。

操作中，需要拖动边框线时，并不需要将鼠标点击到手柄"▭"，只要接近边框线，待指针变成"↕"或"↕"时，点住左键就可以上下或左右拖动边框线了，到了合适的位置再松手；而当指针接近边角时，会变成"⤢"或"⤢"，点住左键就可以同时拖动相交的两条边框线；一旦拖动了裁剪边框线，PS自动为窗口加上了中心点和九宫格方便对照片进行裁剪，并且原来的空心手柄就变成了实心的"◤"和"▬"了（图2-1-57）。

图2-1-57　裁剪框详解

最快捷的裁剪方法是：先拖动一个角上的手柄，控制相交的两条裁剪线达到合适的位置，再去拖动对角的那个角上的手柄，同样控制两条裁剪线达到合适的位置即可（图2-1-58）。注意：在拖动裁剪框边线的同时，鼠标指针的附近一直在显示目前裁剪框的大小（宽/高）。

图2-1-58　快捷裁剪方法

（4）裁剪边框拖动满置后，在【图像编辑窗口】中点击右键，弹出的【右键快捷命令】中选择【裁剪】，就完成了裁剪的操作（图2-1-59），同时裁剪手柄又恢复成了空心。

（5）裁剪完成后，照片比较完美了，地平线达到水平了，照片四周也没有空白区域了，裁剪照片的工作宣告完成（图2-1-60）。这时的裁剪框和裁剪手柄依旧环绕着【图像编辑窗口】，当点选其他工具时就会消失。

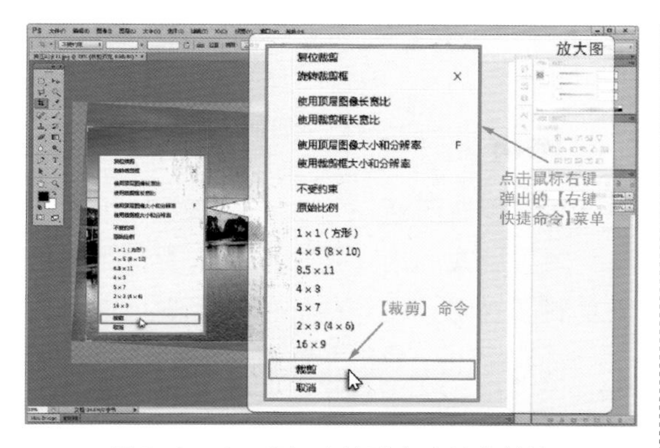

图2-1-59　鼠标右键弹出确认裁剪的【右键快捷命令】菜单

图2-1-60　裁剪完成后裁剪框还在

小提示：　　重要度：★★★

在裁剪的过程中，如果想取消这次操作，可以通过【右键快捷命令】中的【取消】命令来实现，更可以点击【Esc】键随时实现；并且需要确认裁剪时，只要在裁剪框内快速双击鼠标左键即可完成。

（6）裁剪完成后的照片还需要保存，和之前的操作一样，点击【菜单栏】—【文件】—【存储】，在弹出来的【存储为】窗口中，最下面的【格式】一栏中，照片格式变成了“PSD”，而不是“JPEG”，这是因为在执行【拉直图层】命令时，PS自动执行了图层的相关操作，因此现在PS自动默认是要保存成PS特有的分层文件格式，输入文件名点击【保存】就可以了。

最终要保存的还有一个图片文件格式JPEG，在【存储为】窗口中点击【格式】栏最右侧的【▼】，然后选择其中的【JPEG（*.JPG；*.JPEG；*.JPE）】并且输入需要的文件名字后，点击【保存】就可以了（图2-1-61）。

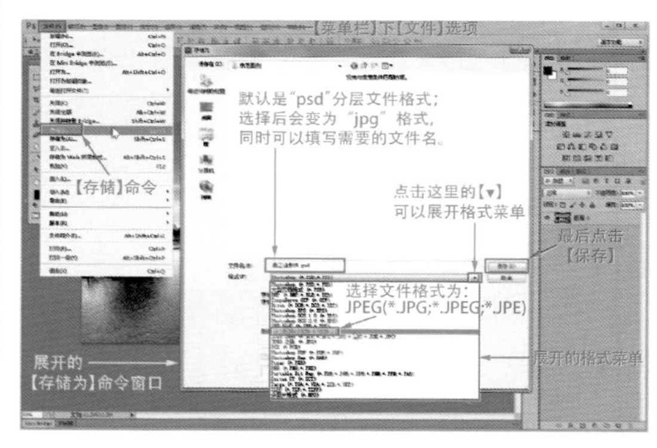

图2-1-61　裁剪完成后【存储】文件

至此就连续完成了对一张照片的拉直、裁剪两项工作，仔细比对观察一下编辑前后的照片（图2-1-62），效果和大小都发生了变化。

编辑前的照片

拉直/裁剪后的照片

图2-1-62　对比观察完成效果

三、再尝甜头（浅试影调调试）

1.亮度与对比度调整

在平时拍摄的过程中，经常会出现由于没有把握好曝光而造成的照片过暗或过亮的问题，那我们在后期处理的时候应该如何解决这样的问题呢？

（1）打开照片“教堂穹顶”（细节略过），很糟糕，由于曝光不足而显得昏暗，尤其是教堂顶部的两侧黑乎乎的没什么能看到的了，必须对它进行调整。

在这里，首先要教给大家一个良好的后期修图习惯，就是将原图保留，复制一张图进行修改，既不破坏原图还便于对比修改前后的效果。这就需要用到【图层】的概念，详细的讲解在后面的章节，我们先简单用到相关操作。

如果直接对原片进行裁切或旋转，可以不复制原图。

（2）鼠标移到软件界面最右侧【控制面板】区域里的【图层选项卡】，这里有一只，并且右侧是一张小小的，和打开的照片一样的缩览图，旁边是它的图层名字“背景”和一把“”，细心观察会发现，这一栏是有颜色的（默认为浅蓝色）。

光标到这里变成了；点击右键，在弹出的菜单中选择【复制图层】（图2-1-63），这时会弹出一个【复制图层】的窗口，在第一栏中输入“调整亮度对比度”然后点击【确定】即可。

在【图层】选项卡中，刚才点击右键的位置上方出现了一个新的图层。整体上看，它和下面的图层很像，但是它的名字叫“调整亮度对比度”（刚才新起的名字），并且最右侧的不见了（图2-1-64），同时，这个图层栏变成了有颜色的，在它下面的原来那个图层栏没有颜色了。这个“调整亮度对比度”图层就是利用【图层选项卡】自带的功能复制了一张一模一样的照片用于后面的修改，原来的照片不去改动它。

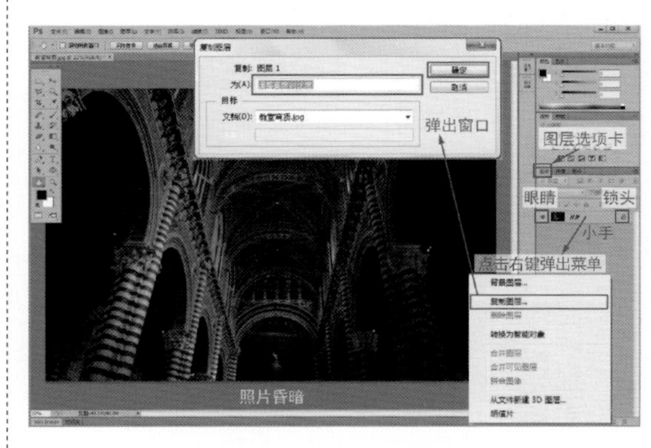

图2-1-63　执行复制图层

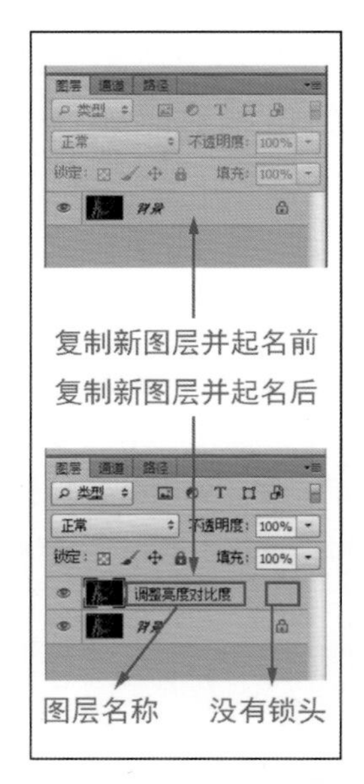

图2-1-64　复制图层前后对比

现在，准备工作做好了，进入调整照片的环节。

（3）左键点击【图层选项卡】下面的创建新的填充或调整图层，弹出可选菜单（图2-1-65）；选择【亮度/对比度】，弹出

【属性】窗口的同时，在【图层选项卡】中自动新增加了一个图层，显示为：

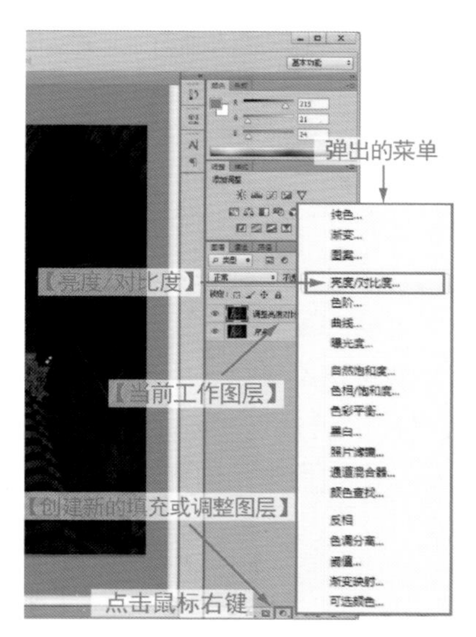

图2-1-65　创建亮度/对比度调整图层

代表新的调整图层的图层缩览图（当前是【亮度/对比度】）+“铁链”+蒙版缩览图（白色方块）+图层名称“亮度对比度1”；这个图层现在是深颜色的，表示目前被选中（图2-1-66）。

图2-1-66　弹出属性窗口

在弹出的【属性】窗口中，是有2个可选窗口的，PS自动切换到第1个【亮度/对比度】窗口。该窗口有上下两个横向的调节滑轨，在滑轨中间的三角形滑块可以用鼠标点住左右拖动。

（4）用右键点住【亮度】滑轨的滑块向右缓缓拖动，我们看到【图像编辑窗口】中的照片渐渐变亮了，当滑块移动到最右侧的时候，照片已经亮到很多细节都变成白色的了。相反，将滑块缓缓向左侧移动的时候，照片渐渐变暗了，当滑块移动到最左侧的时候，照片已经暗到很多细节都变成黑色看不清楚了；同时，当滑块左右移动的时候，滑轨右上方蓝底色的白色数字会跟着发生变化，幅度是“150（右侧）”—“-150（左侧）”，这说明，拖动滑块或者在这里输入数字的效果是一样的。还记得吗，刚才打开这个窗口时，亮度滑块是在中间位置的，也就是数字“0”，这就是我们进行操作前的原始数据。

本例中，将滑块拖动到数字显示“116”的位置时直接输入数字也可以（图2-1-67），照片的效果已经很不错了，中间部分的层次出来了，两侧原本黑暗的区域也显现了很多内容出来。当然，即便是同一张照片，具体调整的位置也可以根据我们每个人不同的要求和观点而有所不同。

（5）用右键点住【对比度】滑轨的滑块向右缓缓拖动，我们看到【图像编辑窗口】中的照片里各个颜色的对比更加强烈了，当滑块移动到最右侧的时候，照片中除了原来最亮的地方以外，大部分变得黑暗了，全黑的地方也更多了，很多层次和中间的颜色没有了，剩下的各种颜色对比极其强烈。有人觉得这“假的很”，也有人很喜欢这种极其个性的画面感；相反，将滑块缓缓向左侧移动的时候，照片渐渐变得昏暗，像是被蒙上了一层不太透明的纸，当滑块移动到最左侧的时候，照片已经显得很不透亮，混混沌沌的看起来很不舒服；同时，左右移动滑块的时候，滑轨右上方有蓝底色的白色数字也在跟着发生变化，幅度是“150（右侧）”—“-150（左侧）”，这说明，我们拖动滑块或者在这里输入数字的效果是一样的。本例中，我们将滑块拖动到数字显示“–15”的位置时，照片的效果已经很不错了（图2-1-67）。

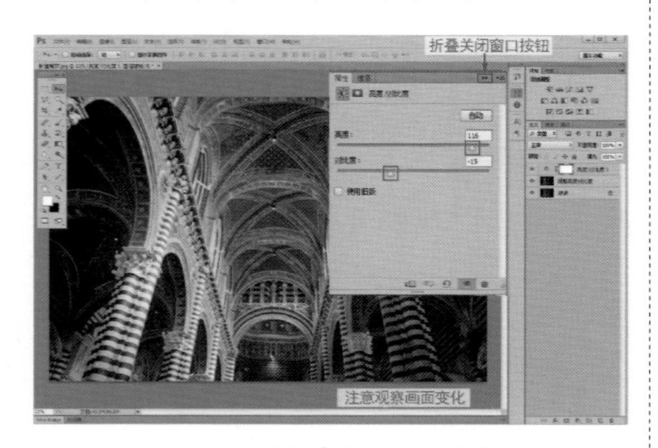

图2-1-67　调整【亮度/对比度】操作

还记得吗，对比度滑块的初始位置是中间，也就是数字“0”。和上面提到的亮度调整一样，具体把一张照片的对比度调整到什么状态，全看各人的具体需要。

在我们认为这张照片的调整效果已经很不错的时候，点击【▶▶】折叠关闭【属性】窗口就可以了。

（6）这时，可以把鼠标移到【图层】选项卡面板中最上面的那个图层栏上的位置，点击左键，不见了，并且刚刚才调整过的照片效果也不见了，我们看到的是调整之前的照片；如果再次点击一下左键，又出现了，刚刚调整过的照片也重新出现了（图2-1-68）；反复点击，就可以很直观地对比调整后的照片与原照片的差距了。

图2-1-68　【关闭/显示】图层观察调整效果

如果对比后发现调整后的照片还不够完美，可以双击图层【亮度/对比度1】最左面的，弹出【属性】窗口后，重复之前的操作，多次进行微调，直到满意为止。每一次调整，亮度和对比度的调整可以单独进行，也可以同时进行。

（7）最后，我们把调整完成的照片保存起来。

点击【菜单栏】—【文件】—【存储】，在弹出来的【存储为】窗口中，最下面的【格式】一栏中，点击最右侧的【▼】，然后选择其中的【JPEG（*.JPG；*.JPEG；*.JPE）】并且输入需要的文件名字后，最后点击【保存】。

如果也想把调整过程的PSD分层文件保存下来，点击【菜单栏】—【文件】—【存储】，【格式】一栏已经自动默认是【Photoshop *.PSD；*.PDD】，只要输入需要的文件名字，最后点击【保存】就可以了。

小提示：　　重要度：★★★

通常情况下，当我们初次使用【亮度/对比度】这个功能时，只要拖动滑块或输入数字，【图像编辑窗口】中的照片就会跟着发生变化；如果进行了操作而照片没有发生变化，那一定是【亮度/对比度】功能窗口中最右下角的【预览】选项没有被选择，我们只要点选“√”就可以了；

在PS的很多操作中，只要发现这种情况，就要看一看是不是有【预览】选项没有被选上，也就是没有“√”。

2. 色彩平衡调整

很多时候，我们会觉得照片拍出来后颜色怪怪的，不是不够鲜亮，就是偏色。在这里不去追究问题是怎么发生的，而是要通过一些手段尽可能把问题解决。

本例比较特殊，为了让大家直观地了解调整原理，我们先用调整完成后的照片做个示范：

（1）打开照片“湖边风车—色彩平衡完成图”，按照前面学过的方式复制一个图层（这是一个非常良好的习惯），起名为“观察色彩平衡”。

（2）鼠标左键点击工作区右侧【图层选项卡】下面的◐【创建新的填充或调整图层】，弹出可选菜单；选择【色彩平衡】，弹出【属性】窗口并自动增加了一个新图层“色彩平衡1”（图2-1-69）。

图2-1-69　创建【色彩平衡】调整图层

（3）在这个【属性】窗口中，出现了3条彩色的横向调节滑轨，滑轨中间的三角形滑块可以左右拖动；在3条滑轨的右侧，都有可以输入数字的选框。

第1条调节滑轨：滑轨的左侧写着“青色”，右侧写着“红色”，而滑轨本身的颜色也是从左至右的青色到红色的渐变，非常直观。

如果向右侧拖动滑块，数值则越来越大，最右侧为“100”，【图像编辑窗口】中的照片整体颜色就会变得越来越红了；向左侧拖动则数值越来越小，最左侧为“–100”，照片颜色变得越来越青了，注意这里是青而不是蓝（图2-1-70）。

滑块向青色拖动

滑块向红色拖动

图2-1-70　红色与青色之间的调节对比

好好体会一下这个过程：向右移动，红色加重的同时减轻了青色；向左移动，红色减轻的同时加重了青色，这说明一个原理："加红"即是"减青"，而"减红"则是"加青"。

我们可以动手试一下，试过之后把滑块移回到中间位置，如果移动不准确了，就直接在上面最右侧输入数字"0"即可。

（4）第2条调节滑轨：滑轨的左侧是"洋红"（也称其为"品"），右侧是"绿色"，滑轨的颜色也是从左至右的洋红色到绿色的渐变。向右侧拖动滑块，照片颜色就会变得越来越偏洋红；向左侧拖动则照片颜色变得越来越绿了（图2-1-71）；我们同样认识到"加绿"即是"减品"，而"减绿"则是"加品"，试一下吧。

试过之后把滑块移回到中间"0"的位置。

滑块向洋红色拖动

滑块向绿色拖动

图2-1-71　绿色与洋红（品）色之间的调节对比

（5）第3条调节滑轨：左为"黄色"右为"蓝色"（图2-1-72），"加蓝"即是"减黄"，而"减蓝"则是"加黄"。

滑块向黄色拖动

滑块向蓝色拖动

图2-1-72　黄色与蓝色之间的调节对比

刚刚进行的过程可以不需要保存。

（6）打开照片“湖边风车”（图2-1-73）复制“背景图层”为“色彩平衡调整”；点击【创建新的填充或调整图层】，选择【色彩平衡】，弹出【属性】窗口并自动增加了一个新图层“色彩平衡1”。

图2-1-73　原始图例照片

（7）观察照片发现，示例照片明显是偏青、偏绿，还微微有些发黄了，那我们就要进行这样的调整：

对第1条调节滑轨进行加“红”也就是减“青”的调节，数值为“45”；

对第2条调节滑轨进行加“品”也就是减“绿”的调节，数值为“–70”；

对第3条调节滑轨进行减“黄”也就是加“蓝”的调节，数值为“36”；

具体的调节位置如图2-1-74，这时候的照片是不是看起来非常舒服了呢？当然，如果你有自己的见解，那就试试按照自己喜欢的色调调整到相应的数值。

图2-1-74　对【色彩平衡】进行调整

（8）对比看看调整的结果是否还有不满意的地方，如果需要则点击图层“色彩平衡1”右侧的图层缩览图，弹出窗口再次进行调整（图2-1-75）。

（9）最后，我们点击【菜单栏】—【文件】—【存储】，分别保存PSD分层文件和JPEG图片文件就可以了。

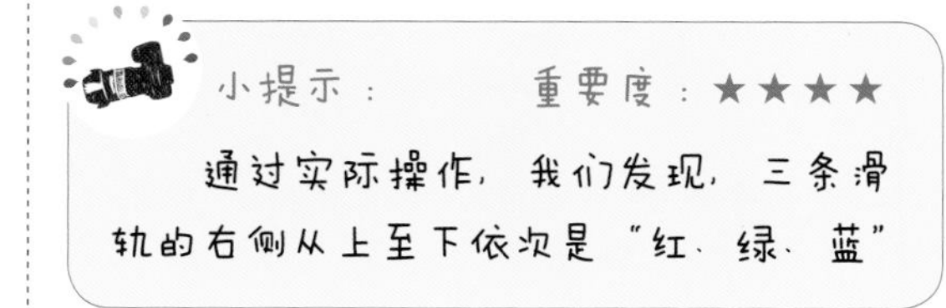

调整前

调整后

图2-1-75　【色彩平衡】对照片调整前后对比

三基色（三原色），而左侧相对应的恰恰是“青、品（洋红）、黄”三补色，简单地说，由于三基色与三补色之间是互补的关系，因此是一种平衡关系，调整的时候，增加/降低某个基色，同时也就是降低/增加了它的补色。

3. 简单的黑白照片色彩转换

（1）利用【去色】转换灰度照片

① 打开照片“雕像扮演”，复制“背景图层”为“去色”，确保我们在复制的这个图层上工作（这个图层栏是有颜色的）。

② 点击【菜单栏】—【图像】—【调整】—【去色】，【图像编辑窗口】中的照片立刻就变成了一张黑白照片了（图2-1-76），整个过程还不到1秒钟，确实又简单、又快又好。

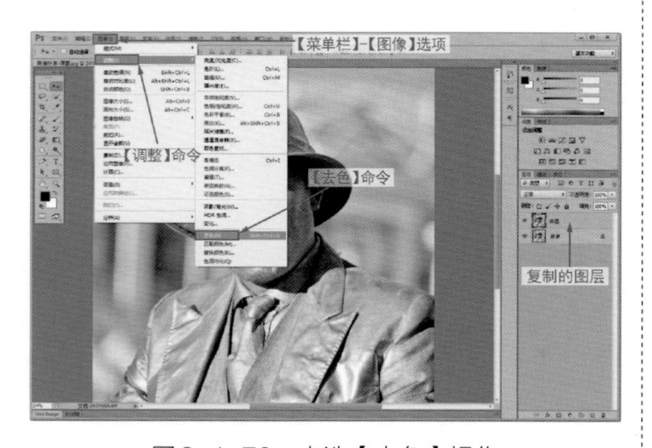

图2-1-76　点选【去色】操作

③ 现在，【图层选项卡】中这个“去色”图层栏左侧的缩览图也自动变成黑白的了，下面的“背景图层”还是彩色的，一目了然；重复点击这个图层前面的👁，彩色照片到灰度照片的变化还是反差很大的吧！（图2-1-77）。

④ 最后别忘了保存修改好的照片，这是我们修改调整任何一张照片后必须进行的最后一道工作，不然所有的努力就都白费了。

图2-1-77　瞬间变成灰度照片

为了简化过程，除非必要，今后的章节中不再详述复制图层与保存文件的过程。

（2）利用【灰度】模式转换灰度照片

① 打开照片“坝上秋色01”，复制“背景图层”为“灰度模式转换”。

② 点击【菜单栏】—【图像】—【模式】—【灰度】，弹出提示窗口“模式的更改会影响图层的外观，是否在模式更改前拼合图像”；由于我们复制图层的目的是要对比观察调整前后的照片效果，所以我们果断选择【不拼合】（图2-1-78）。

③ 又弹出一个新的【信息】窗口，提示“是否要扔掉颜色信息”，直到这时，【图像编辑窗口】里的照片一直都是彩色的，没有任何变化；因为彩色照片变成灰度就是要扔掉其他彩色的颜色，所以在本例中点选【扔掉】（图2-1-78）。

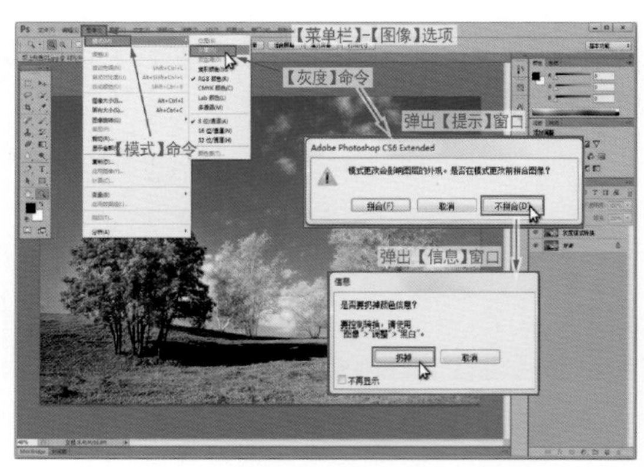

图2-1-78　执行【模式】—【灰度】命令

④ 立刻，窗口里的照片变成了灰度的。不过，和前面我们利用【去色】所不同的是：

【图像编辑窗口】的【标题栏】中，【颜色模式】由原来的“RGB/8”变成了“灰色/8”；

这时右侧【图层】选项卡中，无论是我们当前调整的复制图层还是原来的图层，缩览图同时变成了灰度的（图2-1-79），因为在灰度模式下，不再有黑、白、灰（不同比例的黑白配）以外的颜色被显示出来。

图2-1-79　完成【灰度】模式转换

⑤ 重复关闭/打开👁，已经看不到照片有任何变化了，这是因为刚刚进行的【灰度】操作是将照片的整个分层文件全部改变成了灰度模式。在这个模式下，所有的图层就只有黑白颜色和不同程度的灰色的，是真正意义上的“纯黑白”照片了，不会出现任何其他“偏色”了；如果不再进行其他调节操作，就可以将照片保存为JPEG了。

以上两种转换成灰度照片的方法只是简单的转换动作，从照片效果来说，还存在很多问题，但本例只是让大家熟悉PS的操作以及先了解一些简单方法而已。

无论是在把彩色照片转换成灰度之前还是之后，我们都可以根据需要进行【亮度/对比度】的调整，这些操作是没有前后顺序的。但是，由于人眼对彩色色调和灰度色调的敏感程度是不一样的，先对彩色照片进行【亮度/对比度】调整再转换成灰度照片与先转换成灰度照片再进行【亮度/对比度】调整，效果上还是有差异的，我们可以都进行尝试一下。

（3）利用【Lab颜色】转【灰度】实现灰度照片

① 打开前例照片，同时按下 Ctrl + J 键，【图层选项卡】中出现了一个“图层1”，缩览图与“背景”图层一样，这就是我们快速复制了“背景”图层。

② 双击“图层1”的文字，出现【输入框】，输入图层的名字“Lab转灰度”后按 Enter 键（图2-1-80）。

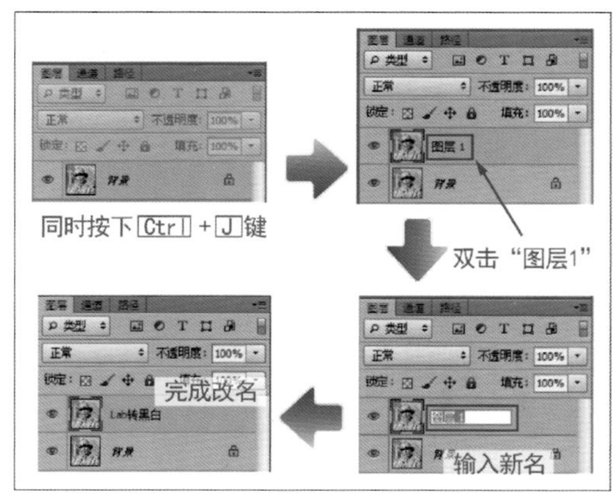

图2-1-80　Ctrl + J 键复制图层

这是又一种复制图层并改名的方法。

③ 点击【菜单栏】—【图像】—【模式】—【Lab颜色】，弹出的提示窗口中选择【不拼合】。

现在图片模式变成了Lab，虽然看不出什么变化，但在【图像编辑窗口】的【标题栏】中，【颜色模式】由原来的“RGB/8”变成了“Lab/8”（图2-1-81）。

图2-1-81 转换成【Lab颜色】模式

④ 鼠标左键单击【通道】选项卡标签，然后单击选择【明度】通道，这时【图像编辑窗口】中照片变成了灰度（“黑白”）模式（图2-1-82）。

图2-1-82 【通道】选择【明度】

⑤ 点击【菜单栏】—【图像】—【模式】—【灰度】，弹出的提示窗口中选择【确定】拼合图层（此时如果选择【取消】，则没有进行任何操作）；接下来弹出的【信息】窗口选择【扔掉】其他通道，因为刚才我们确实只选择了【明度】通道（图2-1-83）；图层自动向下拼合为“背景”图层。

图2-1-83 转换为【灰度】模式

⑥ 现在看到的照片已经是灰度效果了，但是略微偏亮。单击【图层选项卡】中“背景图层”，然后同时按 Ctrl + J 键复制“背景”图层，仍旧起名为“Lab转黑白”。

⑦ 点击位于【图层选项卡】左上角【混合模式】右侧的◆，选择【正片叠底】，照片暗下来很多。

⑧ 修改【混合模式】右侧的【不透明度】为“25”（也可点击▼，拖动出现的滑块），这样让最终完成转换的灰度照片比较好地再现了原来彩色照片的明暗层次（图2-1-84）。

图2-1-84 【混合模式】—【正片叠底】

四、挽救失误（撤销与重做）

虽然用PS调整照片的操作非常简单，只要一两个动作就可以完成，但是谁也无法保证所有的操作都准确无误，一旦发生错误的操作怎么办？

1. 撤销或重做上一步的操作

只要开始进行了操作的动作，都可以“撤销”（也可称作“还原”）刚刚进行的这一步操作。

（1）重新进行前面“利用【去色】转换黑白照片”的操作；但只完成到步骤（3）。

（2）点击一下【菜单栏】中的【编辑】—【还原去色】（图2-1-85），看到刚变成黑白的照片立刻又变成彩色的了，也就是回到了上一个状态，刚刚做过转换成【去色】的这一步操作已经被撤销了，还原到上一步了。

图2-1-85 点选【还原去色】（还原一步）

（3）虽然已经执行了撤销的操作，但PS软件会自动把刚撤销的那个操作记录下来，如果我们又想不做任何改变的重做已经撤销掉的那个操作，就点选【菜单栏】中的【编辑】—【重做去色】（图2-1-86）。与【还原去色】的选项相反，已经被撤销掉的【去色】操作又重新自动完成了，彩色照片又变回黑白的效果了。

图2-1-86 点选【重做去色】（重做一步）

（4）这样就发现，对于当前的操作来说，【还原去色】与【重做去色】是一对循环的操作，并且仅仅只对刚刚完成的操作起作用，而“还原”与“重做”后面的“去色”实际是由具体操作来决定的，要看你刚刚完成的操作是什么了。

一遍一遍同时按 Ctrl + Z 键，就会重复看到前面讲过的“撤销上一步”与“重做上一步”的操作。

2. 撤销或重做连续几步的操作

既然PS可以“悔一步棋”，当然也可以“连续悔几步棋”，这样就可以返回到几步甚至是十几步之前再重新开始操作。

（1）随便打开一张照片；同时按 Ctrl + J 键复制“背景”图层；修改图层名称“图层1”为“去色”；点击【菜单栏】—【图像】—【调整】—【去色】。

（2）点击【菜单栏】—【编辑】—【后退一步】（图2-1-87），看到刚变成黑白的照片立刻又变成彩色的了，也就是撤销了一步【去色】的操作。

（3）再次点击【菜单栏】—【编辑】—【后退一步】，看到图层名称“去色”恢复成了“图层1”。

（4）这次我们用【后退一步】的快捷键：同时按 Alt + Ctrl + Z 键，看到“图层1”也不见了，只剩下了“背景图层”。

这说明我们连续撤销了三步操作。

（5）点击【菜单栏】—【编辑】—【前进一步】，可以看到“图层1”再次出现了，原来的复制图层自动重做了一遍。

（6）再次点击【菜单栏】—【编辑】—【前进一步】，看到“图层1”的名字自动变成了“去色”。

（7）这次我们用【前进一步】的快捷键：同时按 Shift + Ctrl + Z 键，照片变成了黑白，【去色】自动执行了。

这就是我们又连续重做了三步操作，这三步操作是我们刚才撤销的三步。

（8）需要注意的是，无论一步还是几步的【前进一步】操作，都是在刚执行完【后退一步】操作后才能够点选的，否则选项就是灰色的（图2-1-87），无法被点选；如果【前进一步】的步数超过了【后退一步】的步数，选项也自动变成灰色的，无法被点选了，快捷键也一样无法执行。

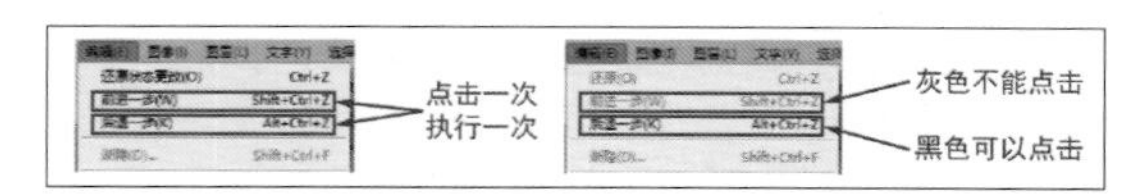

图2-1-87 【前进一步】与【后退一步】选项

3. 历史记录的使用

PS是通过占用一定的电脑缓存来记录我们曾经做过的操作，然后才可以撤销这些操作；记录我们曾经操作的过程的就是【历史记录】，它让我们可以方便地回到具体的某一步操作。

但是，当同时打开了多张照片进行处理，而每张照片本身又很大，并且又执行了几十甚至上百步的操作，那就需要占用大量的缓存而导致电脑运行速度缓慢甚至是PS的直接退出。

因此，记录一个照片操作的全部过程并不值得提倡，PS为我们执行撤销操作准备了【历史记录】这个选项来进行合理的设置。

（1）【历史记录】步骤设置

PS中【历史记录】的初始状态是“20”，也就是可以记录最后一步操作之前一共20步的操作，我们可以在这个数字范围内撤销或重做，通常情况下，50步范围是够用了；如果觉得不够用，也可以设置更大的步数。

① 点选【菜单栏】—【编辑】—【首选项】—【性能】，弹出【首选项】窗口。

② 在窗口右侧的中部，有一个【历史记录状态】选项，我们可以在选框里填入想要的数字或利用▶拖动滑轨选择，点击【确定】后，就设置好了自己希望PS记录的撤销/重做的步数（图2-1-88）。

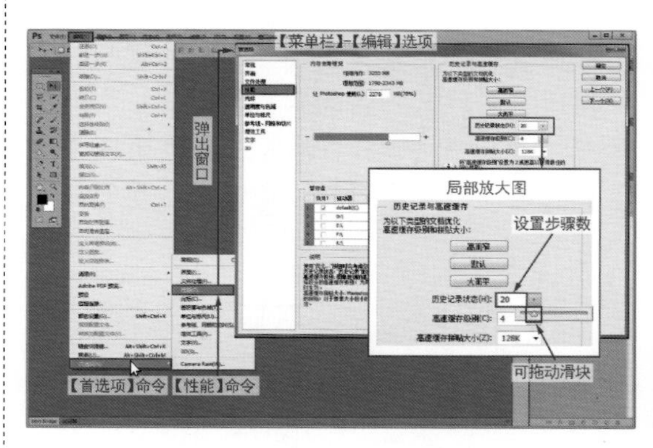

图2-1-88 【历史记录】步骤设置

（2）【历史记录】控制面板的使用

【历史记录】的功能当然不仅仅这么简单，它可以很直观地让我们在规定的步数范围内随心所欲地撤销或重做到其中任何一步而不必费心记忆曾经都做过什么，具体操作如下。

① 为了便于观察，我们把之前学习过的一些操作复习一遍，这些操作不具有很实际的意义，只是为学习【历史记录】服务的。

A. 打开照片“龙之谷卡通片海报”，复制“背景图层”为“复制图层并改名”；

B. 点选【菜单栏】—【图像】—【调整】—【去色】；

C. 为新图层创建一个【亮度/对比度】调整图层，自己略作调整；

我们先做这几步，但是千万不要执行任何保存命令。

② 好了，现在点击【菜单栏】—【窗口】—【历史记录】，在【控制面板】区域弹出了【历史记录】选项卡（图2-1-89），可

以看到，之前我们进行的具体操作名称一步一步都显示出来了，最下面的项就是最新最后的操作，并且它是彩色的，说明我们目前停留在这一步上。

③ 尝试着点击【历史记录】选项卡里面的任何一步，点到的那一步就变成了彩色的，它下面的步骤名称则变成了灰色斜体字，这些灰色斜体字的步骤就是我们撤销掉的步骤，同时可以观察到【图像编辑窗口】以及【图层】选项卡也因此同时产生了变化（图2-1-90）。

图2-1-89　打开【历史记录】窗口

【历史记录】步骤点选前

【历史记录】步骤点选后

图2-1-90　【历史记录】步骤点选对比

④ 在【历史记录】中点击到任何一步，就相当于撤销或重做到这一步，只要没有进行其他的操作，随时都可以点击到最后一步，原来的全部操作都不会受到任何影响。

⑤ 必须要记住的是，一旦选中了【历史记录】中的某一步，也就是在完成了撤销到这一步的操作之后，只要执行了其他的操作命令，之前被撤销的操作就是无法挽回的了。

掌握了撤销/重做命令的使用，挪掉了压在我们心口上的一块大石头，再也不用担心操作失误后该怎么办了。

小贴士：　　重要度：★★

明明在【窗口】栏中点击了【历史记录】选项卡，怎么没有看到它打开？没有关系，这一定是选项卡本来是打开的，但是处于折叠状态，因为太小而没有被我们注意到，只要再重新到【窗口】栏中重新点击就可以了；【窗口】栏中的所有选项卡都是可以重复打开/关闭的，前面打了“√”的都是已经打开的选项卡，如果我们没有注意到这个“√”却又没有看到选项卡打开，只要再点选一次就可以了。

第二节　掌握多一些的基本操作

一、进退自如（调入与保存照片）

1.打开照片的方法

（1）打开单张或同时打开多张照片

最基本的方法前面我们已经操作过。

① 点击【菜单栏】—【文件】—【打开】，弹出【打开】窗口（或 Ctrl + O 键）；

② 然后在最下面的【文件类型】中选择照片文件类型；

③ 接着在上面的【查找范围】下拉菜单中选择照片文件所在的文件夹；输入文件名或者在中间的文件列表区选择要打开的照片文件，建议在文件列表区使用“大图标”列表文件，可以直观地看到照片的缩览图；

也可用 Shift +左键连续选择多个照片文件或 Ctrl +左键隔选多个照片文件（图2-2-1）；

打开单张照片　　同时打开多张照片

图2-2-1　打开单张照片文件与同时打开多张照片

④ 点击【打开】打开或按 Enter 键，就可以打开所选的照片文件了，多个照片文件，PS会自动将这些选中的文件一一在各自的【图像编辑窗口】中打开。

（2）快速打开照片文件

如果工作区是空白的（例如刚运行PS还没有打开任何照片，或关闭了所有打开的照片的【图像编辑窗口】），在工作区中双击鼠标左键，就可以弹出【打开】窗口，再按前面方法操作即可。

（3）打开最近打开过的照片

点击【菜单栏】—【文件】—【最近打开文件】，弹出的子菜单中会列出我们最后十次打开过的照片文件名，选择即可，省时省力。

点击【最近打开文件】子菜单最后一项【清除最近的文件列表】，可以将这十次打开文件的记录清除干净，重新记录。

（4）拖拽打开照片文件

① 首先要确保PS软件是打开的。

② 很多人习惯使用“Windows资源管理器”查看照片文件，只要鼠标左键点住选中的文件（一个或数个）不要松开，拖入已经打开的PS软件，也就是拖入到任务栏的PS图标中（图2-2-2）。

图2-2-2　拖拽照片到PS中打开

③ 这时PS软件窗口自动弹开，但不要松开鼠标，继续拖动到【图像编辑窗口】标题栏右侧的空白处后松开，这样，照片就被打开了。

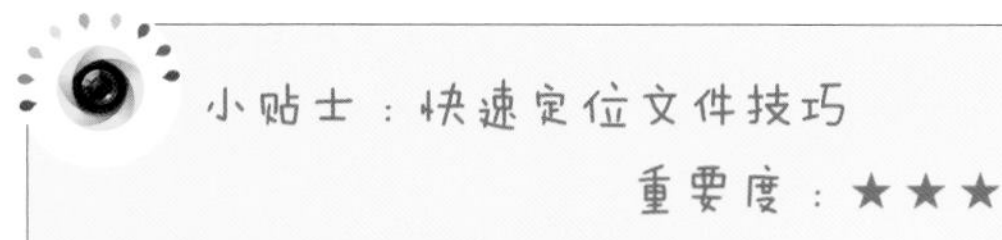

小贴士：快速定位文件技巧

重要度：★★★

当有很多照片存放在同一个目录，在PS中打开照片文件需要在目录里找来找去，很费工夫，适当掌握一些小技巧，可以提高寻找照片的速度。

a. 如果文件名是英文字母或数字开头的，在弹出【打开】窗口后，用鼠标左键在中间照片文件列表区域的空白处单击一下，然后在键盘敲击文件的第1个字母或数字，这样就可以快速定位到以该字母或数字开头的第1个文件了。

b. 中文名的照片文件通常排在数字和英文开头的照片文件名的后面，并且中文名的排列也是依照第1个字汉语拼音字母的顺序。遇到排列属于后三分之一的文件，我们只要在【打开】窗口中先按下 End 键，则会自动找到文件列表的末尾，可以向上寻找，这样寻找的范围就小多了。

2. 保存照片

只要我们在PS中对照片进行了任何操作，都需要进行保存。

（1）照片文件【存储】

① 打开的照片或分层文件，进行了修改操作后保存时又不需要改变原照片文件名称和图像保存质量，只需点击【菜单栏】—【文件】—【存储】（或按 Ctrl + S 键），PS自动保存并覆盖原来的文件。

② 如果打开后没有进行任何操作，点击【菜单栏】—【文件】—【存储】时，会发现【存储】是灰色的，不能点击，也就不需要保存。

（2）照片文件【存储为】

① 需要把照片或分层文件保存为其他文件名或修改图像保存质量时，以及改变照片存储的文件夹时，点击【菜单栏】—【文件】—【存储为】（或按 Shift + Ctrl + S 键），会弹出【存储为】窗口。

② 选择窗口中【保存为】右侧的“存

储目录"、【格式】中文件保存格式以及输入【文件名】后点击【确定】，就完成了操作。

③ 如果是JPEG【格式】文件的保存，还会弹出【JPG选项】窗口，让我们选择保存的图像质量，通常我们会选择最高的【12】。

④ 但原本只是照片的文件在进行过【图层】操作或【图像】中的某些转变后，点击【存储】也会自动弹出【存储为】窗口进行相关操作。

（3）设置【自动恢复存储信息时间间隔】

为了减少在操作过程中突然发生死机、断电等情况而造成的工作损失，PS可以设置后台自动保存临时文件的时间间隔。

① 点击【菜单栏】—【编辑】—【首选项】—【文件处理】，弹出的【首选项】窗口。

② 在窗口左侧选项栏选中【文件处理】，右侧选项中的【自动恢复存储信息时间间隔】要保证"√"选，其右侧时间可选项里一般默认为"10分钟"（10分钟很合理，虽然可以调整，不建议间隔太短，不然PS光忙着保存了，严重影响效率，而时间太长一旦造成损失可能太大），最后点击【确定】即可（图2-2-3）。

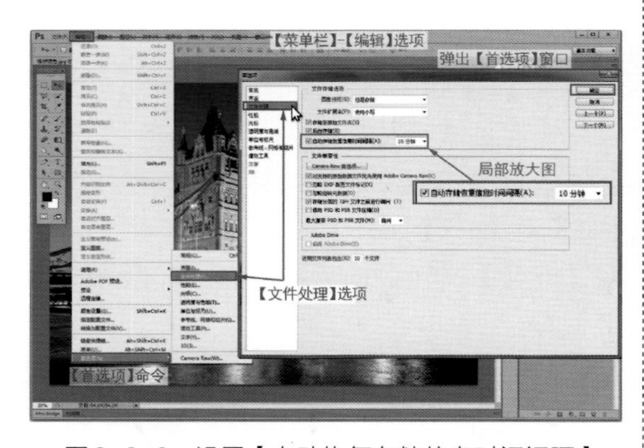

图2-2-3 设置【自动恢复存储信息时间间隔】

有了这项保护，当发生意外再次开机时，PS会自动打开恢复的文件，因此造成的损失就可以控制到最小了。

（4）设置【暂存盘】

PS处理图片的过程中需要产生大量的数据，这些数据无法全部保存在电脑内存中，这些临时的数据文件就需要足够的硬盘空间来暂时存放。

① 点击【菜单栏】—【编辑】—【首选项】—【性能】，弹出【首选项】窗口。

② 窗口左侧选项栏选中【性能】，中部靠下就是【暂存盘】选项，这里列出了你的电脑上所有的硬盘盘符和所对应的剩余空间。PS初始默认的是C盘，非常不建议这样与系统争抢空间影响电脑性能的行为，所以要把C盘前面的"√"点掉，改为选择其他剩余空间大的硬盘，可以是一个，也可以是几个。当然，如果你的电脑只有一个C盘那就无法修改了（图2-2-4），完成后点击【确定】。

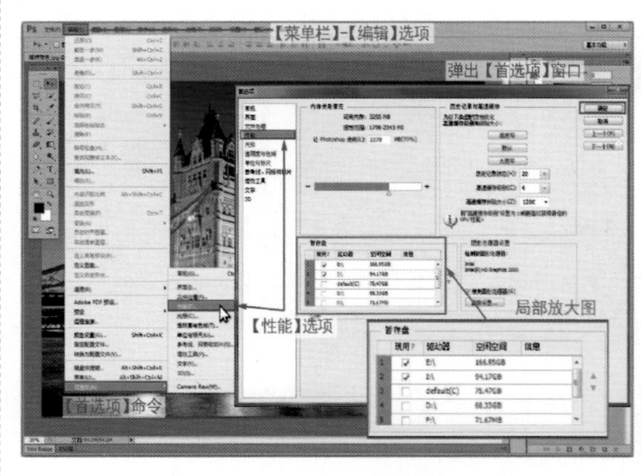

图2-2-4 设置【暂存盘】

再次运行PS时，最新的【暂存盘】的设置就发挥作用了。

二、层见叠出（图层的运用）

在前面的例子中，已经提到过图层这个名称。【图层】功能是PS软件的基本功能之一，也是最具代表性的强大的功能之一。1994年发布的Photoshop 3.0在功能上首次出现了“图层”，这时PS软件仅仅7岁，这是电脑图形图像处理软件一个极其重要的发展标志，这个功能让“造图”变得无所不能。

所谓图层就是一层一层的图片，像是将不同的图像内容放置在不同的像透明胶片一样的“层”上，每一个“层”都是一个独立的平面空间，我们可以单独在它上面进行PS针对图片的几乎所有操作，最终利用这种透明特性重叠组合成完整的图片。

1. 认识【图层选项卡】

（1）【图层】是以【选项卡】的形式一般在PS工作区右下方出现的，如果没有看到【图层选项卡】，可以点击【菜单栏】—【窗口】，在弹出的菜单中选择【图层】即可（或者按 F7 键），重复点选就是不断打开/关闭这个选项卡。

（2）【图层选项卡】的上部和下部都有控制按钮，通过这些功能可以完成【创建图层】、【删除图层】、【复制图层】、【隐藏图层】等操作，还可以改变图的【图层样式】来添加【浮雕】、【阴影】、【发光】等效果，更可以通过【创建新的调整图层】来实现【色阶】、【曝光度】、【色彩平衡】等诸多改变图层效果的操作（图2-2-5）。

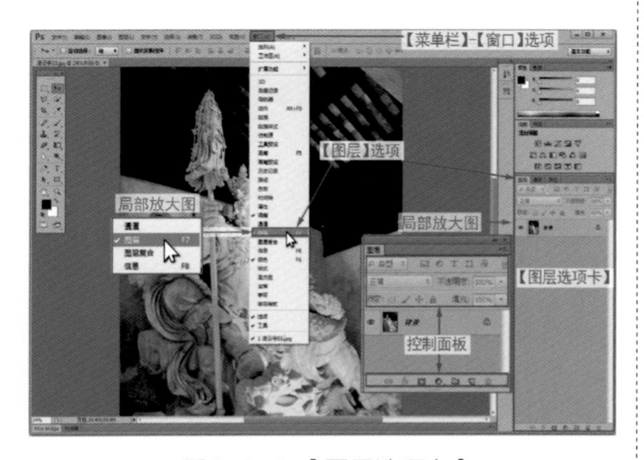

图2-2-5 【图层选项卡】

2. 背景图层

（1）当我们打开一张照片时，这张照片自动被设置成“背景”图层。

（2）当新建一个带有白色或背景色的图形文件时，【图层】自动建立了一个选定颜色的“背景”图层（图2-2-6）。

（3）当新建一个透明底色的图形文件时，【图层】自动建立了一个“图层1”，没有“背景”图层（图2-2-6）。

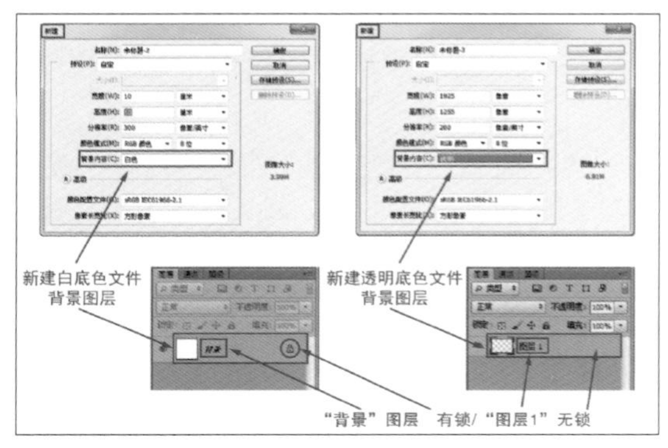

图2-2-6 新建白底色背景图层与新建透明底色背景图层的对比

（4）“背景”图层右侧有一个🔒的标志，始终被锁定在所有图层的最下面，并且很多功能不能进行操作，例如不能拖动删除、不能改变图层顺序、无法改变【图层样式】等等。

（5）左键双击“背景”图层会弹出【新建图层】窗口，输入新的【名称】并按【确定】，“背景”图层的🔒不见了，图层名称也变成了新的名字；这时，这个图层就是一个正常的图层了，拥有了图层的所有功能（图2-2-7）。

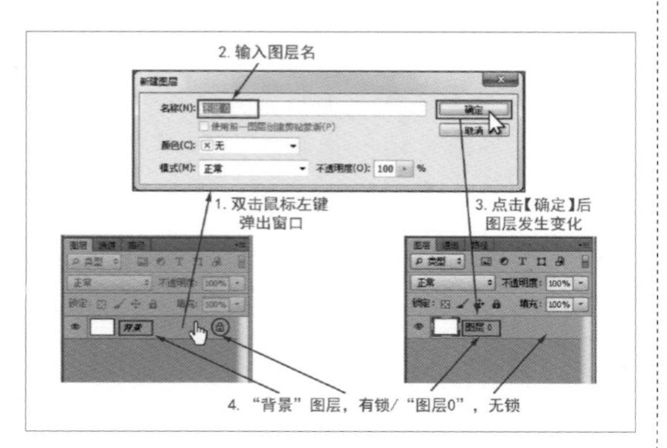

图2-2-7 “背景”图层转换为普通图层

打开照片文件进行修正操作时，很多情况下，都不去改变“背景”图层，而是对它进行复制工作再进行其他操作，便于最后的对比观察。

（6）当“背景”图层被变成普通图层后，分层文件中的任何一个图层都可以被移动到最下面充当背景的作用但不是“背景”图层。

（7）拥有2个以上图层的文件，一般都会保存为“分层格式”——PSD格式。这样，当再一次调入这个文件时，原来的图层都分别存在，随时可以进行操作更改。

3.新建、复制、删除图层

（1）新建图层

① 点击【菜单栏】—【图层】—【新建】—【图层】，会弹出【新建图层】窗口，输入名称后点击【确定】即可在当前工作图层的上层建立一个带新名称的新的图层。或者点击【图层选项卡】下面的，也会立刻新建一个图层，不过图层名称是自动生成的，需要鼠标左键双击名称的位置后进行输入。

② 当对本文件或打开的照片文件的选区进行复制后的粘贴时，PS会自动在当前图层的上层复制一个新图层，而后将选区内的内容粘贴出来。这样操作也是自动生成图层名，可以双击修改。

（2）复制图层

① 需要将某个图层完全复制时，点击这个图层使之成为当前工作层（颜色发生变化），然后点击【菜单栏】—【图层】—【复制图层】，弹出【复制图层】窗口后输入图层名称点击【确定】，就在这个图层的上层建立了一个相同图像内容带新名称的新图层。

② 或者在这个图层点击鼠标右键，在弹出的【右键快捷菜单】中选择【复制图层】，弹出【复制图层】窗口后输入图层名称点击【确定】。

③ 最快捷的方法是，鼠标左键点住这个图层向下拖动到【图层选项卡】下部的，立刻在原图层的上层复制了新的图层，可以修改名称。

（3）删除图层

当不再需要某个图层时，一般都删除掉，避免占用内存空间，更避免最后保存时的文件冗长、拖慢PS的工作效率。

① 删除一个图层

a.点击一个图层后再点击【菜单栏】—【图层】—【删除】—【图层】，弹出提示窗口（删除东西毕竟是需要谨慎确认的），点击【确定】即可将该图层删除。或点击右键，在弹出的【右键快捷菜单】中选择【删除图层】，效果一样。

b.便捷的方法是，左键点住这个图层向下拖动到【图层选项卡】下部的【删除图层】就OK，但是不会提示确认删除信息。

c.最快速的方法是点击要删除的图层，然后按 Delete 键，瞬间，这个图层就不见了，同样没有任何提示，因此使用要当心。

② 删除多个图层

删除多个无用的图层，可以使用 Shift +左键选取连续多个图层，或者 Ctrl +左键隔选多个图层，然后按照上面的3个方法中的1个进行删除。

删除所有隐藏的无用图层，点击【菜单栏】—【图层】—【删除】—【隐藏图层】，【确认】后可以一次性删除全部不带👁的图层，这个操作虽然省事，不用一个一个图层删除，但是千万小心，隐藏的图层不一定就是没用的图层哦。

4. 链接图层

（1）如果需要将几个图层同时进行操作，比如同时移动、并且彼此的位置关系不发生变化，可使用 Shift +左键或 Ctrl +左键选择多个图层，然后点击【图层选项卡】下面最左侧的🔗【链接图层】，这样在所有选中的图层的右端都会出现🔗，表示这些图层已经链接了。

（2）以后操作时，只有点击了带链接的图层，才会在这个图层和所有与之链接的图层的右端显示🔗，我们可以对它们同时进行移动、改变透明度以及对齐等操作。

（3）点中某个链接的图层后，点击🔗【链接图层】，就可以解除这个图层参与的链接。

（4）点中某个链接的图层后，再按 Ctrl +左键点击其他未参与任何链接的图层，点击🔗【链接图层】即可将这个新图层加入到整个链接中。

（5）可以将“背景”图层加入到链接中，但是这个链接组就不能进行移动、改变透明度等操作了，执行对齐操作时，“背景”图层不参加动作。

5. 合并图层

（1）按 Ctrl + E 键可以将当前可见图层（非隐藏图层）合并到紧邻并可见的下方图层，中间隔开隐藏的图层，则不能使用此操作。

（2）使用 Shift +左键或 Ctrl +左键选择多个图层后，按 Ctrl + E 键后，可以将这些图层合并到位于最上方的图层。

（3）上述2种情况如果包含了“背景”图层，则其他图层被合并到“背景”图层中。

（4）点选任意一个可见图层，同时按 Ctrl + Shift + E 键，可以将所有可见图层合并到“背景”图层，如果“背景”图层不可见，则合并到点选的图层。

（5）点选一个可见图层，同时按 Ctrl + Shift + Alt + E 键，将把从当前图层开始，排列在之下的所有可见图层（包含“背景”图层）合并到新建图层，原有那些可见图层不变，这项操作因为既能得到多图层合并后的效果，还不破坏原有的图层，因此使用率很高，被称为【盖印图层】。

6. 图层样式

PS提供了一些预设图层样式，通过简单的设置可以实现立体浮雕、投影、发光的特效，非常简单好用，只需要双击图层名称右侧的空白处，就会弹出【图层样式】窗口，对其中的项目参数进行设置后就能实现很多有趣的效果，具体使用方法将在后面的章节中详细介绍。

7. 更多操作

（1）隐藏/显示图层的内容

点击每个图层的最左侧的位置，都会出现或消失一个👁，带有👁的图层是显示（可见）图层，没有👁的图层即是隐藏（不可见）图层；隐藏的图层一样可以进行部分操作，只是看不到结果而已。因此，最常出现的失误是，无意中点中隐藏的图层并执行了移动操作，等再次显示这个图层时，才发现位置已经跑丢了。

按住 Alt +某个图层的👁，即隐藏（不可见）这个图层以外的所有图层；再次按住 Alt +这个图层的👁，即可恢复原来的状态。

（2）图层缩览图

紧挨着图层👁的右侧就是图层的缩览图，提示出该图层的内容状态。鼠标移动到缩览图上点击右键，在弹出的【右键快捷菜单】中有4个选项，分别是无缩览图和小、中、大缩览图，可以根据自己的需要选择。

一般选择小缩览图即可，不建议选择无缩览图。一旦关闭了缩览图，图层中这个位置就没有了。想要再次显示则需要点击【图层选项卡】上部最右侧的【更多选项】，在弹出的菜单中选择【面板选项】，便会弹出可以选择的窗口了。

（3）改变图层顺序

图层是一层一层由上向下叠加的，左键点住某个图层后向上向下拖动到目标位置图层的上面或下面的接缝处，松开左键，这个图层就被移动到了新位置。任何图层都不能被拖动到“背景”图层的下层，“背景”图层也不能被拖动改变位置。

（4）浮动图层

在互联网上，经常看到“浮动图层”的说法，什么是“浮动图层”也是被问的较多的问题之一。

所谓浮动图层，标准说法是“载入图层选区”，意思就是将某个图层的内容变成选区（没有透明区域的图层变成选区的话就是整个【图像编辑窗口】大小的矩形选区）。

无论你在哪个图层，只要按住 Ctrl 键+左键点击那个图层的缩览图，立刻可以看到选区的“蚂蚁线”了。

（5）混合模式

图层的混合模式非常有意思，可以创建出各种特殊效果，使用起来非常简单，只要点击图层后，再到【图层选项板】上部的【混合模式】选项中点选即可，建议大家有时间可以多多试验。需要注意的是，这里面没有“清除混合模式”的选项，如果什么效果都不想要的话，选择“正常”模式即可。

（6）锁定图层

保护一个图层不被更改的最好办法是锁定图层，【图层选项卡】上部共有4种方式对图层进行锁定，分别是：锁定透明像素、锁定图像像素、锁定位置（前三种都是锁定部分功能）以及锁定全部。

锁定标志显示在图层的右侧，锁定部分功能为🔒“空心锁头”，锁定全部为🔒“实心锁头”。“背景”图层即为🔒，所以还能进行部分操作，比如涂色、画图形等。实心锁头的图层会在使用很多工具时当鼠标进入到【图像编辑窗口】出现🚫“禁止标志”，仅仅可以进行图层合并和复制图层，删除锁定的图层是被禁止的（所以可以真正保护图层不被更改），复制后的新图层仍然是锁定全部。

（7）图层组

图层组的作用类似于文件夹，是为了方便图层管理，提高效率。点击【图层选项卡】下面的【创建新组】即可在当前图层的上层完成一个图层组的建立，任何图层都可以拖入到图层组，也可以脱离出来。

图层组可以改名、复制、改变顺序、删除，只能进行锁定全部，并且图层组里面不能再建立第二层图层组。

三、探囊取物（“抠图”基础方法）

小贴士：PS中光标指针的设置　　　　　　重要度：★★★★

在开始后面的内容之前，先要进行光标的设置，这是因为PS提供了不同形式的鼠标光标指针，让使用者可以根据自己的习惯爱好进行设置，也让软件的使用更有乐趣；先了解这一设置的目的是为了让大家在后面的学习中使用与教材中一致的光标指针，不至于因为指针形状的不同而产生误解。

① 点击【菜单栏】—【编辑】—【首选项】在弹出的二级菜单中选择【光标】弹出【首选项】窗口。

② 在【首选项】窗口右侧，已经自动选择了【光标】，在窗口左侧，设置如图2-2-8所示。

【绘图光标】选择【正常画笔笔尖】并且【在画笔笔尖显示十字线】；这样选择后，在使用【画笔工具】等类似工具时，鼠标光标按照我们选择的笔刷的形状显示，并且带有中心十字线，十字线的中心就是笔尖的基准点。

【其它光标】选择【精确】；这样选择后，在使用非画笔类的其他工具时，光标虽然形状各不相同，但都是很便于我们精确工作的形状（图2-2-9）。

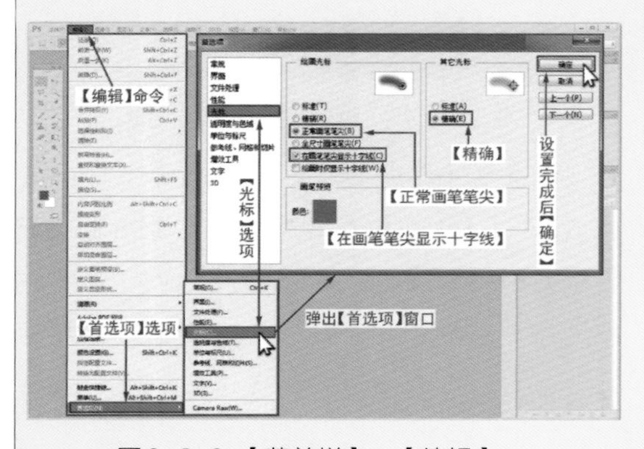

图2-2-8 【菜单栏】—【编辑】—【首选项】—【光标】进行设置

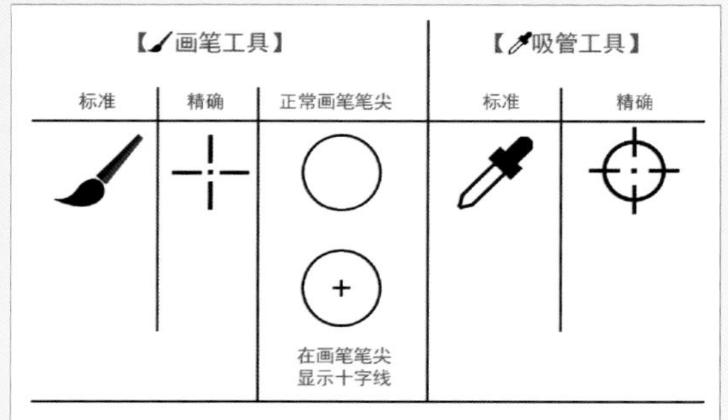

图2-2-9 不同光标形状举例示意

设置完成后，点击【确定】则立刻生效。

照片后期处理中，经常会需要把某张照片换一个背景，又或者需要把几张照片合成一张等等，这就用到了“抠图”这个概念。“抠图”就是选取，可以理解为把有用的部分“抠”下来留作他用或者把没用的部分“抠”下去，其实结果都是一样的。

PS抠图的方法有很多种，按照快捷性和简单性，不妨先尝试几种找找感觉。

1. 矩形选框的使用

抠图选取工具最简单的莫过于矩形（含正方）、椭圆（含正圆）工具了，尽管在照片的处理中使用相比平面设计要少（因为很少能拍摄到这么标准外形的物体），但了解掌握它们是学习其他抠图工具必不可少的基础。

（1）打开照片“彩妆模特01”，复制“背景”图层为“矩形抠图练习”，然后隐藏“背景”图层。左键单击选中新建立的“矩形抠图练习”图层为当前工作图层（有颜色显示）。

（2）点击【工具栏】—【矩形选框工具】，在上部【选项栏】左侧选择【新选区】，后面的羽化值输入“0”后回车，它会自动变成“0像素”（已经是的不用再输入），这表示以后的选区是最整齐最锐利的，尖尖角角以及锯齿都会呈现出来。

鼠标指针移入画面后变成＋，选好起点然后点住左键向斜方向拖动鼠标（哪个方向都可以），画面上出现闪烁的矩形虚线框，俗称“蚂蚁线”，松开鼠标完成一个矩形选区的操作（图2-2-10）。

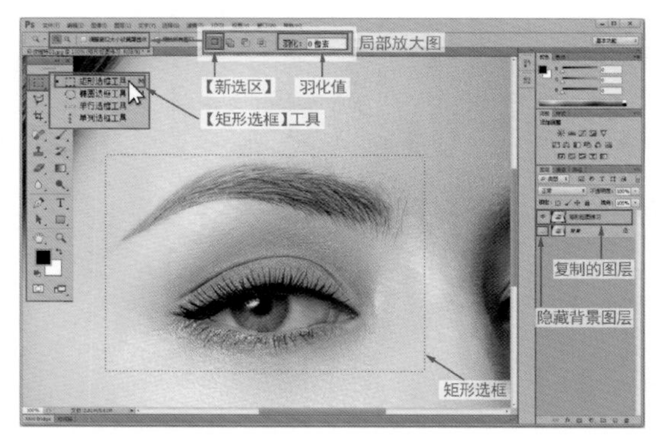

图2-2-10　选取【矩形选框】并框选选区

如果选取的矩形选框位置与图例相差的比较大，将鼠标移动到“蚂蚁线”内，指针变成，按住鼠标左键拖动“蚂蚁线”选框到合适的位置，松开左键即可。

（3）下面要把这个选取“抠下来”，也就是复制到一个新的图层里。“复制”—“粘贴”的操作是大家最为熟悉的，但这里建议使用 Ctrl + J 键。细心观察，右侧【图层】选项卡里多了一个叫做“图层1”的新图层，它自动变成了当前工作图层，双击“图层1”，重命名为“矩形选区复制”。

关闭“矩形抠图练习”图层的“”，看到什么了？一个小的矩形图片（眉毛和眼睛），周围区域是灰白方格相间的底色，这些灰白相间的底色代表什么也没有，也就是透明的部分。那么，我们已经将这部分图形“抠”出来了（图2-2-11）。

图2-2-11　抠出矩形选区并复制

（4）保存已经完成的文件时，可以看到文件【格式】自动变成了【Photoshop (*.PSD；*.PD)】”的分层文件格式，选取合适的目录并起个合适的名字，点击【保存】。

2. 羽化的初步尝试

提起羽毛，一定会想到它毛毛茸茸的边缘。在PS中，两个图片元素合成到一起时，如果边缘过于清晰锐利，很多时候会显得非常虚假。【羽化】的作用就是将图形选区的边缘由内到外变得虚化、逐渐变得透明、颜色也渐变柔和，可以将前景图片与背景图片尽可能的自然过渡。羽化值则是用数字量化这个功能的级别，羽化值越大，虚化的部分也就越大，反之也越小。

如果没有了羽化功能，PS的合成图片效果不可想象。

（1）打开我们上例操作保存好的文件，现在屏幕右侧【图层选项卡】中从下往上依次是“背景”、“矩形抠图练习”和“矩形选区复制”3个图层，我们选择“矩形抠图练习”为当前工作图层，关闭其他2个图层的👁。

（2）完全按照上例第③步，建立一个矩形选区。

现在在【选项卡】的【羽化】后面输入一个数值可以看看效果了吧。我们输入“10”。

怎么选区没有变化？是输入值太小？重新输入“40”后回车，还是没有效果？

（3）在画面中点击右键，弹出【右键快捷菜单】，点击【取消选择】，闪烁的“蚂蚁线”不见了。我们在画面上重新建立矩形选区就看到这时的选区不是方方正正的矩形，而是一个圆角矩形了，这就是在【选项卡】中输入的【羽化】数值起到了作用。这说明，这里的数值只对输入后进行的操作产生作用（图2-2-12）。

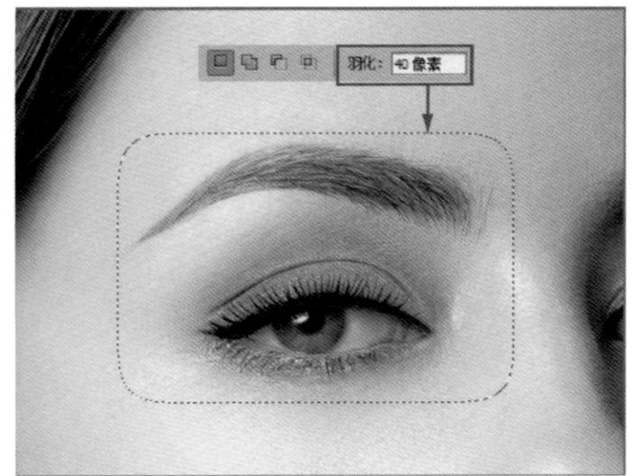

图2-2-12　不同羽化值的选区效果对比

按 Ctrl + D 键取消选区，然后在【羽化】后面重新输入“0”；再重新选取一个矩形选区，看看还能做什么。

（4）在画面中点击右键，弹出右键快捷菜单，点击【羽化】，弹出【羽化选区】窗口，输入“40”，点击【确定】。这次，画面上的选区直接就产生了变化，这个方法相比提前输入数值要更方便更好用（图2-2-13）。

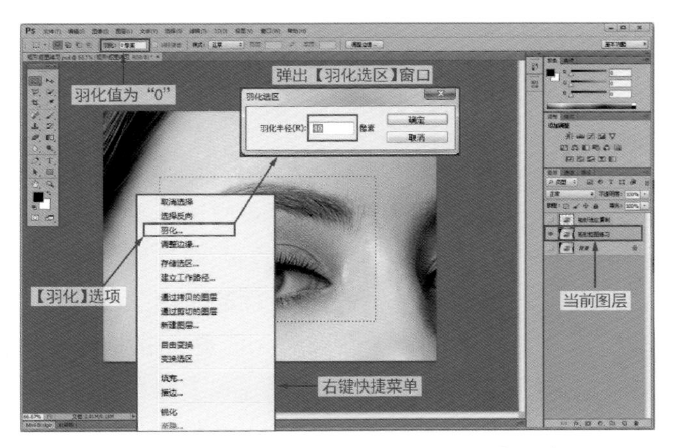

图2-2-13　右键快捷菜单进行【羽化】修改

看到变化之后如果想再次在【羽化选区】窗口中输入“0”，让选区变成之前那样标准的矩形，试试看，是不是做不到了？因为羽化操作只能针对当前的选区进行，数值“0”就相当于没有对当前选区做任何羽化工作。那么只能利用撤销操作回到之前的矩形选区，当然也可以取消选区，重新建立即可。

（5）按 Ctrl + J 键复制选区到新图层，命名为“羽化值40复制”。关闭下面“抠图练习”图层的👁，终于看到羽化后复制的效果了吧。还记得白方格相间的区域代表什么吧（图2-2-14）。

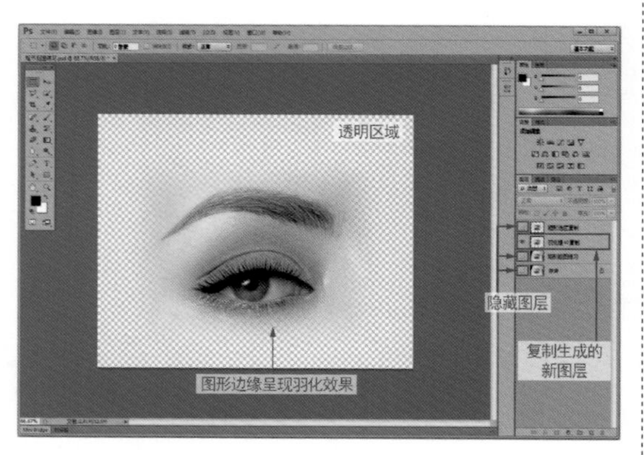

图2-2-14　羽化后的复制效果

（6）点击【工具栏】下端左侧的■【默认前景色和背景色】（前景色为黑，背景色为白）。

在右侧【图形选项卡】中选中“背景”图层，显示变色即可，不用点开👁。然后单击下面的◻【创建新图层】，于是新建了一个叫作“图层1”的新图层，重命名为“白色背景填充”；然后按 Ctrl + Delete 键，用背景色白色填充整个图层。

现在再观察一下屏幕的显示，是不是对羽化效果有更深的认识了（图2-2-15）。

（7）反复点击上面“矩形选区复制”图层的👁，观察对比“0”羽化值与“40”羽化值效果的差别。

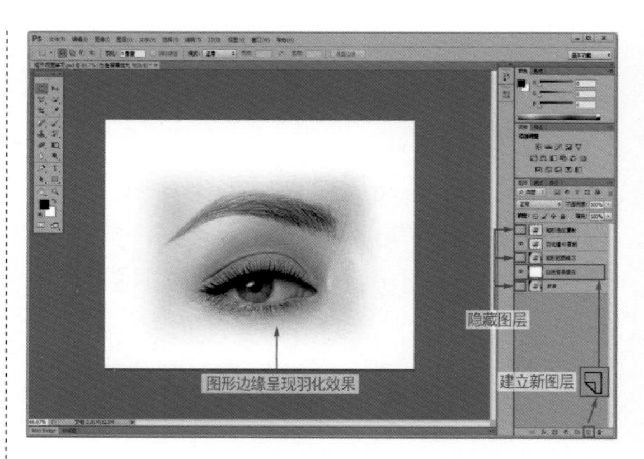

图2-2-15　增加白色背景观察羽化的效果

（8）点击【菜单栏】—【保存】，怎么，什么也没看到？那是因为我们已经保存了这个PSD分层文件，而且并不打算更改它所在的目录和文件名，PS就默认之前的选项自动进行保存了。

3. 更直观的羽化操作

羽化效果确实很有意思也挺神奇的，但是如果感觉羽化值输入的不是很合适的话就需要不停的撤销操作再重新输入羽化值，效率是不是太低了些？

（1）打开上例操作保存好的文件；现在屏幕右侧【图层选项卡】中共有5个图层了，我们只打开“矩形抠图练习”和“白色背景填充”的👁，并选择“矩形抠图练习”为当前工作图层。

（2）点选【工具栏】—⬚【矩形选框工具】，【选项栏】中的羽化值输入“0”，在画面中拉取一个矩形选区。

（3）在画面中点鼠标右键，弹出右键快捷菜单中选择【调整边缘】（图2-2-16）。

（4）弹出【调整边缘】窗口后，首先将最上面的【视图模式】—【视图】选择为“白底”（已是“白底”则不必更改），让【图像编辑窗口】自动变成当前图层只显示选区内部分，其他部分为白色，便于我们同步观察效果（图2-2-17）。

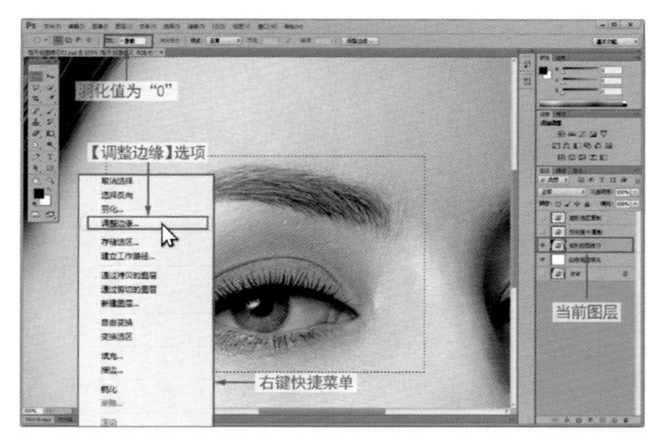

图2-2-16 【右键快捷菜单】—【调整边缘】

我们在中间的【调整边缘】选项组中向右拖动【羽化】右侧滑轨上的滑块，同时观察画面中的变化，看到的就是不同羽化值下的实时效果。

如果拖动【对比度】右侧的滑块，羽化边缘的效果同样会产生变化。

试着向右拖动【移动边缘】右侧的滑块，可以看到选区边缘被扩大了；向左侧移动滑块，选区的边缘被缩小了。

在【调整边缘】选项组中，如果【羽化】值是"0"，其他3个选项则不起任何作用，本例调整值如图2-2-17。

（5）【羽化】调整合适了，点击下面的【输出到】右侧的【▼】，在弹出的选项中选择【新建图层】（图2-2-17），点击【确定】。

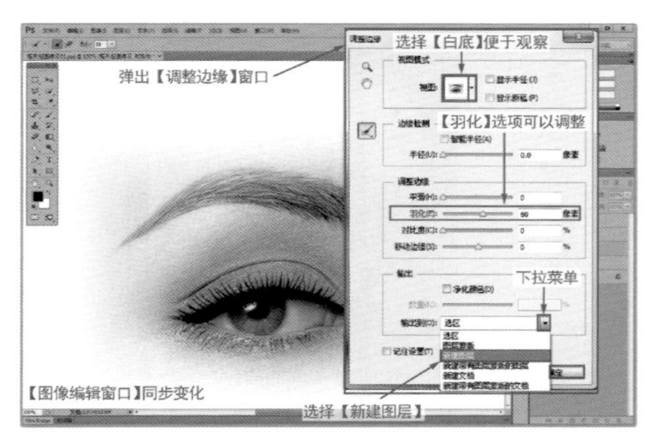

图2-2-17 【调整边缘】窗口内的参数调整

（6）PS自动建立了新图层"抠图练习副本"，同时"矩形抠图练习"图层被隐藏；把新图层改名为"调整边缘羽化效果"；利用前面学到的方法，多次观察效果后（图2-2-18），【保存】文件。

图2-2-18 【调整边缘】完成效果

使用【调整边缘】的最大好处是，在调整过程中直观地看到效果，通过不断组合调整直至满意而止，这非常适合初学者。

对于像论坛头像一类的小图像，一般就不再需要羽化效果了，因为图像太小看不出来；而大数值的羽化效果是为了制造图片特殊效果用的；一般照片抠图时，羽化值在1～3之间，只要保证抠图边缘能产生很小的虚化过渡就够用了，基本上都能让图片边缘产生不错的融合效果。

4.修改选区范围

我们无法保证每次圈定的选区都是那么合适，很多时候需要进行选区范围的修改。

（1）打开照片"亲，聊聊"，复制背景层为"修改选区范围"；点选【工具栏】—⬚【矩形选框工具】；在画面中，选择一个起始点，点住左键，同时按下 Alt 键，不要松开左键在屏幕上任意拖拽，会出现矩形的选框，松开变成"蚂蚁线"。有没有注意到，这和前面的画法不同，因为按下了 Alt 键，矩形选框是以起始点为中心点向四周扩散形成的（图2-2-19）。

别忘了可以拖动“蚂蚁线”选框移动到合适的位置哦。

图2-2-19　建立新选区

（2）这个选框并没有把小猫选取进来，这时不必重新建立选区，只需要修改一下选区。点击右键，弹出右键快捷菜单，选取【变换选区】，在“蚂蚁线”的四个角和四条边的中心，共出现了8个空心小方块，与前面操作过的【裁剪工具】一样，我们可以拖动四条边和四个角来调整选区的高低和宽窄。

（3）操作中，需要拖动选区边框线时，不必点击到“ □ ”的位置，只要接近边框线，待鼠标指针变成“ ↕ ↔（上下/左右的双箭头）”时，点住左键就可以上下或左右拖动边框线了，到了合适的位置再松手；而当鼠标指针接近边角的时候，鼠标指针变成“ ⤢ ⤡（倾斜45度的双箭头）”，点住左键就可以同时移动相交的两条边框线（图2-2-20）。

（4）鼠标指针在“蚂蚁线”外面，离开一点距离时，变成“ ⤵ ”，只要点住左键顺时针或逆时针旋转，整个选区就会转动相应的角度；如果点击右键，还可以直接进行【顺时针90度】和【逆时针90度】的操作，但本例不做旋转的具体操作，不过大家可以随便试一试，随时按下 Esc 键，便取消了刚才变换的所有操作，“蚂蚁线”也变回正常了。

图2-2-20 【变换选区】进行选区调整

（5）重新选取【变换选区】，参考图例将选区进行修改，在选区内双击左键完成操作。

（6）点击右键，在右键快捷操作里点选【选择反向】，那么我们原来选取的矩形区域就变成了非选区，而原来矩形选区外面的区域则变成了选区，这就是将选区与非选区对调了，有没有看到【图像编辑窗口】的外框也出现了“蚂蚁线”？

（7）这可有点乱，怎么确认哪里才是选区呢？用鼠标指针！在画面内移动鼠标指针，指针变成 ⬚ 说明这个区域是选区，变成 ✛ 说明这个区域是非选区，就这么简单（图2-2-21）。

图2-2-21 【选择反向】

（8）按 Ctrl + Shift + I 键（【选择反向】的快捷键），再次执行选区反向的操作，就回到了原来的选区，注意观察，是不是

【图像编辑窗口】外框的“蚂蚁线”不见了，移动一下鼠标指针，辨认一下现在哪里是选区哪里是非选区（图2-2-22）。

图2-2-22　再次【选择反向】

（9）最后点击右键，在右键快捷菜单中点选【取消选择】或者同时按下 Ctrl + D 键，“蚂蚁线”不见了，选区取消了。

我们只是练习一下修改选区的操作，本例可以不做文件保存。

5. 更多的选区操作

在一个画面中，还可以同时选取多个区域，并对它们进行合并、相减、相交叉等操作。

（1）打开照片“亲，聊聊”，复制背景层为“更多选区操作”；点选【工具栏】—【椭圆选框工具】；在【选项栏】中的【羽化】栏输入“10”；在图片中选择一个起始点，点住鼠标左键，拖动一个椭圆出来，选中喵星人后松开左键（图2-2-23）。

图2-2-23　建立第1个椭圆选区

（2）现在再选取一个区域，继续在屏幕上选择一个新的起点，点住鼠标左键……不用继续了，因为第一个选取的区域已经不见了。

（3）按 Ctrl + Z 键撤销刚刚第②步的操作；点选【选项栏】上【添加到选区】，再回到图片上，鼠标指针变成；在画面右边汪星人头部中间选一个起始点，然后先点住左键，再同时按下 Alt + Shift 键（注意这里的按键顺序，其中的原因，就在“小贴士”里面关于快捷键的部分），拖动鼠标，是不是看到以起始点为中心画了一个正圆形选区（图2-2-24）？

图2-2-24　建立第2个正圆选区

现在在一个图片中同时选择了2个不相邻的区域。

（思考一下，怎样从一个边角画出一个正方形选区，以及以起始点为中心，画出一个正方形选区。）

（4）如果这个正圆的选区框选的不合意，在【选项栏】上点选【新选区】，试一试按前面的操作移动选区或【变换选区】，怎么样？无论怎么操作，2个区域都是同时移动或同时被修改，无法单独操作其中一个区域，这是因为，虽然两个区域彼此有距离，但它们其实是一个选区，第2个区域是被“添加”到第1个区域里了。

因此，如果对刚才的第二个选区不满

意，你就需要撤销后重新选取了。

（5）继续添加第3个区域；点选【选项栏】上【添加到选区】，在刚才的两个选区中间先点住鼠标左键，再按住 Alt 键的同时拖动鼠标，画出一个两边伸入到这两个选区里面的椭圆选区，松开键盘和左键，一个“骨头形”的选区出现了；因为第3个区域与第1和第2个选区分别重叠了，所以3个区域自动合成1个区域了，再次说明添加选区后就是同一个选区而已（图2-2-25）。

框选第3个椭圆选区

松开鼠标后结果

图2-2-25　添加第3个椭圆选区

（6）按 Ctrl + D 键取消选区，在【选项栏】上点选【新选区】，在汪星人头部新画一个椭圆形选区；回到【选项栏】上点选【从选区减去】，进入画面鼠标指针变成，在刚才的选区左下侧画一个椭圆形选区，要与第1个选区有一定的重叠；松开鼠标左键后，一个月牙形的选区产生了，这就是从第1个选取区域里减去了第2个选取区域与它相互重叠的部分（图2-2-26）。

图2-2-26　【从选区减去】

如果第2个选取区域没有与第1个区域重叠呢？那就什么都没有，因为在第1个区域中没有选上的区域，也就没什么可以减少的了。

（7）按 Ctrl + D 键取消选区，在【选项栏】上点选【新选区】，在汪星人头部新画一个椭圆形选区；回到【选项栏】上点选【与选区交叉】，进入画面鼠标指针变成，在刚才的选区左下侧画一个椭圆形选区，要与第1个选区有一定的重叠；松开鼠标左键后，留下的选区就是刚刚那个重叠的部分（图2-2-27）。

这样，我们就学习了建立选区、添加选区、从选区减去、与选区交叉的方法，这些原理在今后所有用来选取选区的操作中都会用到。

小贴士：　重要度：★★★

是不是这样在【选项栏】里选来选去的很麻烦？在【选项栏】中选择【新选区】的情况下，可以使用快捷键。

按住 Shift 键＋左键＝“添加到

第2个选区与第1个选区相交　　　　松开鼠标后结果

图2-2-27 【与选区交叉】

选区”，鼠标指针

按住 Alt 键＋左键＝“从选区减去”，鼠标指针

按住 Shift ＋ Alt 键＋左键＝“与选区交叉”，鼠标指针

这样是不是简单多了？不过，需要费点脑子记住这三个快捷操作才行。

四、移花换柳（不规则形状抠图方法）

1. 魔棒抠图方法

【魔棒工具】顾名思义就是好像手里有了一根有魔法的小木棒，点一下，想要的和不想要的一下就分开了。它是PS传统快速抽取工具之一，尤其是对于一些分界线比较明显的图像，可以很快速地将图像选取“抠出”；原理就是获取鼠标点击位置的颜色，通过计算自动获取附近区域相同或相近的颜色，使它们处于被选择状态。

使用【魔棒工具】，最好是所选区域与保留区域色差比较大、分界明显，这样才能既快又好，否则，不能保证很好的效果。

（1）打开照片“蓝背景的八字阀门”，这里我们需要将照片中的水龙头阀门从背景中抠出来；首先复制“背景”图层起名为“魔棒抠图”并关闭背景图层的，然后选择【工具栏】—【魔棒工具】（图2-2-28）。

（2）点击【选项栏】中的【容差】，输入“10”，同时选中后面的【消除锯齿】和【连续】选项（图2-2-28）；所谓【容差】就是选取时允许的色差范围，数值越大，被选中的相近的颜色范围就越大，反之则越小；【连续】是指要用魔棒选中的区域彼此是连接着的并没有断开（图2-2-28）。

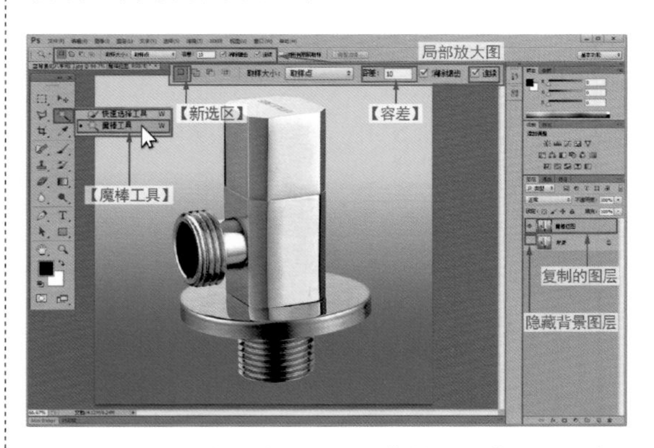

图2-2-28　选择【魔棒工具】并设置【选项栏】

（3）鼠标移入画面变成，点击时，尽量去点击颜色相对简单、变化较少的区域；

本例中，水龙头里的颜色相比周围的底色明显要复杂，所以将鼠标指针移动到底色范围点击左键（位置大致如图）；然后，画面上出现了闪烁的“蚂蚁线”，被“蚂蚁线”包围的区域就是被选中的，其他区域则是没有选中的（图2-2-29）。

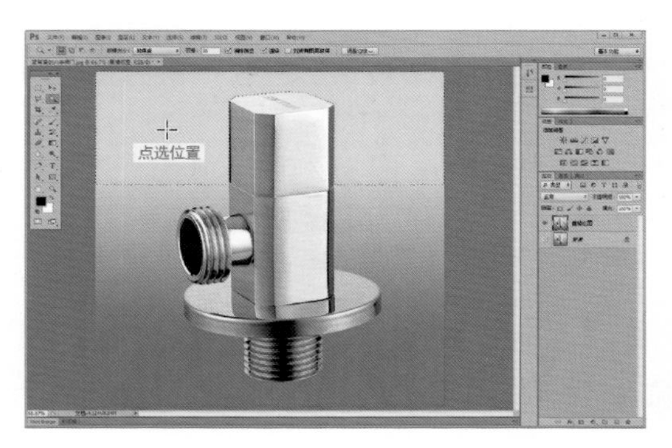

图2-2-29 【魔棒工具】第1次点选

（4）我们看到背景还是有一部分没有被“蚂蚁线”包围，也就是没有被选中，那就需要“加选”：将鼠标指针移动到刚才选中区域下面没有选中的部分，离开一小段距离，按下 Shift 键，鼠标指针上会出现了“+”号，变成了⁺，这时点击左键，可以看到一个小一点的区域被选中了，但是与第1次选中的区域中间还有一段没有被选中的（凭借我们目前的经验，应该已经很容易判断出哪里是被选中的选区，哪里不是选区了），这是由于【容差】设置的比较小，选中的区域范围不够大造成的（图2-2-30）。

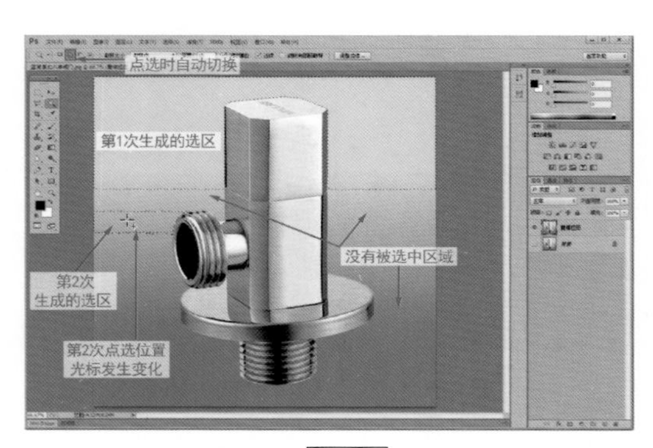

图2-2-30 按住 Shift +鼠标左键进行【魔棒工具】第2次点选

（如果这次选中的区域被自动增加到了第1次选中的区域中，是因为这次点选的位置不够靠下，按 Ctrl + Z 键撤销一步操作，在比刚才的位置靠下一些的地方再次点选）。

（5）我们将【容差】修改成“30”，按下 Shift 键，鼠标指针变成了⁺，移动到刚才2次点选区域中间点击鼠标左键，这次看到这个区域也被选上了，被“蚂蚁线”包围的区域变大了；如果还有区域没有被选取到，将鼠标指针移动到那里，继续刚才的操作即可（图2-2-31）。

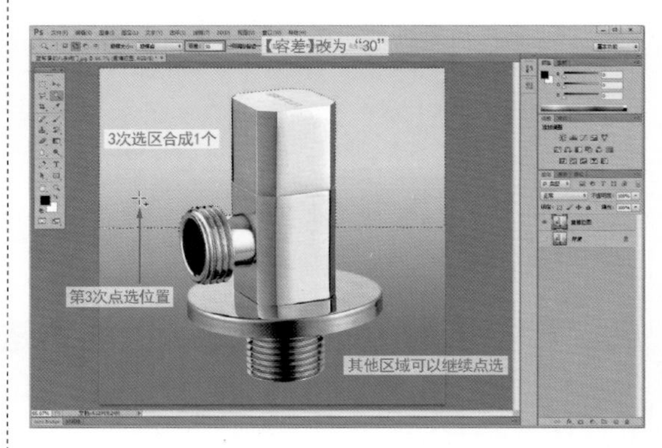

图2-2-31 【魔棒工具】第3次点选

（6）如果不该选的区域被选上了，鼠标不要移动，按下 Alt 键，指针出现“–”号，变成⁻，点击鼠标左键，可以看到刚刚不慎被选中增加进来的区域又被减掉了，这就是“减选”；当然也可直接【撤销一步】操作。

（7）通过适当的“加选”与“减选”，效果满意后，会看到蚂蚁线已经围绕着水龙头了，但是在照片的最外延也有一圈蚂蚁线，这是因为我们刚才选取的是背景区域而不是水龙头本身。

点击 Delete 键，刚才我们选中的区域就被删除掉了，变成了灰白相间的透明部分（图2-2-32）。

按 Ctrl + D 键，取消选区。

（8）这时换用【工具箱】—【移动工具】，然后鼠标移动到阀门上点住左键，随

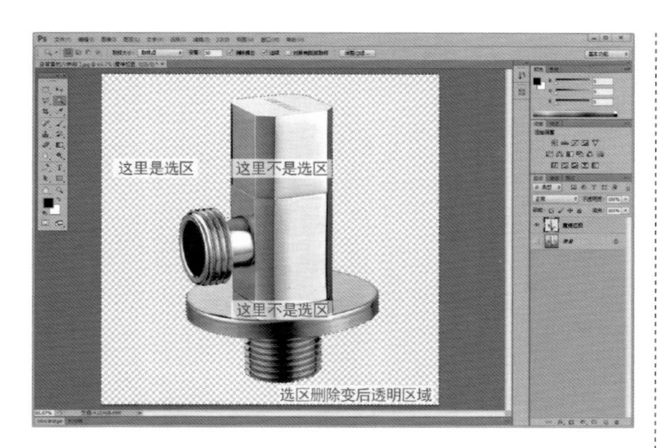

图2-2-32 抠掉周边底色后的效果

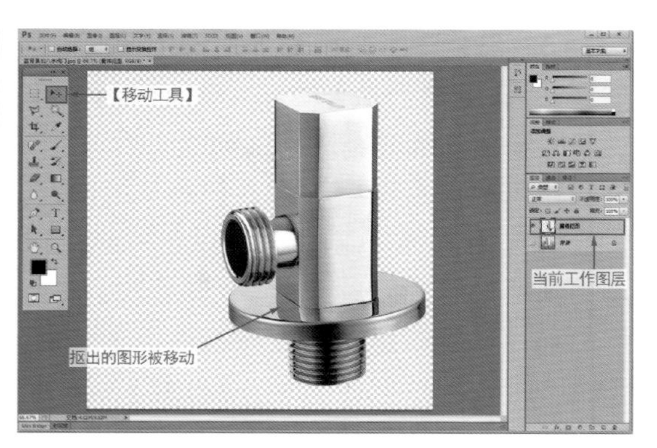

图2-2-33 拖动抠出的图片

意拖动看一看，是不是阀门可以放置在任意位置了？这就是抠图的用处。我们将阀门重新拖回到画面中间（图2-2-33）。

（9）点选“背景”图层，但不必显示这个图层；点击【图层选项卡】下面的【建立新图层】，并更改名称为“黑色底色”，然后按 Alt + Backspace 键，用前景色填充画面（这里应该是黑色，如果不是，点击【工具箱】左下角的【默认前景色和背景色】即可自动设置）。怎么样？我们不光把照片里的阀门抠出来了，还为它更换了一个黑色背景，让不锈钢的效果更突出了（图2-2-34）。

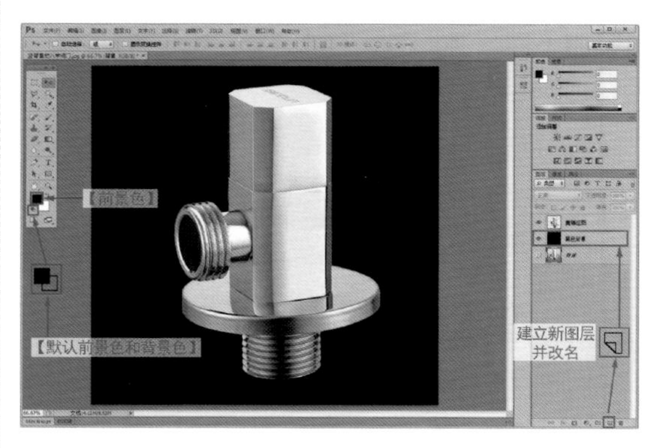

图2-2-34 为抠出的图形更换底色

小贴士： 重要度：★

仅仅在适合屏幕大小情况下抠图往往是不准确的，需要点选【工具箱】里的【缩放工具】将局部放大多倍以后再进行操作才能更精准：点击【缩放工具】后，鼠标指针移到画面中需要观察区域附近，点击一下左键，图片就放大了一部分；一次次点击，一次次放大；过于放大了，就按 Alt 键+鼠标左键，可以缩小图片；松开 Alt 键则继续放大；然后再用点击工具（本例是【魔棒工具】）进行相应的工作，需要退出放大状态时，只要再次点选【缩放工具】然后在【选项栏】中点选【适合屏幕】就可以了。

2. 橡皮擦抠图方法

这次将学习使用橡皮擦工具组中的3种工具进行抠图。

（1）打开照片“红酒侍者”（红酒开酒器，形状像斜伸双手的人），复制“背景”图层为“橡皮擦抠图”。

（2）点击“背景”图层，新建一个图层改名为“抠图背景”（图2-2-35）。

（3）点击【工具栏】下部的【设置前景色】，弹出【拾色器】窗口，上下拉动中间竖向的彩色色条滑块到蓝色区域，然后在左边的蓝色颜色范围中选择一种照片上没有、明显而又不刺激眼睛的蓝色（也可以选择自己眼睛看着舒服的颜色），这是为了便于后面操作时观察抠图的效果，点击【确定】（图2-2-35）。

按 Alt + Delete 键为“抠图背景”图层填充前景色，因为上面的图层是打开的，所以目前看不到蓝色（图2-2-35）。

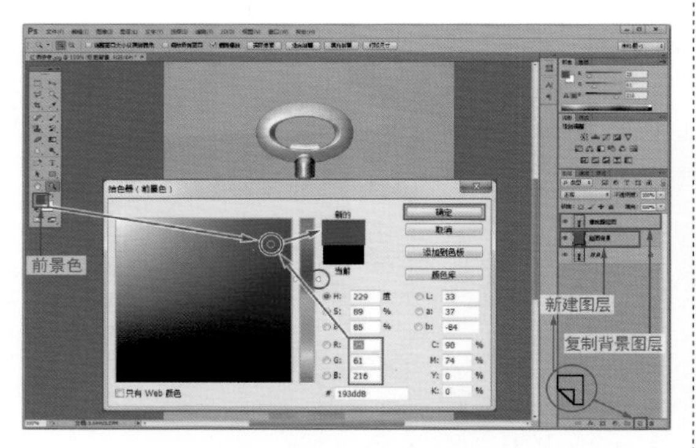

图2-2-35 建立“抠图背景”图层并填充蓝色

（4）选择【工具箱】—【缩放工具】，将图片放大到一定程度（按自己的习惯大小）。

选择“橡皮擦抠图”图层为当前工作图层，然后选择【工具箱】—【背景橡皮擦工具】（剪刀与橡皮擦的组合）。

按下 Alt 键，画面中鼠标指针变成，在照片底色非常接近开酒器的位置按下鼠标左键采样，【工具箱】下面的前景色变成了吸取的颜色（图2-2-36）。

（5）现在就可以根据采样的颜色擦除画面中的底色了，鼠标指针目前是圆圈中间带个十字线（圆圈是橡皮擦的大小，十字线中心点）。

【背景橡皮擦工具】这样设置：在上面的【选项栏】中选择“取样—连续”、【限制】—“连续”、【容差】—“30”。

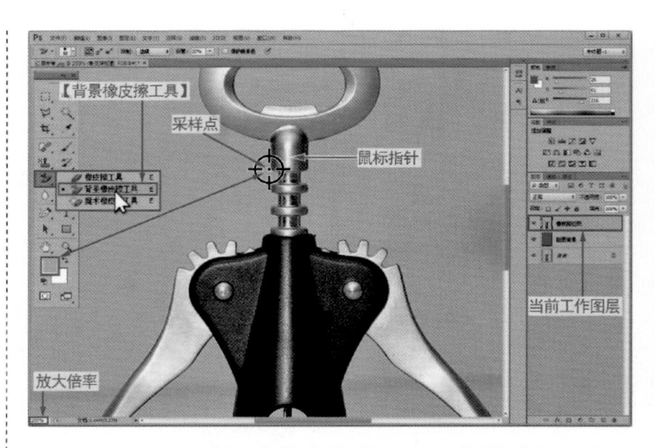

图2-2-36 选择【背景橡皮擦工具】并进行采样

橡皮擦的大小可以按下“[”或“]”进行放大或缩小，同时可以在屏幕上观察到大小的变化（图2-2-37）。

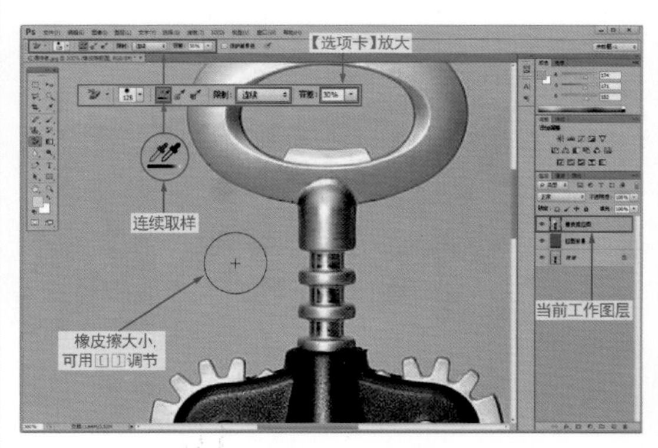

图2-2-37 设置【背景橡皮擦】参数

（6）回到画面中，靠近开瓶器的边缘，按住鼠标左键不放，单次点击鼠标或者在一个范围内拖动，我们看到背景颜色有一部分被擦掉了，露出了下面图层的蓝色，但是会出现以下情况（图2-2-38）。

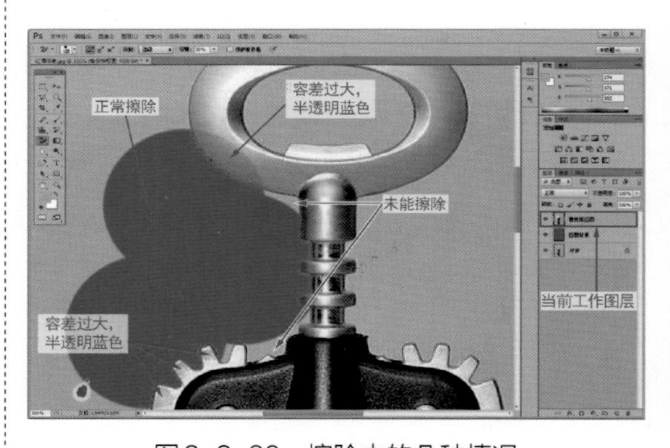

图2-2-38 擦除中的几种情况

① 如果有底色没有变成蓝色，说明没有被选中，可以缩小橡皮擦大小再去点选。

② 如果开瓶器上出现半透明蓝色，说明【容差】偏大了，一部分不该擦除的颜色被擦掉了，首先需要撤销刚才的擦除操作，然后调小【容差】，最后再重新擦除。

③ 如果开酒器本身出现蓝色，那一定是擦错了，撤销后调整，然后重新擦过。

擦除的过程是一个手上组合操作的过程，不断调整大小、不断撤销操作、不断调整【容差】。

通常，靠近物体边缘的区域，建议放大倍数大一些（出现马赛克也没有关系），橡皮擦调更小一些，然后按住左键沿着边缘的底色部分拖动效果比较好。

我们先撤销没擦除好的操作步骤，按刚讲述的方式重新一步步擦除，这里我们只擦除底色靠左上的一小部分，先熟悉一下过程即可（图2-2-39）。

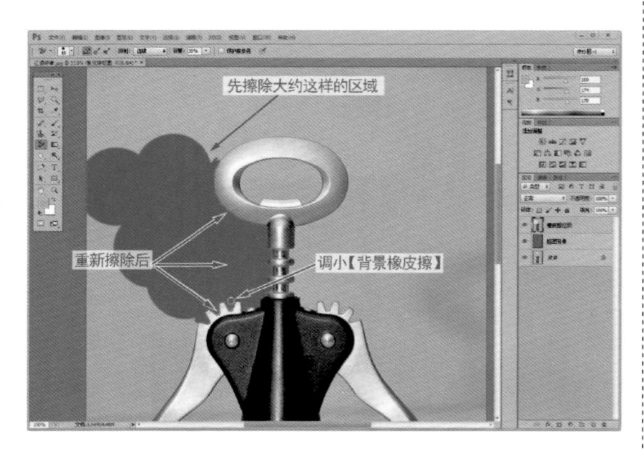

图2-2-39 先擦除底色左上部的一小部分

（7）这样一点一点擦除底色的方法，说起来还算好用，还有没有再快一点的方法呢？这就是同一组工具中的【魔术橡皮擦工具】（魔棒头加橡皮擦的组合）。

这个工具与【魔棒工具】类似，不同之处在于它不是按照一定的【容差】值选取区域，而是直接擦掉本该选取的区域，因此也可以称作是橡皮擦中的"魔棒"。

本例中选择【魔术橡皮擦工具】后，在【选项卡】中设置【容差】为"15"、"连续"，鼠标在画面中变成了，然后在底色靠右上侧部位点击一下左键，可以看到，一下擦除掉了一大片区域（图2-2-40）。

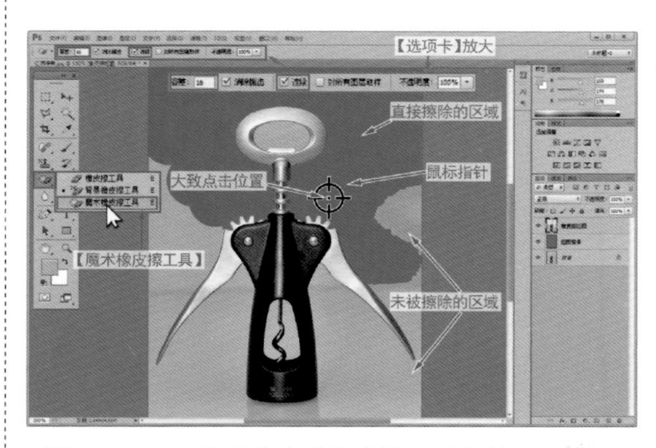

图2-2-40 使用【魔术橡皮擦工具】第一下擦除

（8）用这种方法继续点选其他未被擦除的区域，如果发现自动擦除了开酒器本身，则撤销一步操作，调整【容差】后再重新点击擦除，对于小面积区域需要注意，图标中心的点是基准点；这样，很快就能将底色部分全部擦除完毕。

（9）通过放大观察，开酒器的边缘成锯齿状，并且底色中杂色点没有擦除干净，这就需要继续擦除修整。

点击【工具栏】—【橡皮擦工具】，只需要用 [或] 键调整橡皮擦大小（靠近开酒器边缘部分尽可能小），其他参数不变，点击左键擦除/修整这些杂点（图2-2-41）。

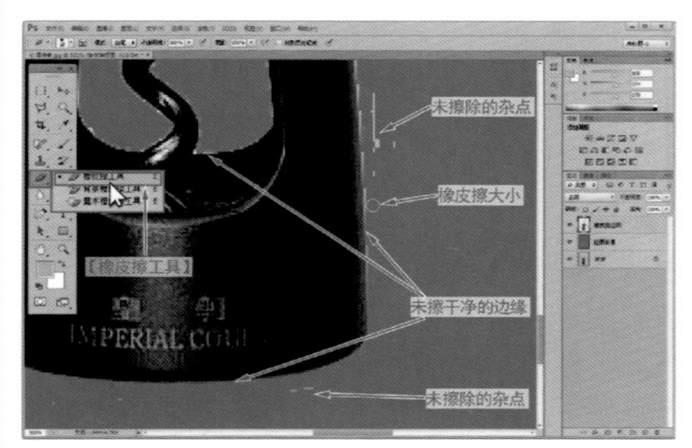

图2-2-41 放大后用【橡皮擦工具】擦除/修整杂点

（10）经过【橡皮擦工具】仔细的擦除后，最终在“橡皮擦抠图”图层中得到了去除背景的开酒器，完成了这次抠图工作，前后共使用了橡皮擦工具组的3个工具，也了解了它们的使用特点，知道了这组工具中自动擦除虽然较快，但需要不断调整【容差】和橡皮擦的大小，并且物体边缘有锯齿现象，最后的手工擦除/修整不可避免，因此只适合背景比较单一、与主体反差较大并且对抠图效果要求不高的照片。

最后通过局部放大对比一下擦除的效果（图2-2-42）。

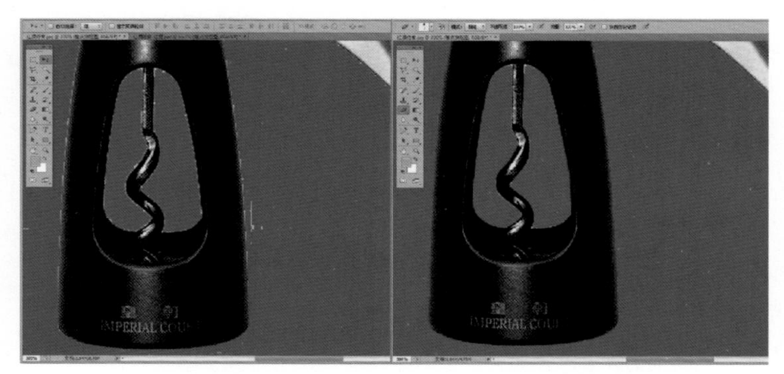
擦除/修整前　　擦除/修整后

图2-2-42 【橡皮擦工具】擦除/修整后效果对比

为了方便以后使用这张抠出的图片，大家可以保存文件为分层格式（PSD）。

3. 蒙版抠图方法

接下来要学习使用蒙版抠取图形的方法。

（1）打开照片“相机与三灯影棚”，复制“背景”图层为“蒙版抠图”，关闭“背景”图层的 ；点选【工具箱】—【缩放工具】，放大照片到一定的比例（图2-2-43）。

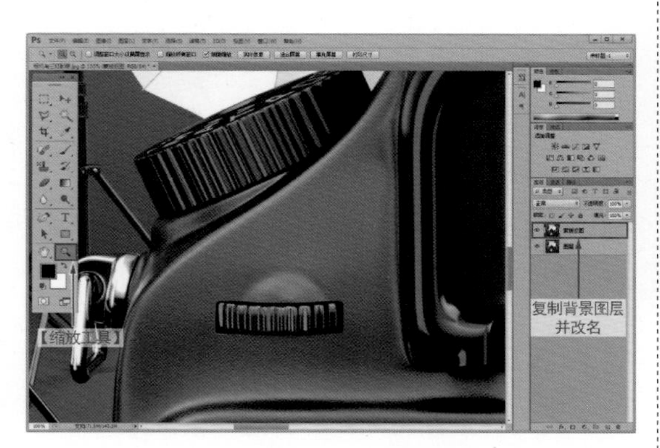

图2-2-43 复制“背景”图层并用【缩放工具】放大

（2）点击【工具箱】最左下角的【以快速蒙版模式编辑】，点击后这个标志变成（图2-2-44）。

（3）点选【工具栏】—【画笔工具】，再点击上面【选项栏】右边的【画笔预设】旁的“▼”头，弹出的窗口中选取一种【硬边圆】笔刷（图2-2-44）。

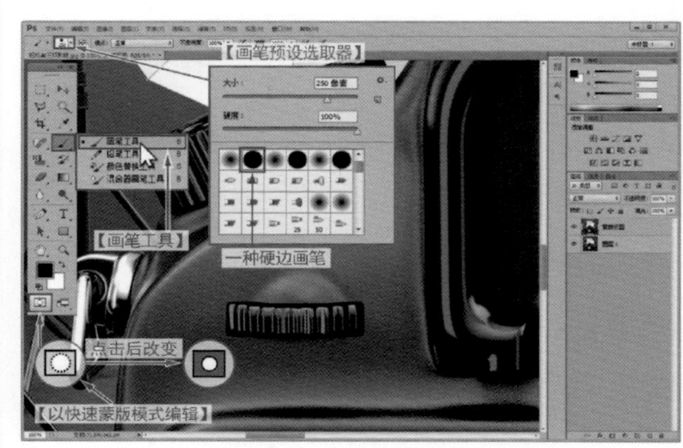

图2-2-44 点击【以快速蒙版模式编辑】并选择【画笔工具】

（4）鼠标移到画面内，指针变成，通过[键和]键调节笔刷的大小。

（5）在需要抠图的部分点住鼠标左键，画面会被半透明的红色遮盖；这样逐渐将要抠出的部分涂满，尤其到边缘时要仔细，还需要不断根据需要调整画笔的大小和改变图片放大的比例（图2-2-45）。

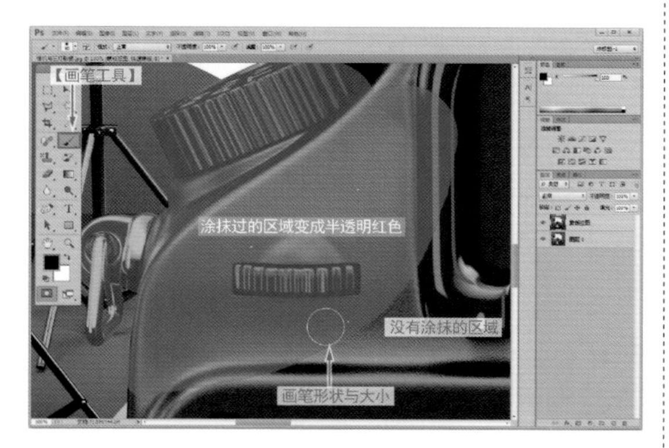

图2-2-45　用【画笔工具】涂抹画面要抠图的部分

（6）对于在【图像编辑窗口】以外的画面，只要按住 Space 键，屏幕上出现手形图标后，同时点击鼠标左键拖动画面，露出没有涂红的部分，松开后可以继续用画笔涂抹，直到逐渐将整个相机全部涂成红色（图2-2-46）。

图2-2-46　画笔涂抹全部完成后整个相机变成透明红色

（7）在涂抹当中遇到涂抹错误，不可以使用撤销操作，这样会撤销前面已经进行的全部涂抹。

遇到这种情况，选择【工具栏】—【橡皮擦工具】，擦掉涂抹错误的部分，然后再重新选择【画笔工具】继续涂抹即可。

（8）当需要抠图的部分全部涂红后，点击【工具栏】左下角的【以标准模式编辑】，点击后这个标志变成，并且，画面中半透明红色的部分消失了，自动变成了“蚂蚁线”，选区完成了（图2-2-47）！

图2-2-47　点选【以标准模式编辑】红色透明区域变成选区

（9）按下 Ctrl + J 键，就得到了复制了刚刚抠出的相机的图层，改名“抠出相机”，关闭其他图层的看看抠图效果如何（图2-2-48）。

图2-2-48　按Ctrl+J键得到抠出的相机图层

（10）辛辛苦苦抠出的相机，保存起来吧。

点击【菜单栏】—【文件】—【存储为】，弹出【存储为】窗口，选择自己要保存的文件夹，【格式】选择“PNG（*.PNG；*.PNS）”，并为图片起个名字，点击【确定】；弹出【PNG选项】小窗口，继续点击【确定】。

这样，我们就得到了一张带透明底色的PNG格式的相机图片，当然建议也保存PSD文件。

对于外部边缘不是很细小复杂的抠图，蒙版抠图也是很具有独特性的。

小贴士：　　重要度：★★

用橡皮擦工具组抠图与蒙版抠图最大的不同在于，前者是在背景上涂抹来将其擦除掉，留下需要的图像部分；而后者通常是在需要抠出的图像部分进行涂抹。

橡皮擦工具组的好处是：3种工具组合使用，速度较快。

蒙版抠图的好处是：可以清楚地观察到涂抹的区域，便于发现涂抹的错误。

4.多边形套索抠图方法

已经学习过的3种抠图方法对于精确抠取背景复杂的不规则图形，效果很难令人满意，偏偏抠图这项工作对于数码摄影后期来说又是至关重要的，因此，需要使用更好用、更精确的抠取工具。

这个见棱见角的“绳索套”代表着可以在图片上随意套取，是PS历史悠久的抠图工具之一，被一些人称为“原始”、“笨拙”的工具，这个工具没有什么讨巧之处，需要极大的耐心和细致，更需要个人的经验和判断，也恰恰是这样，它却至今为止仍是至少一半后期美工师和平面设计师都喜欢用的工具，慢工出细活大概就是这个道理。

（1）打开示例照片“古典浴室柜LBYG7017H”（图2-2-49），这次是要为淘宝店销售的“宝贝”制作一张白色背景的浴室柜图片。

图2-2-49　打开图片“古典浴室柜LBYG7017H”

（2）复制“背景”图层，起名“多边形套索抠图”，关闭“背景”图层的；用【缩放工具】，放大照片到一定的比例（便于观察需要抠图部分的细节）。

（3）点选【工具箱】—【多边形套索工具】，上部【选项栏】中选择【新选区】以及【羽化】值为“0”；在【图像编辑窗口】内按住 Space 键，屏幕上出现后，同时点击左键拖动画面到需要抠图部位其中一个边缘后松开——本例选择从柜子的右上角开始（图2-2-50）。

图2-2-50　放大图片并选择【多边形套索工具】

（4）在开始抠图前我们需要明白一件事情：正如这个工具图标所表示的那样，【多边形套索工具】只能由一段一段的直线段组成选区，不能弯曲，要想框选曲线部分就需要很多很短的直线段，也就是说在逐步建立选区的过程中，我们自己判断需要发生线段偏转时就点击一个节点，以便下一个线段可以从这里改变方向，使各个节点之间的连接顺畅自然。

鼠标移动到抠图部位边缘附近，光标是 ![十字光标]，十字线的中心点就是一段一段画出套索的基准点。点击鼠标左键，这里即成为选区的起点，拖动鼠标则可以看到从上一个节点（现在是起点）到鼠标位置拉出一条黑色的线（在深色图像位置变成白色线），拖动到下一个认为可以取点的位置点击左键，这条线段就确定下来了（图2-2-51）。

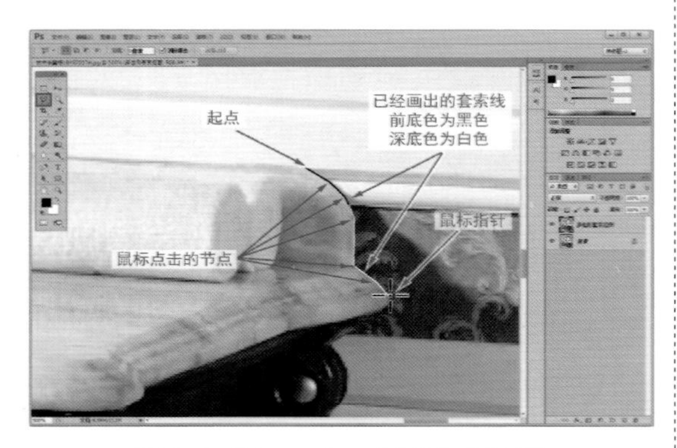

图2-2-51　一步一步画出“套索”

（5）如此顺着需要抠图部分的边缘一直点选下去，直到回到起点，光标显示 ![光标]（黑色箭头尖是定位点，小圆圈表示套索描画回到起点完成封闭）（图2-2-52）。

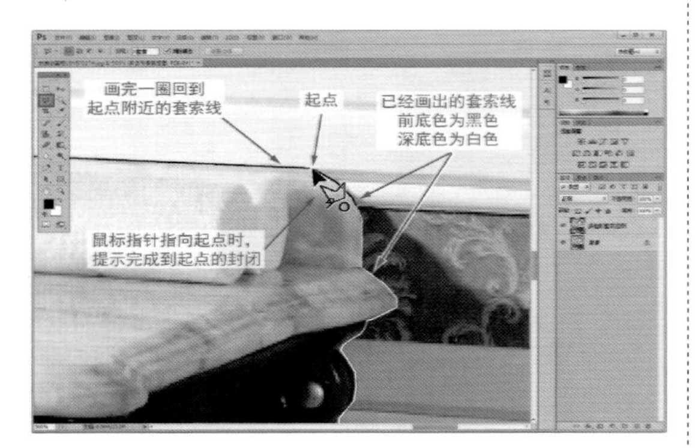

图2-2-52　“套索”画回到起点时
鼠标指针提示形成封闭

（6）这时点击左键后，自动完成了一个封闭的选区（图2-2-53），用 ![多边形套索工具]【多边形套索工具】抠图的过程也就算完成了。

图2-2-53　封闭套索自动形成选区

（7）圈选的过程中，如果对点击的节点不满意，可以使用 Backspace 键一个节点一个节点删除，直至退回到起点。

（8）因为照片是放大的，在抠取选区的过程中，遇到画面出现在窗口以外的情况，只要按住 Space 键，出现 ![抓手] 后，同时点击鼠标左键拖动画面，露出没有圈选的部分，松开后可以继续进行之前的抠取。

如果抠取的内容中还有不需要的部分，按照前面所学 ![从选区减去]【从选区减去】的方法，抠取出这部分就可以了。

（9）选区完成后，我们可以在选区内点击鼠标右键，运用前面学过的【调整边缘】根据需要来设置羽化值，以达到更好的选区效果（本例就不希望抠出的浴室柜的边缘过于生硬，因此选择羽化值为“1”）。

（10）按 Ctrl + J 键，我们就得到了抠出柜体的新图层，改名“抠出的柜体”，隐藏下面的两个图层看看成果（图2-2-54）。

图2-2-54　柜体抠图完成

原照片

抠图换白背景并放置中间

图2-2-55　完成效果对比

（11）点击“多边形套索抠图”图层，用同样的方法，抠出镜子，并复制改名新图层为“抠出的镜子”。

（12）在“抠出的镜子”图层下面建一个新图层，改名“白色底色”并填充白色。

（13）现在就可以看到一个复杂的古典浴室柜被成功地抠取出来，并替换了白色底色（图2-2-55）。

只要不怕辛苦，细致和精确就是【多边形套索工具】能带给你的，很多时候你会发现，综合计算起来，这样做也许并没有多花很多时间。

小贴士：快速定位文件技巧　重要度：★★★

【多边形套索工具】最容易遇到的2个问题。

一个是点取的两点很近，点击过快，导致PS误以为这是一个双击动作，于是自动从当前的节点连接回起点，完成了一个封闭选区，却让你的工作半途而废。

另一个头疼的是，只要你的电脑出现自动弹窗（比如网络弹窗），暂时离开了PS软件，待你重新点回到PS时，发现它已经自动结束了抠图的工作，从弹窗前的最后一个节点自动连接回起点了，也是让你半途而废。

所以很多有经验的美工师采取反向策略，一部分一部分抠取照片中不要的部分进行删除，到最后只留下了需要抠取的部分，其实效果是一样的，但是这样做遇到上述两种意外时，损失就小多了；

上例柜体抠图分六步抠除背景的示意如图2-2-56。

图2-2-56　分六步抠除背景示意图

五、补过拾遗（常见照片问题处理）

1. 快速校正白平衡

初学摄影，常常忘记根据现场情况正确调整相机的白平衡设置，事后才发现白平衡错误造成很难看的结果，如果凭借记忆和判断从照片中找出正常色温下应该是中度灰色的地方，问题就好解决了。

（1）打开图例“龙门石窟05”，明显偏蓝绿色了，必须予以校正。复制背景图层改名“快速校正白平衡”，并确保这个图层是当前工作图层。

（2）点击【图层选显卡】下部的【创建新的填充或调整图层】，在弹出的菜单中选择【曲线】，弹出【曲线】属性窗口（图2-2-57）。

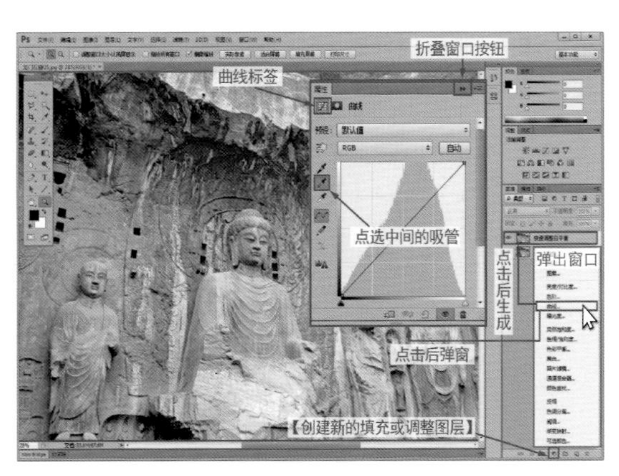

图2-2-57　点选【创建新的填充或调整图层】—【曲线】

（3）在窗口中直方图的左侧，有3个吸管，我们点选中间那个带有半管灰色的吸管，也就是【在图像中取样以设置灰场】（图2-2-57）。

（4）鼠标移到画面内，指针变成，移动指针到画面中应该是中度灰色的地方点击鼠标左键（这需要凭借记忆或各人的判断）；立刻画面进行了自动调整，看看是不是变成了正常的效果（图2-2-58）。

图2-2-58　在画面中应该是中度灰色的地方点击鼠标

（5）如果你的判断正确的话，基本上一次就能将照片校正到正常颜色，如果校正的颜色不满意，继续在我们认为画面中其他应该是中度灰的地方多点选几次，直到满意为止。最后点击属性窗口右上角的“◀◀”的可以折叠窗口便于查看【图像编辑窗口】。

（6）关闭/打开“快速校正白平衡”图层前面的，对比观察调整后的效果（图2-2-59）。

（7）任何时候想重新矫正白平衡，只要在【图层选项卡】中双击这个图层最左侧的“曲线”缩览图，就会展开属性窗口，可以重复上面的操作。

这个方法非常简单，但有局限性，要求原始照片拍摄时，画面中必须有中度灰的地方，对于原本就不存在任何灰度区域的照片，我们就无法通过这种方法进行校正了。

修改前　　　　修改后

图2-2-59　完成效果对比

对于心存疑问的读者，可以选择通过“白场”和“黑场”来试验一下效果，结果当然是令人失望的。

小贴士：　　重要度：★★★

在取样设置3个色场的过程中，如果只选取其中的一个吸管（色场），无论怎样在画面中点选，都是临时性的，点击到相同的取样点产生的效果都会是一样的。

但是如果这当中换用了其他的吸管（色场）重新取样，对不起，照片的曲线色调已经修改成换取吸管时的效果了，你只能在新的曲线色调上进行取样了。换句话说，没有更换吸管，你还是在同一张照片上取样，换了吸管，就等于换了一张照片进行取样了，这点是需要注意的。

2. 改善整体曝光不足的照片

客观光线条件不够良好、测光技巧不够熟练等等造成的照片曝光不足是摄影初学者最常见的问题之一，即便使用了全自动或程序自动模式，还是有很多照片不能让人满意，这就需要PS来帮忙了。

（1）打开照片“新天鹅堡”，曝光确实不好；把“背景”图层复制成“曝光度调整曝光不足”。

（2）点击【图层选显卡】下部的【创建新的填充或调整图层】，在弹出的菜单中选择【曝光度】，弹出【曝光度】属性窗口（图2-2-60）。

图2-2-60　点选【创建新的填充或调整图层】—【曝光度】

（3）在属性窗口中，向右缓缓拖动第一个选项【曝光度】的滑块，同时观察照片的变化，到满意时停止。

也可以适当地调整另外两个选项【位移】与【灰度系数校正】的滑块，找到自己满意的效果（图2-2-61）。

图2-2-61　调整【曝光度】属性窗口内的参数

（4）点击右上角的【×】，可以关闭属性窗口以便观察整张照片的效果。

（5）任何时候想要重新调整曝光度，双击这个图层最左侧的“曝光度”缩览图，就会展开属性窗口，曾经调整过的参数都保留着，可以重复上面的操作。

好了，最后来对比效果吧（图2-2-62），用【曝光度】纠正曝光不足的照片，可以更精细，照片细节的损失也更小。

调整前

调整后

图2-2-62　【曝光度】调整完成效果对比

3. 改善整体曝光过度的照片

有曝光不足的照片就一定有曝光过度的照片，过高的亮度同样导致大量细节的丢失，看到的是白花花的一片，非常刺眼，那是非调整不可了。

（1）图层【正片叠底】的方式

打开样片“法式宫殿”，现场的情况是楼梯下部比较暗还亮着灯，而上部大厅部分有室外光进入，比较明亮，拍出来的照片只考虑到了让楼梯下部能比较清楚，结果整体曝光确实过了不少，高光部分已经发白了。

① 复制“背景”图层为“整片叠底调整曝光过度”（图2-2-63）。

图2-2-63　打开照片复制“背景”图层

② 然后在【图层】选项卡上部的【混合模式列表】中选择【正片叠底】，立刻就看到照片整体暗下来了（图2-2-64），尤其是上半部分高光的区域，有些地方的细节已经比

原来看起来明显多了。

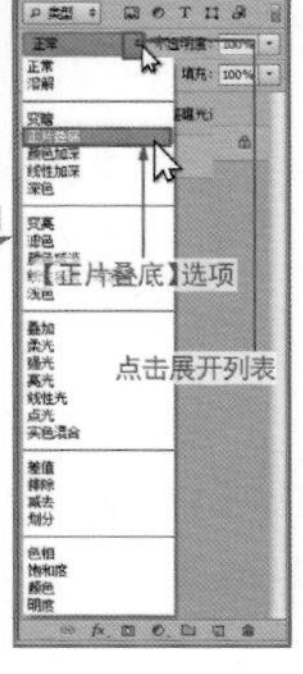

图2-2-64 【图层】的【混合模式】选择【正片叠底】

③ 如果这时照片仍旧过亮而不够暗，就将刚操作完的图层再复制一次或多次，一直到照片的颜色看起来很浓了。

④ 选中最后复制的图层，拖动【图层选项卡】上部右侧的【不透明】滑块或直接输入数值，看到照片过亮部分变到合适的亮度就好（图2-2-65）。

图2-2-65 再次复制图层（自动为“正片叠底”）调整【不透明度】

⑤ 最后对比一下校正前后的效果（图2-2-66）：相比原始照片，除了个别柱子的白色部分，上部的细节恢复了很多，很多材质的颜色和层次也有所恢复，下部的楼梯区域暗下来了，灯光的效果也表现得不错，整个宫殿展现出富丽堂皇，不再轻飘飘了。

调整前

调整后

图2-2-66 【正片叠底】方式调整完成效果对比

（2）调整【曝光度】的方式

我们也可以利用【曝光度】这一功能来调整照片的曝光过度。

① 重新打开上一张照片，复制“背景”图层，起名“曝光度调整曝光过度”。

② 点击【图层选显卡】下部的◐【创建新的填充或调整图层】，在弹出的菜单中选择【曝光度】，弹出【曝光度】属性窗口。

③ 在属性窗口中，向左缓缓拖动第一个选项【曝光度】的滑块，同时观察照片的变化，到满意时停止。

也可以适当地调整另外两个选项【位移】与【灰度系数校正】的滑块，找到自己认为还算满意的效果。

通过实际操作可以发现，这个方式甚至不如【正片叠底】的方式效果好，因此这次的调整过程只是让大家进行一下尝试，并没有为大家提供图例。

小贴士：　　重要度：★★★★

无论使用哪种方法，整体曝光过度的照片已经失去了很多图像的细节，毕竟这部分没有拍摄到的信息无法凭空“制造”，也就谈不上“复原”，后期修复的收效确实比不上对照片整体曝光不足的照片效果好。因此，对曝光过度照片的调整也只能是对还没有丢失图像细节的部分有效，也就是“尽量调一调”，达到相对还能接受的结果。

相比曝光不足，曝光过度可是更要命，因为没有拍摄到的内容是无法“复原”出来的，所以在实际拍摄中是宁可欠曝，也不要过曝。

4.改善照片局部曝光

简单修正照片整体曝光不足或曝光过度的方法我们已经尝试了，还有一种比较头疼的是一张照片中局部的曝光出现问题，看起来这个操作要复杂得多吧。

（1）打开照片“赛马纪念碑”，看到为纪念英雄的赛马而立的纪念碑，拍摄时逆光，背景的天空还是略显曝光过度，主体的纪念碑正面则是黑黢黢的，复制“背景”图层并改名“阴影/高光改善曝光”（图2-2-67）。

（2）点击【菜单栏】—【图像】—【调整】—【阴影/高光】（图2-2-68）。

图2-2-67　打开照片复制“背景”图层

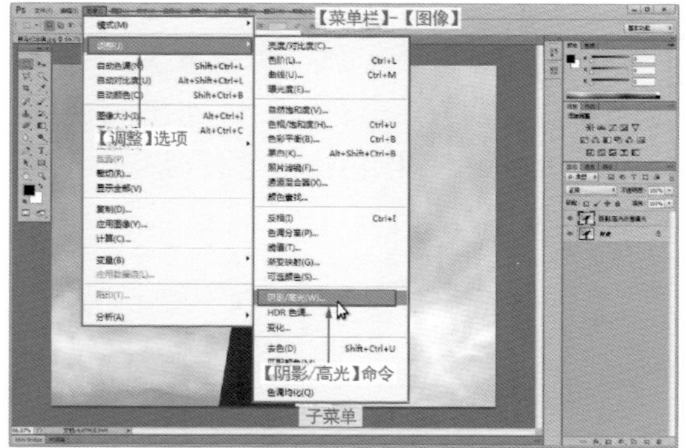

图2-2-68　选择【图像】—【调整】—【阴影/高光】选项

（3）弹出【阴影/高光】窗口后先来调整一下照片曝光不足的部分：拖动【阴影】滑轨上的滑块，同时通过预览注意观察照片的变化，感觉暗部曝光不足的部分亮度调整的比较合适就停下。

（4）再来调整照片曝光过度的部分：向右拖动【高光】滑轨上的滑块，同时通过预览注意观察照片的变化，感觉亮部曝光过度的部分亮度调整的比较合适就停止（图2-2-69）。

（5）感觉到照片调整的满意了，点击【确定】完成了本次操作，然后可以通过显示/隐藏复制的这个图层来对比观看调整前后的效果了（图2-2-70）。

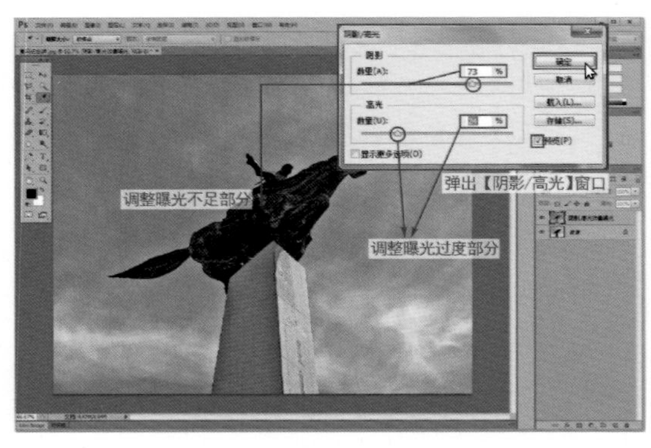

图2-2-69　调整【阴影/高光】参数

调整前

调整后

图2-2-70　完成效果对比

（6）如果某张照片的曝光程度过于复杂，仅仅靠上面的操作还不能令整体调整满意的话，可以点选【阴影/高光】下面的【显示更多选项】，窗口被增大，出现了更多带滑轨的选项，可以尝试着进行调整，直到满意为止（图2-2-71）。

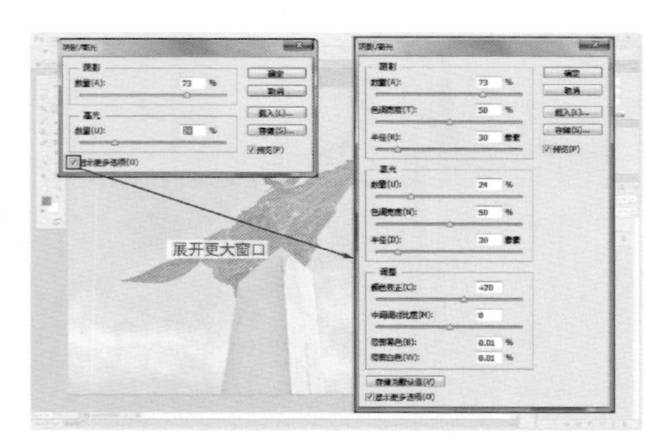

图2-2-71　显示更多选项

小贴士：　重要度：★★

其实只要一打开【阴影/高光】对话窗口，PS就自动为阴影部分的调整滑轨预先设置了“35”的调整数值，继续点选【显示更多选项】可以看到很多选项都预先设置了一个数值，这些数值具有一定的通用参考作用，并且可以通过修改并点选最下面的【存储为默认值】改变以后的预设应用。

5.替换颜色技巧

服装、服饰照片，经常会出现同一款式几种颜色，而我们又希望每次拍摄出来的照片连光线、姿态、角度、褶皱也完全一样，甚至会用到异色对接却浑然一体的特殊效果，可是一物一拍很难做到一模一样啊！没关系，交给后期来处理！

（1）打开照片“号码牌上的高跟鞋”（本例中需要利用这一张照片制造出不同颜色的皮鞋），复制“背景”图层，改名“替换颜色”。

放大图片，用前面学过的抠图方法大致将照片中的皮鞋蓝色皮面部分选取出来（注意鞋跟与鞋底部分不要选取），完成后出现“蚂蚁线”（图2-2-72）。

图2-2-72　圈定选区

（2）点击【工具栏】—【缩放工具】，在上部【选项栏】中选取【适合屏幕】，这是为了便于后面预览整体效果。

（3）点击【菜单栏】—【图像】—【调整】—【替换颜色】（图2-2-73）。

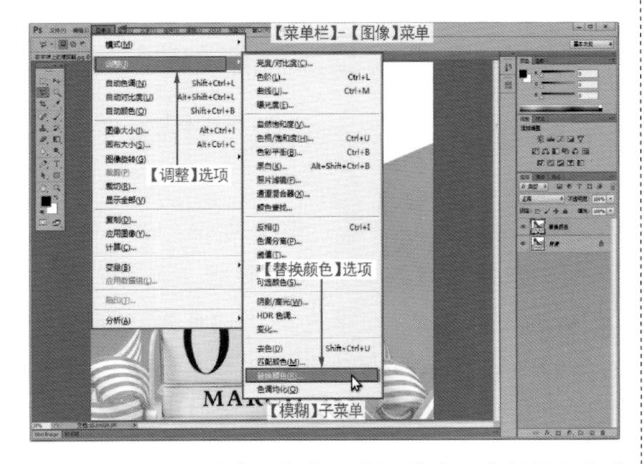

图2-2-73　点选【图像】—【调整】—【替换颜色】

（4）弹出【替换颜色】窗口，将鼠标指针移入【图像编辑窗口】时自动变成，我们在鞋面最多的颜色上点击一下鼠标左键，看到【替换颜色】窗口中示意图中出现了白色的鞋的形状，但是不完整（图2-2-74）。

图2-2-74　弹出【替换颜色】窗口并吸取颜色

可以适当调整变大【颜色容差】，然后选择【替换颜色】窗口中带加号的吸管，将鼠标指针移动到鞋子没有被选中的地方，点一下鼠标左键，看到白色的鞋的形状比刚才完整了；重复操作到白色鞋基本完整（如果不换选吸管，无论怎么点选，都只是在进行颜色的初次吸取）。

点选颜色的时候，可以直接在【替换颜色】窗口的示意图中进行（点击位置可以比较准确），也可以按照相应的位置在【图像编辑窗口】点击（图片更大，点击更方便）。

（5）调整【替换颜色】窗口中的【颜色容差】同时观察白色鞋型示意图，到基本完整就好，数字不用太大；调整中如果鞋子以外也有形状渐渐发白也不要紧，我们最终替换颜色只能在选区内完成，选区以外不会有任何影响，提前做好选区的好处就在这里（图2-2-75）。

（6）现在调整【替换颜色】窗口下半部分的【替换】中的【色相】调节滑块，根据预览找到自己想要的颜色；如果想要更亮丽，还可以适当调节【饱和度】和【明度】。

图2-2-75　吸取颜色直至白色鞋子图形完整

如果通过调整【色相】没有找到需要的颜色，右键单击【色相】右侧的【结果】颜色块，在弹出的【拾色器】窗口中选择想要的颜色，【确定】后返回【替换颜色】窗口，还需要进行【色相】等参数的调整；本例中我们选择了一种棕色（图2-2-76）。

图2-2-76　选择结果颜色

（7）最后点击窗口右上角的【确定】，并且同时按 Ctrl + D 键取消选区就完成了全部操作；对比一下【替换颜色】后的效果，皮鞋换色效果不错（图2-2-77）。

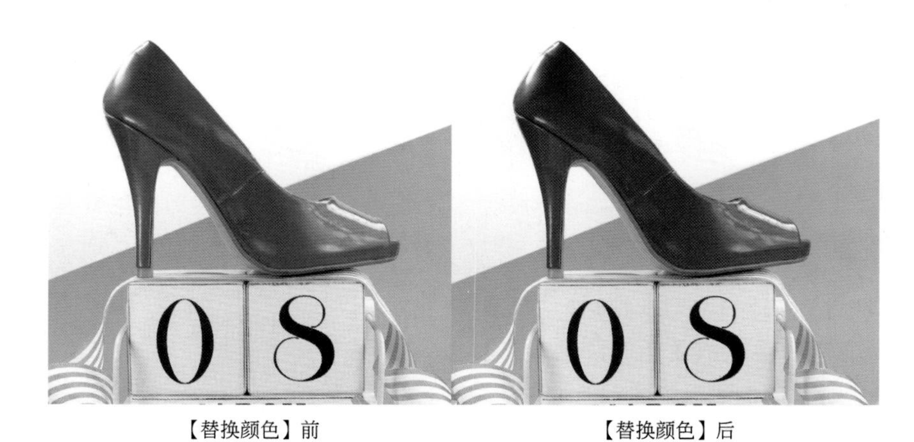
【替换颜色】前　　【替换颜色】后

图2-2-77　完成效果对比

小贴士：　　重要度：★★★

做到这里，是不是让人觉得选取鞋面选区后直接使用【色相/饱和度】操作就可以了，为什么还要使用【替换颜色】。

其实相差很多，尽管看上去操作与调节【色相/饱和度】很像，但【色相/饱和度】仅仅只是这其中的一部分参数调节而已。通过之前的实际操作，我们早就发现【色相/饱和度】并不能调节出所有的颜色，但通过点击右侧的【结果】在弹出的【拾色器（结果颜色）】重的调色板中可以点击一个自己想要的颜色，经过多次调节后，几乎能换成所有想要的颜色（白色、黑色需要更复杂的操作），这可比【色相/饱和度】所能产生的颜色多了很多（图2-2-78）。

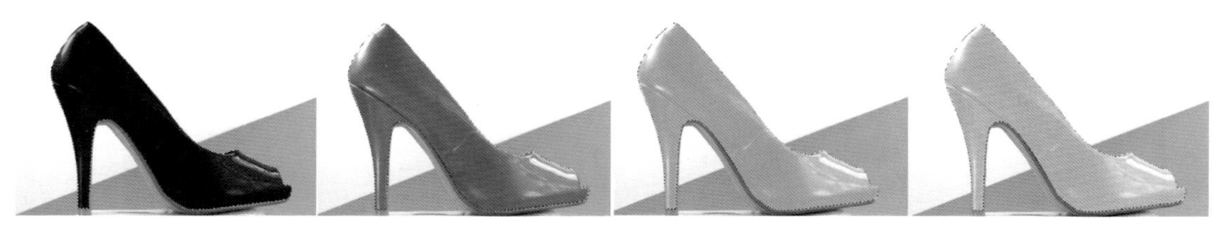

图2-2-78 【结果】选色实现的各种效果

6.使用【色阶】调节照片反差

反差过小的照片，总给人一种很温吞的感觉，像生病了一样“无精打采”丢了“魂儿”。对于反差不够的照片，使用已经学过的修复整体曝光不足或过度的方法很难有好的改善，这就需要通过调整图像的暗调、中间调和高光的强度级别，改变照片的色调范围和色彩平衡。

（1）打开照片“山间小溪”，复制“背景”图层为“色阶调整反差”。

（2）单击【图层选项卡】下面的◐【创建新的填充或调整图层】，在弹出的菜单中选择【色阶】（图2-2-79）。

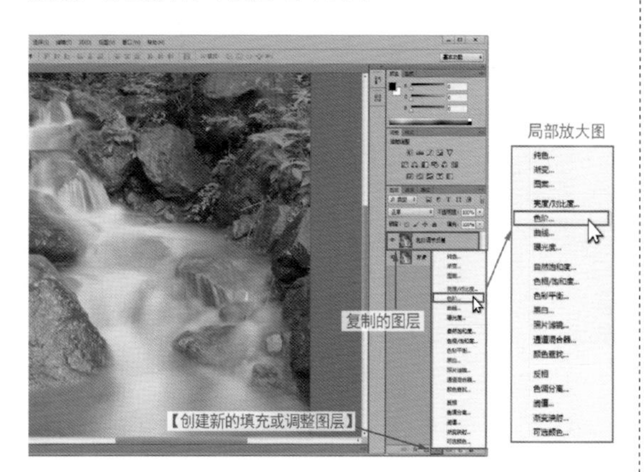

图2-2-79 新建调整图层—色阶

（3）出现了一个名为“色阶”的新的当前图层的同时弹出了【色阶属性窗口】。

在弹出的【色阶属性窗口】中有一张直方图，反映了这张照片的色调分布，下面的3个滑块从右至左分别代表“高光”、“中间调”、“暗调”（从3个滑块的颜色也可以直观地辨认出来），是可以滑动调节的。从直方图中可以看出，照片中像素主要集中在了中间调区域，一张照片全都显示中间调了，高光和暗调部分都没有了，所以显得昏昏沉沉了（图2-2-80）。

图2-2-80 弹出【色阶属性窗口】

（4）我们需要把左边和右边的滑块分别向中间缓缓滑动到直方图黑色区域的边缘，也就是让照片中的高光部分更亮、暗调部分更暗一些，同时注意观察【图像编辑窗口】内照片的变化。

（5）如果继续拖动滑块我们会发现，高光向左调节如果过多，亮部的一些细节就会变白丢失，向左越多丢失的就越多；暗部调节虽然没有那么明显，如果过量也会变黑而丢失细节，因此都需要调节回来。

（6）两边的滑块调节位置合适了，再适当微调一下中间的滑块就可以了。本例的调节位置大致如图，由于个人审美的不同，每个人调节的具体位置也就略有差距（图2-2-81）。

图2-2-81　调节【高光】与【暗调】参数

（7）完成后点击窗口右上角的【▶▶】把窗口收缩就可以了；需要再次进行调节的时候，只要在这个图层左侧有个小小直方图缩览图的位置双击左键就可以打开属性窗口重新进行调节了。

（8）到这一步基本完成了照片的调节，可能有些照片颜色上会让人觉得有些不自然；复制图层“色阶调整反差”，自动名称为“色阶调整反差副本”，然后左键点住新图层拖拽到最上层，并将【图像混合模式】选择为【颜色】（这个效果在屏幕上可以看出差别，但是很微小，因为印刷无法看出差别，所以省略了图例）。至此，完成修改，进行对比观察吧（这可是需要隐藏/显示最上面2个图层的👁哦）（图2-2-82）。

调整前

调整后

图2-2-82　完成效果对比

第三节　越来越专业的技巧

一、数字美容（修补工具的巧妙）

不要以为美女明星个个光艳照人，很多都是依靠后期处理的效果。学会了下面几个简单的操作，我们起码能制造出个三线小明星了，赶紧行动吧。

1.擦除痘、痣与污点

相机镜头不干净或者模特的脸上有些生理上的瑕疵都是极常见的情况，除了证件照等特殊照片，通常我们还是希望照片更完美一些，需要把这些小瑕疵清除掉。

（1）使用【修复画笔工具】

① 打开照片“需要修补的面部”，照片中已经看到，模特的脸上有不少深红色的、黑色的小痘痘，有些碍眼，需要小手术。

这次不进行复制“背景”图层，而是新建图层“去污点”。

② 点选新图层为当前图层，选择【工具栏】—【缩放工具】，在脸部需要修改的区域附近点击左键，放大照片到下一步能清楚观察脸部修改效果的大小（不要太大，过大的放大效果是无法判断原片显示的内容的）；放大后，配合 空格键 拖动画面到需要改动的位置（图2-3-1）。

③ 选择【工具栏】—【修复画笔工具】，上部【选项卡】选择为“所有图层”（图2-3-2）。

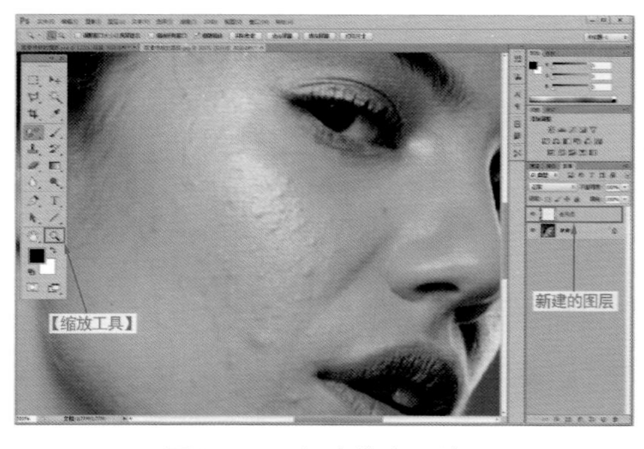

图2-3-1　适当放大照片

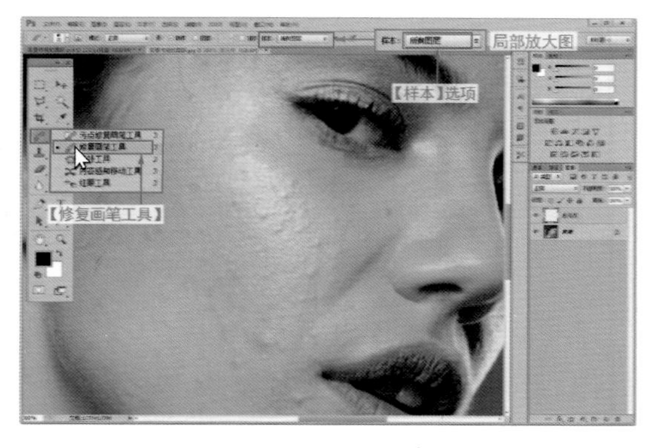

图2-3-2　选择【修复画笔工具】

④ 先利用 [键和] 键调整画笔（鼠标指针）的大小到比污点稍大一些比较合适（图2-3-3）。

然后将鼠标指针移动到污点的附近（与污点的距离一定要大于刚才自己定义的画笔大小的半径，否则取样时会把污点也同时取样进来），按住 Alt 键，屏幕上出现（此为精确光标，标准光标为），这时点下鼠标左键，就完成了取样（图2-3-3）。

将鼠标移动到污点位置，点下鼠标左键，污点被刚才取样的颜色及污点周围颜色所替代融合在一起，所以看到污点不见了，至少也是变轻了；如果感觉污点去除的还不够好，多点击一两下鼠标左键即可。

取样后，移动画笔，这时在画笔的圆圈内带有取样点的颜色（移动画笔到其他颜色区域就可以看出来）；如果从画面中看不出圆圈内的颜色，说明这时修复污点效果正好，如果内看出来颜色差异，说明需要重新取样了。

每次点击左键修复污点时，都会看到在刚才的取样点出现＋，如果点击左键连续拖动涂抹，取样点的＋也会按照相对坐标位置变化；但去除污点工作不建议连续涂抹，还是点击修复效果最好。

⑤ 重复上述的动作，将其他位置的污点用同样的方法去除（图2-3-3），别忘了及时更换取样点。

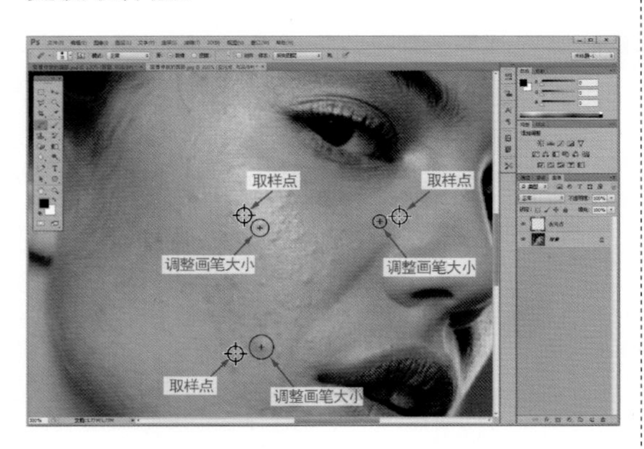

图2-3-3 在污点附近取样后修复

⑥ 感觉照片修复的差不多了，隐藏背景图层看一看“去污点”都有些什么内容吧（图2-3-4）。这是新建这个图层以及在【选项卡】选择“所有图层”的目的：让涂抹修复的内容出现在新图层上，而原片不受到影响。

⑦ 好了，最后显示“背景”图层，然后多次隐藏/显示“去污点”图层，对比照片修复后的效果吧（图2-3-5），同时别忘了

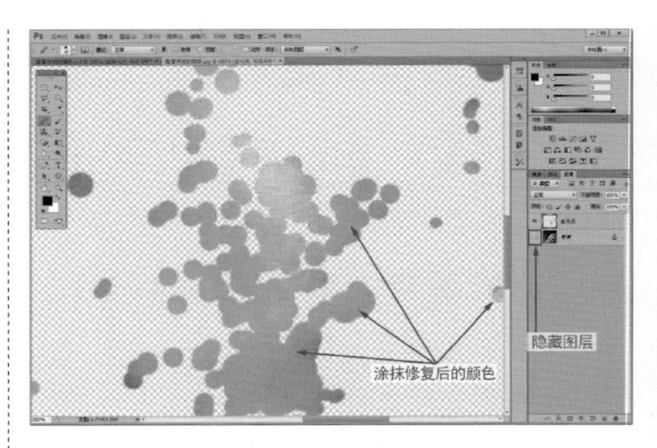

图2-3-4 隐藏“背景”图层后看到的“去污点”图层

图2-3-5 完成后效果

保存文件；需要说明一点，达到本例最终的光滑皮肤效果大约取样并修复的动作超过了400次，除此以外，没有使用任何其他工具。

小贴士： 重要度：★★★★

一定不要取样一个点后试图来修改整张图片，每一次修复污点，都一定要先在这个污点附近取样，因为取样的颜色点只适合在相邻的位置使用；当然，你可以试一试不重新采样的结果会怎样；如果恰好需要的取样颜色相近还好，如果相差很大的话，效果会有点吓人的。对于污点比较多的照片，基本这时的左手拇指是随时准备点击Alt键的，因为要不断地选择取样点。

修复照片上的污点，尤其是修复人

像脸部的斑点和老旧照片的划痕，是一项艰苦细致的工作。千万不要轻视这些看起来机械单调的基础工具，即便今后我们获得了最新的磨皮美白工具，对于脸部颜色较深、面积较大、数量较多的斑点，仍旧需要先使用这些"原始工具"进行初期修正后才能达到更好的效果。

（2）使用其他类似工具

【污点修复画笔工具】：与【修复画笔工具】在同一组的还有一个孪生兄弟【污点修复画笔工具】，这个工具的最大特点是不需要进行取样，可以直接在图片上清除小的污点，通过自动计算使修复点与周围环境完美融合。相比之下，这个工具更简单更快捷，非常适合原图污点不复杂的照片。

但是通过多次使用总结后发现，复杂污点的照片还是人为判断后取样效果更好，因为我们可以根据具体情况判断后从污点附近最接近的颜色取样，甚至不排除从远处进行取样。

具体情况具体分析，我们非常建议大家将上例重新打开，从上面第③步起改用【污点修复画笔工具】，看看方便度和最后的效果。

【仿制图章工具】：这可是上述两种工具的前辈，多年以来，这个工具一直都是去除照片污点的神器。

【仿制图章工具】的工作方式与【修复画笔工具】是一样的，都是需要先取样，然后进行仿制覆盖。最大的不同是，【修复画笔工具】是新发展出来的工具，它不像【仿制图章工具】那样生硬地将取样点完全复制一个颜色块，而是在仿制覆盖时还加入目标点原有的纹理，阴影，光等因素，尤其是使用修复画笔可以很好地保持皮肤的纹理。

很多时候，需要上述三种工具综合运用，以达到令人难辨真假的修复效果。

2. 消除红眼

在比较暗的环境中，眼睛的瞳孔会放大，如果闪光灯的光轴和相机镜头的光轴比较近，强烈的闪光灯光线会通过人的眼底反射入镜头，眼底有丰富的毛细血管，这些血管是红色的，所以就形成了红色的光斑，从而产生"红眼"，而一张好端端的人物照片也被这个"红眼"给破坏了。

（1）【红眼工具】的使用

万幸的是，在PS中，有一个工具让消除红眼变成一项相当简单的操作，甚至让人觉得"很不过瘾"，我们试一下。

① 打开照片"红眼睛"，嚯，挺漂亮的大眼睛，还真是红得很厉害，赶快复制"背景"图层吧改名"红眼工具消红眼"。

② 选择【工具栏】—【缩放工具】，在照片中右边眼睛附近点击鼠标左键，放大照片到500%（可以按照自己习惯的大小），然后将眼睛部分拖放到【图像编辑窗口】的中间（图2-3-6）。

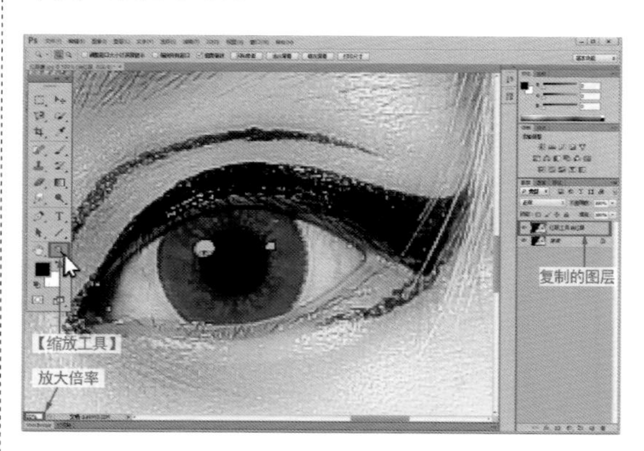

图2-3-6　放大眼睛部分

③ 选择【工具栏】—【红眼工具】，在上面【选项栏】中的数据（仅针对本例）我们调整为【瞳孔大小】：25%，【变暗量】：20%（图2-3-7）。

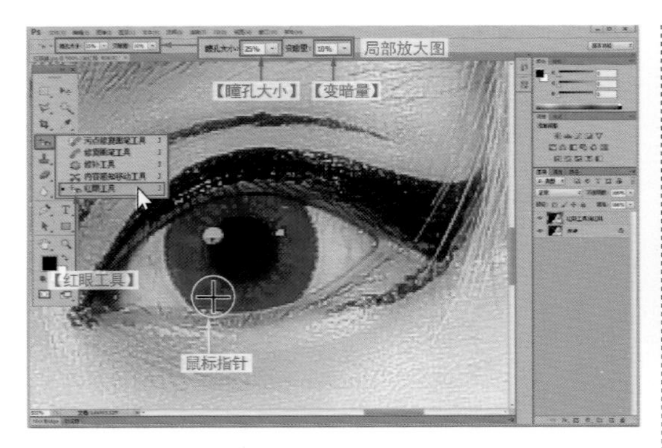

图2-3-7　点选【红眼工具】

④ 将鼠标指针（此为精确光标，标准光标为）移动到眼珠发红色的位置，点击鼠标左键，看到什么了？是不是瞬间，这只眼睛就由红变黑了（图2-3-8）？

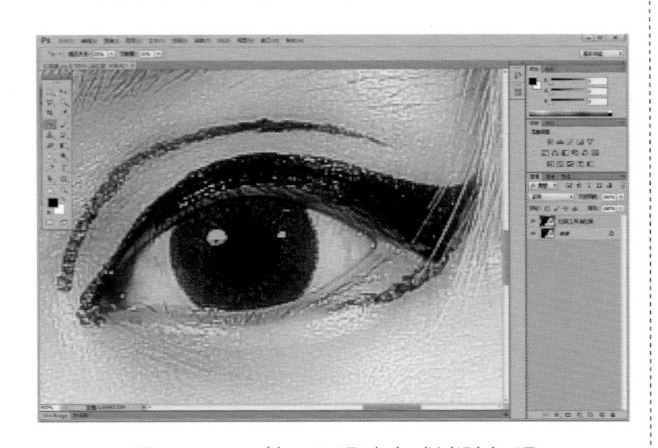

图2-3-8　第1只眼睛完成消除红眼

⑤ Space +左键拖动画面，把画面右边的眼睛移动到【图像编辑窗口】中间；然后用与上面同样的方法，再去点击另一只眼睛的眼珠。

⑥ 这样，两只眼睛都消除了红眼的问题，利用【缩放工具】将画面大小调整为【适合屏幕】后好好对比一下消除红眼前后的效果吧（图2-3-9）。

通过实际操作，不能不说，虽然【红眼工具】使用起来极其简单快捷，并且还有2个参数可以调节，但是最终消红后的眼睛变得黑漆漆的，显得很生硬呆板，有没有更好的办法呢？

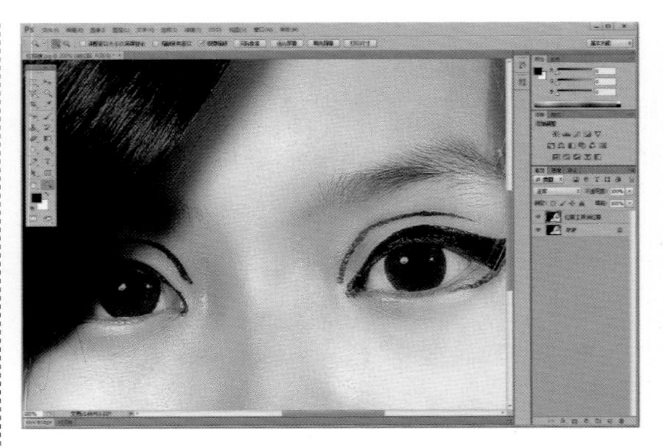

图2-3-9　双眼完成消除红眼

小贴士：　　重要度：★★

如果你未来某一天在打开一张照片后想要使用【红眼工具】进行操作，却发现PS弹出提示窗口"无法使用红眼去除工具，因为它仅在完全色彩模式下工作"，这是因为你打开的这张照片的彩色模式是CMYK，而不是RGB。不用着急，只要在【图像】—【模式】中转换成RGB格式就可以了。

（2）【颜色替换工具】消除红眼

我们继续使用上例进行操作。

① 隐藏"红眼工具消红眼"图层，然后点击"背景"图层复制，起名"颜色替换消红眼"；点击【工具栏】左下角的【默认前景色和背景色】。

② 选择【工具栏】—【缩放工具】，在照片中右边眼睛部位附近点击鼠标左键，放大照片到500%，然后将眼睛部分拖放到【图像编辑窗口】的中间。

③ 用前面学习过的一种方式把眼珠部分圈选出来（图2-3-10），【羽化值】可以为"1"；这样做为了下一步替换颜色时只在选区内进行工作，不会对选区外有任何影响。

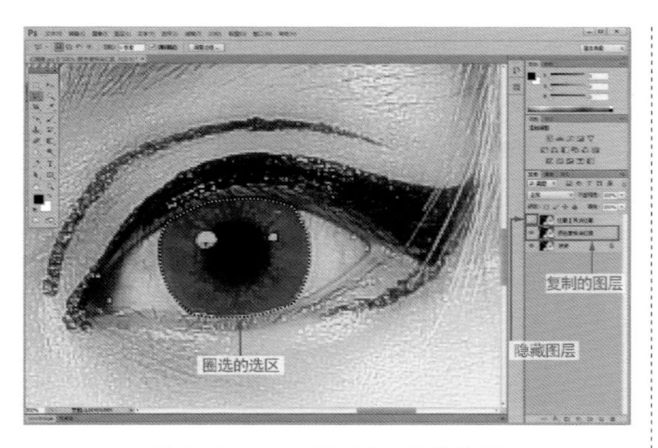

图2-3-10　将红眼珠圈选选区

④ 点选【工具栏】—【颜色替换工具】，上部【选项栏】中【模式】为“颜色”、【取样】为：“连续”、【容差】为：“30”；用 [键与] 键调整画笔大小到合适（图2-3-11）。

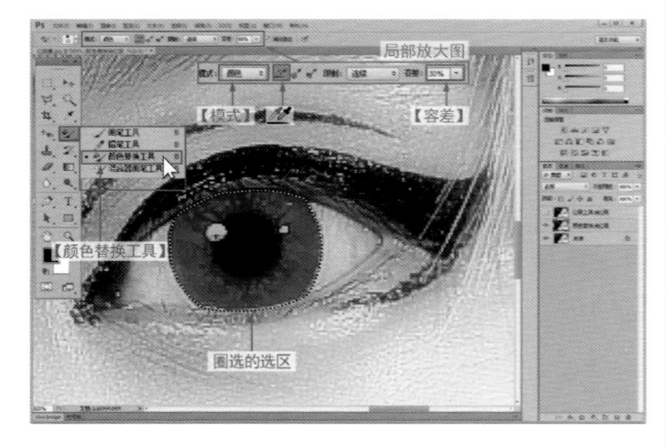

图2-3-11　点选【颜色替换工具】

【模式】的“颜色”中包含另外3个选项“色相”、“饱和度”和“明度”，意味着替换颜色时不仅仅是将颜色色值进行了替换，还同时继承了原来颜色的“色相”、“饱和度”和“明度”的数值。

⑤ 点住鼠标左键，在选区内不停涂抹，直到涂满并且带有红色的部分全部变色为止（图2-3-12）。

我们看到，红色面积较多较大的部分变成了一种灰色，为什么不是前景色的黑色而是灰色呢？这就是替换后的黑色继承了原来这里的红色自身的“色相”、“饱和度”和

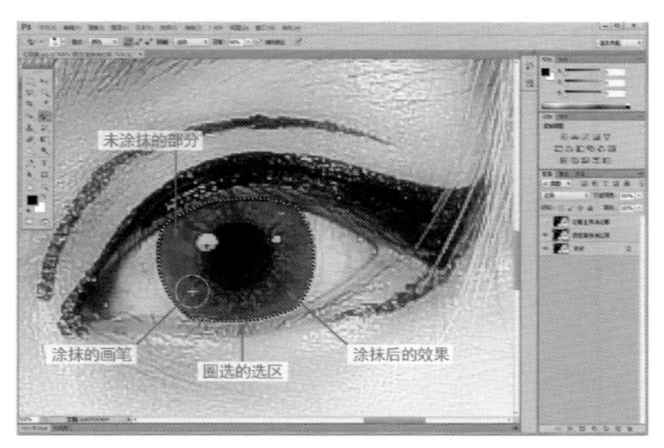

图2-3-12　用【颜色替换工具】涂抹

“明度”的缘故。比如，原来红色的饱和度越大，那替换后呈现的就是越重的灰色。

⑥ 移动画面到另一只眼珠，用同样的方法先圈选出选区，然后用【颜色替换工具】进行涂抹完成替换。

⑦ 按 Ctrl + D 键取消选区，利用【缩放工具】将画面大小调整为【适合屏幕】，对比“红眼工具消红眼”图层与“颜色替换消红眼”图层效果有什么不同。

通过对比发现，利用颜色替换来消除红眼后的效果，眼珠不是整体死板发黑的，而是原来发红色的部分变成了不同程度的灰色（图2-3-13），这样，眼睛看起来有了过渡的颜色，更自然也更通透发亮，相比之下是一种更好的方式。

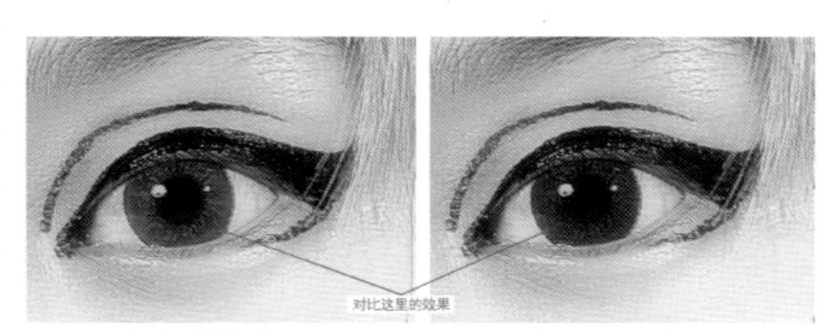

颜色替换消红眼　　颜色替换消红眼

图2-3-13　两种方法完成对比图

小贴士：　重要度：★★★

如果照片上的人物本应该是蓝色或棕色眼珠的话，那我们就要把前景色选成一种蓝色或棕色，然后再使用【颜色

替换工具】进行替换，就能得到想要的效果了（图2-3-14）。

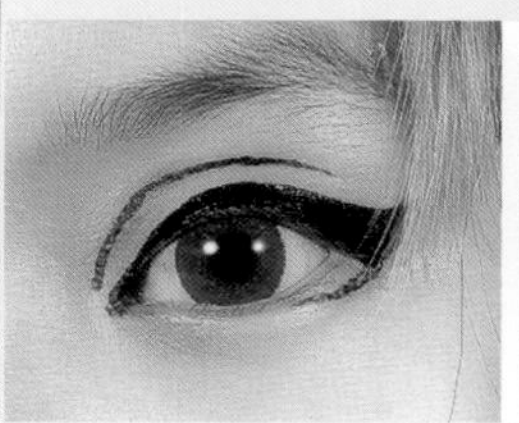

蓝色眼珠

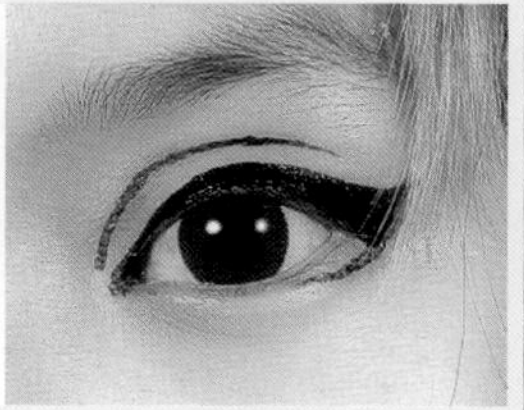

棕色眼珠

图2-3-14　其他颜色的眼珠

如果在使用【颜色替换工具】进行涂抹的时候，白色的瞳孔也跟随着变色了，那就需要如下操作。

① 在最上面新建图层并命名"白色瞳孔"；设定前景色为"白色"。

② 选择【画笔】工具，在【选项栏】选用一种圆形的虚边笔刷效果；调整毛笔大小与照片瞳孔大小差不多。

③在瞳孔位置点击鼠标左键，用白色画上新的瞳孔。

3. 去除黑眼圈与眼袋

常见的黑眼圈与眼袋是照片中美丽眼睛的大杀手，现实中需要靠浓浓的妆底来遮盖，当然也可以去做手术，但是在PS中，还是比较轻松的工作。

（1）打开照片"微笑的小妞"，看来需要先进行去红眼的工作；复制背景图层，起名"消除红眼"，然后按照前面【颜色替换工具】的方式消除小姑娘的红眼（图2-3-15）。

（2）去除眼袋的过程与去除污点差不多，但增加了步骤：在最上面新建图层"去眼袋"，我们在这个图层工作；然后用【缩放工具】把照片放大到需要的大小，照片中右边眼睛部分要在【图片编辑窗口】的中间。

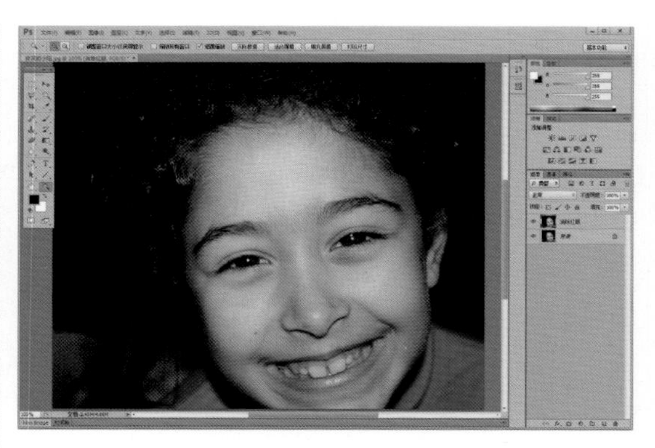

图2-3-15　先消除红眼

（3）选择【工具栏】—【多边形套索工具】，【选项栏】中的【羽化】输入8（这只是本例中的数值，今后使用的数值更多是凭借我们的经验），后面的【消除锯齿】要保证被选上（图2-3-16）。

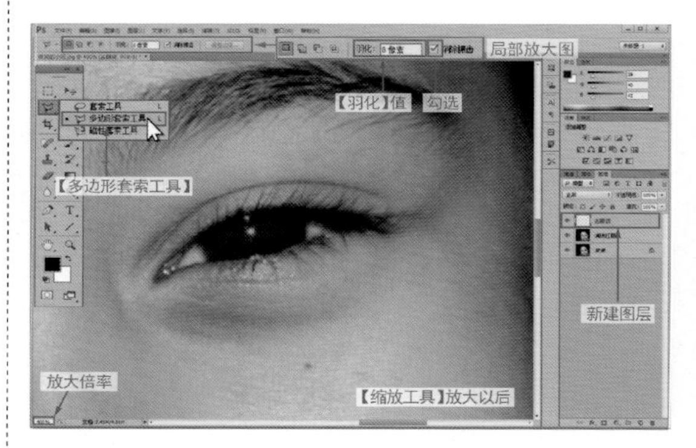

图2-3-16　放大后点选【套索工具】

（4）沿着眼袋部分画出一个封闭的选区，完成后看到"蚂蚁线"（图2-3-17）。

（5）如果觉得选取的区域不够令人满意，点击鼠标右键，在弹出的【右键快捷命令】中选择【取消选择】或者同时按下 Ctrl 键和 D 键，我们再重新画一遍选区就可以；重复操作，直到选区满意。

如果画出的选区总是比自己想要的选区小好多，那就是【羽化】数值太大了，把这个数值适当减小，然后再重新画一个选区就可以了。

（6）把【图层选项卡】左上角的【混合模式】修改为【变亮】。

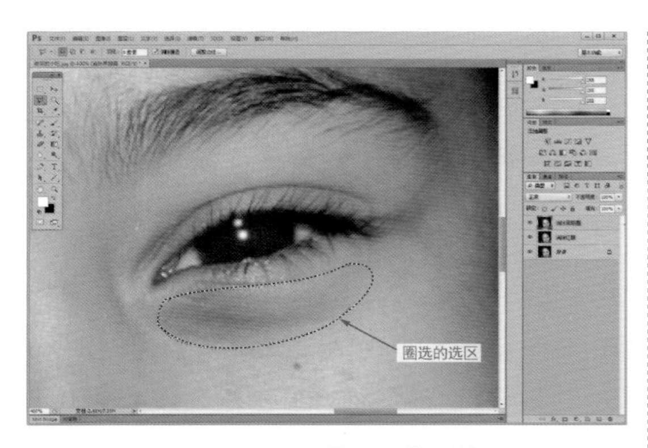

图2-3-17 圈选眼袋区域

（7）选区画好后，选择【工具栏】—【修复画笔工具】，并确保【选项栏】中最右侧的【样本】选择的是【应用于所有图层】；利用 [和] 键调整画笔到合适大小（至少直径不能比选区大），按住 Alt 键，这时光标变成⊕，在选区的附近（包括选区内）找到自己认为比较合适的颜色进行取样（图2-3-18）。

（8）鼠标指针移到选区内，按下左键进行修复，感觉颜色不合适了，就需要重新取样后再回到选区内修复，直到把整个选区修完；尽量不要按住鼠标左键一次把所有选区涂满，要用点涂的方式，最多按住左键拖动两个画笔左右距离即可。

（9）为了不让涂抹眼袋后显得太不自然，我们在【图层选项卡】的右上角的【不透明度】降低调整到“96”左右（仅对本工作图层有效）（图2-3-18）。

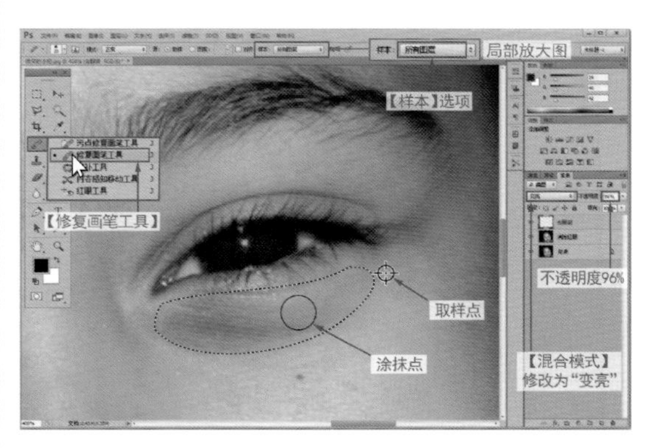

图2-3-18 点选【修复画笔工具】，取样后涂抹

（10）拖动画面，把另一只眼移到窗口总监，重复上面的操作，去除眼袋。

最后对比修改前后的效果，如果还有什么不满意的地方，重新圈选那里，然后重复进行【修复画笔工具】的操作，直至满意（图2-3-19）。

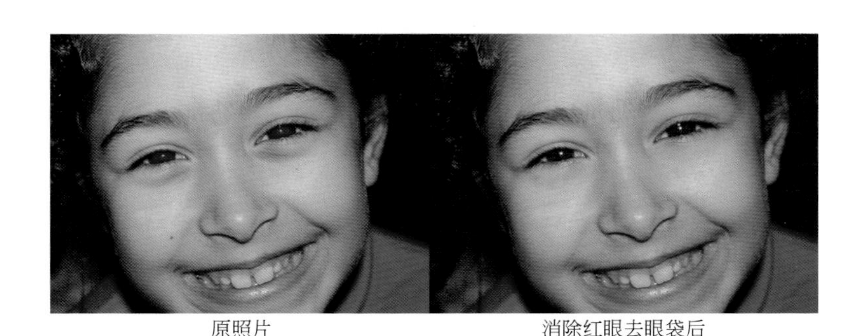
原照片　　消除红眼去眼袋后

图2-3-19 完成效果对比

小贴士：　　重要度：★★

有没有感觉到，带着选区的蚂蚁线观察修复效果，总觉得很碍眼？试试这样操作：同时按下 Ctrl 键和 H 键，是不是蚂蚁线没有了？隐藏但依旧存在，这种情况下同样可以进行上述操作；如果还是习惯看到选区继续操作，再次同时按下 Ctrl 键和 H 键。

蚂蚁线是不是回来了？

当然，也建议大家对比一下 Ctrl + H 与 Ctrl + D 的区别，动手试试吧。

4.皮肤美白

哪个女性不希望自己被拍出来后白白嫩嫩像影星一样，中国有句老话，叫做“一白遮百丑”，说的就是白皙的肌肤让人很漂亮。实际拍摄中，光线、环境颜色和曝光量的控制，也都会对拍摄任务的肤色造成影响，产生令人不快的结果，我们需要在PS中调出完美白皙的肤色来。

（1）打开去除污点操作保存的文件，看起来，肤色还是挺黝黑的，为了让姑娘白起来，复制“背景”图层，叫它“美白”（图2-3-20）。

（2）点击工作区右侧与【图层选项卡】在同一个选项卡组里的【通道选项卡】（如果没有，则点击【菜单栏】—【窗口】—【通道】即可），这时“RGB”、“红”、“绿”、“蓝”4条通道都是深色，全是选中的状态，这是因为RGB通道=红色通道+绿色通道+蓝色通道；然后把鼠标指针移到最上面一层，也就是左边有彩色头像，带“RGB”文字的图层，按住 Ctrl 键的同时按下鼠标左键，看到蚂蚁线了吗？这就是我们选中了照片中高光的部分（图2-3-21）；然后我们再点击一下【图层选项卡】，也就是切换回图层操作。

图2-3-20　打开前例完成的文件并复制图层

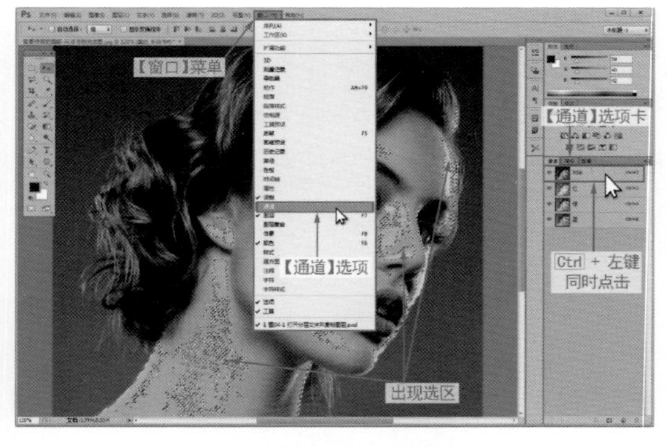

图2-3-21　【通道选项卡】的操作

（3）如果目前【前景色】不是白色，双击【工具栏】下面的【设置前景色】，弹出【拾色器】（前景色）窗口后，我们在色板中选择白色，然后【确定】，这样就把前景颜色设置成了白色（图2-3-22）。

（4）点击【菜单栏】—【编辑】—【填充】，在弹出的窗口中【使用】选项中选择【前景色】，点击【确定】。

（5）点击 Ctrl + H 键，隐藏蚂蚁线，看看效果，不错，脸色白了不少（图2-3-23）。不过，是不是觉得白的还不够？

（6）再次 Ctrl + H 键，显示出“蚂蚁线”，然后同时按下 Alt + Delete 键，快速填充了前景色；隐藏“蚂蚁线”后，再看看效果。

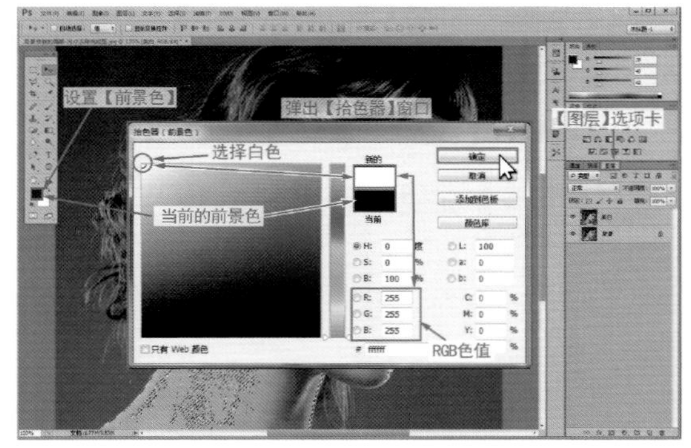

图2-3-22　用【拾色器】这是【前景色】

图2-3-23　用【前景色】进行填充

如果按你自己的眼光，还是觉得皮肤不够白，那就再来一次。显示“蚂蚁线”，同时按下 Alt + ←Backspace 键，又一次填充了前景色（仔细体会一下，三种填充前景色的方法效果是一样的），这次够白了吧（图2-3-24）？

第1次填充　　第2次填充　　第3次填充

图2-3-24　三次【前景色】填充效果对比

（7）细看之下，好像白的有些过了，点击 Ctrl + D 键取消斑马线，在【图层选项卡】上调整一下【不透明度】到合适的位置。这样，一张照片的美白就算完成了；别忘了对比观察，通过细微调整，让皮肤颜色看着更舒服（图2-3-25）。

图2-3-25　调整不透明度，完成美白

需要注意：调整了透明度的图层，要和下面的图层共同显示才是完整的效果。

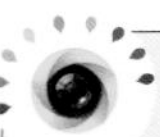

小贴士：　　　　重要度：★

仅仅是把皮肤变白不一定效果就是最好，尝试一下前景色选择成很淡很淡的粉色或黄色，最终的效果还会不一样哦。

5.牙齿美白

牙齿黑黄是让人很头痛的事情，非常影响人物的美观，有了PS，后期的牙齿美白确实简单很多。

（1）打开图例照片“牙齿美白”，看到人物的牙齿有些发黄，“牙医”该工作了：复制“背景”图层为“牙齿美白”。

（2）点选【工具栏】—【缩放工具】，放大图片牙齿部分（图2-3-26）。

（3）点击【工具栏】—【多边形套索工具】，【选项栏】上的【羽化】为“2”像素，点选右边的【消除锯齿】；把图片中的牙齿部分勾选出来，形成“蚂蚁线”选区（图2-3-27）。

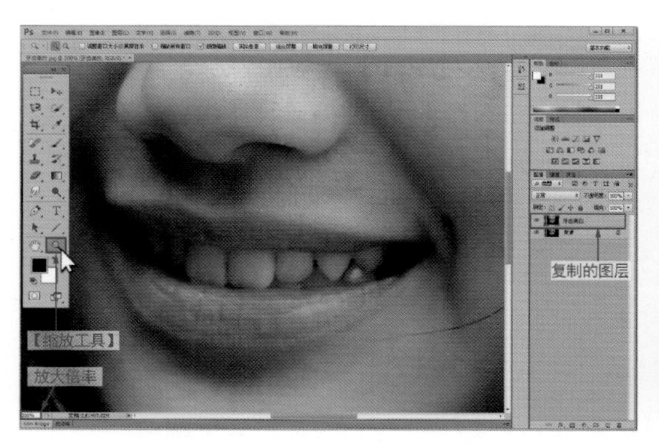

图2-3-26　适当放大照片

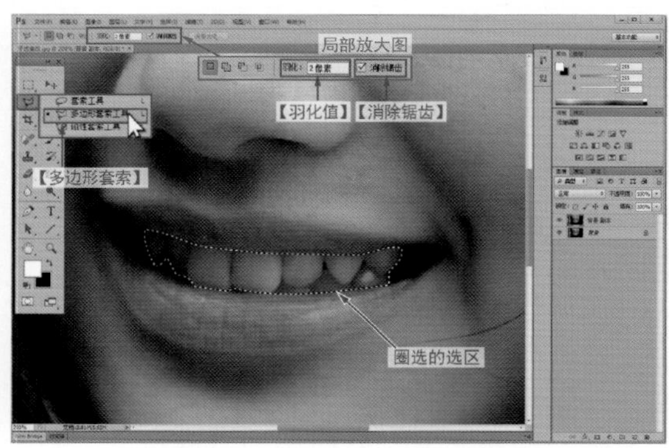

图2-3-27　选用【多边形套索工具】

（4）点击【图层选项卡】下面的【创建新的填充或调整图层】，选择【色相/饱和度】，创建了新的带蒙版的图层“色相/饱和度”；在弹出的【属性】窗口中，选择【黄色】，尽量向左拖动【饱和度】滑块，同时观察，不要让牙齿的暗部发黑（图2-3-28）；调整好后折叠关闭【属性】窗口。

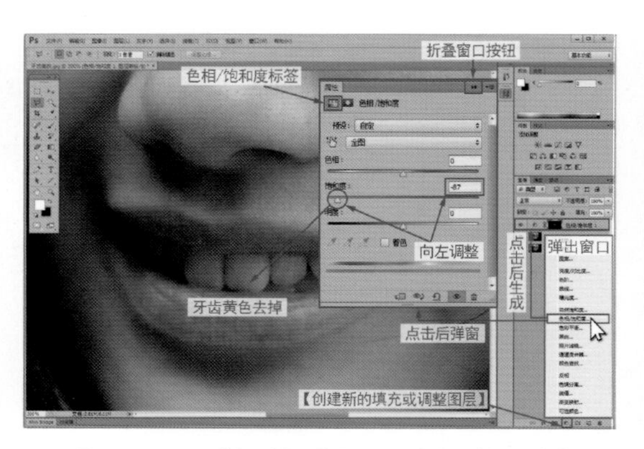

图2-3-28 【新建调整图层—色相/饱和度】

（5）牙齿的黄色去掉了，但是还不够莹白；按住 Ctrl 键的同时用鼠标左键点击图层“色相/饱和度”后面的黑色方块蒙版，载入了前面操作建立的牙齿选区，“蚂蚁线”出现了（图2-3-29）。

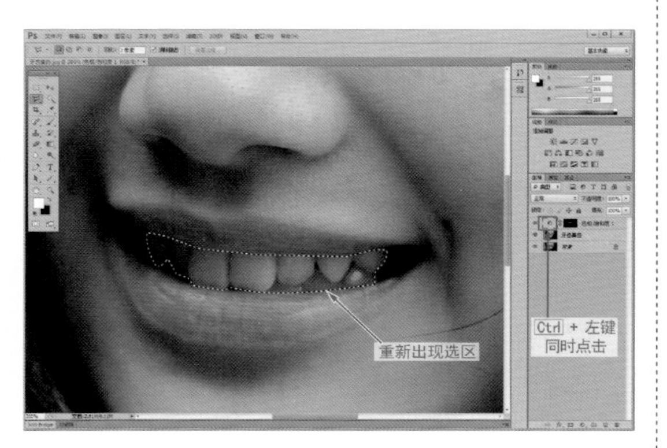

图2-3-29　浮动图层重现牙齿选区

（6）点击◐【创建新的填充或调整图层】—【色阶】，创建了新的带蒙版的图层“色阶”；在弹出的【属性】窗口中向右拖动下面的【输出色阶】的滑块，观察【图像编辑窗口】中的牙齿部分，到颜色有白玉的感觉就可以了，折叠关闭【属性】窗口（图2-3-30）。

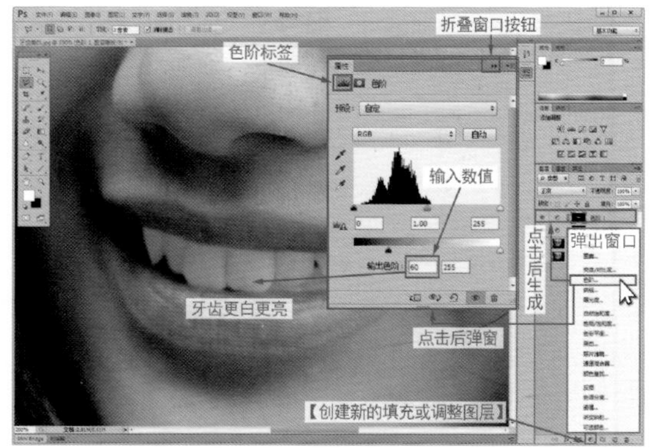

图2-3-30【新建调整图层—色阶】

（7）点击【工具栏】—🔍【缩放工具】，上面【选项栏】—【适合屏幕】，观察最终的效果，如果感到不满意，左键双击图层“色阶”的◐图标，弹出【属性】窗口，因为这里我们链接有两个蒙版图层，因此要选择窗口上面的“色阶”标签，出现相关参数后才可以进行修改，满意后关闭窗口（图2-3-31）。

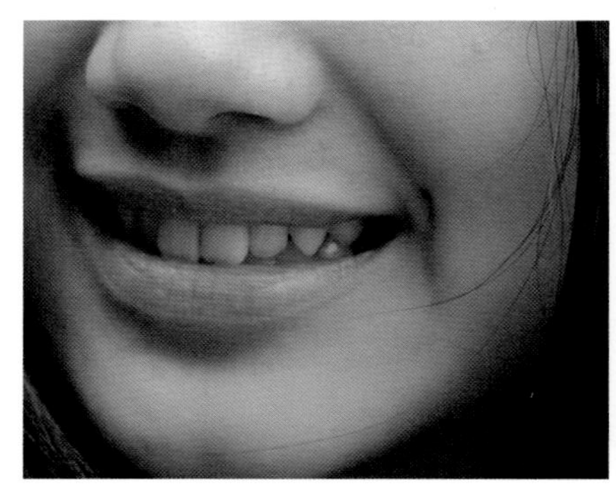

原照片

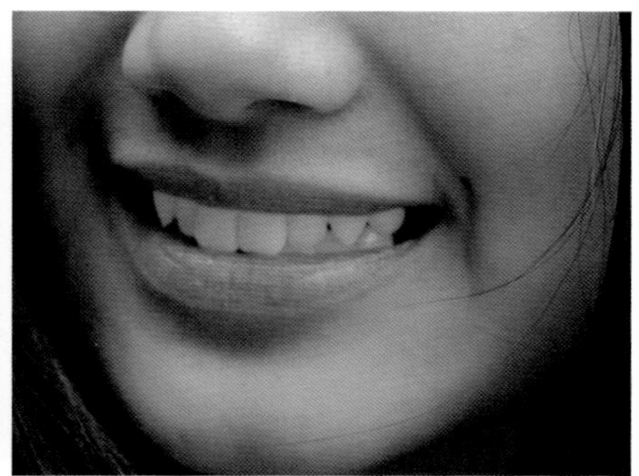

牙齿美白后

图2-3-31　完成效果对比

6. 描眉画眼

化妆是人像拍摄必不可少的，但是有时我们只能靠后期对眉眼的“化妆”来对照片中的人物进行美化。

（1）描眉篇

照片“淡眉毛的新娘”中的女孩挺漂亮，但是眉毛有些太淡了，需要适当把眉毛加重。

① 打开照片后，复制“背景”图层，起名“描眉”；选择【工具栏】—🔍【缩放工具】对眉毛区域进行适当放大（图2-3-32）。

图2-3-32 复制背景图层并放大图片

② 单击【图层选项卡】—◐【创建新的填充或调整图层】—【亮度/对比度】，弹出了【属性】窗口并且新建当前图层“亮度/对比度”（图2-3-33）。

③ 向左调整【属性】窗口中的【亮度】调节钮，注意观察效果，眉毛的色深和浓度会发生变化；我们只要调整一点就够，本例为“–10”，点击窗口右上角的【▶▶】折叠窗口（图2-3-33）。

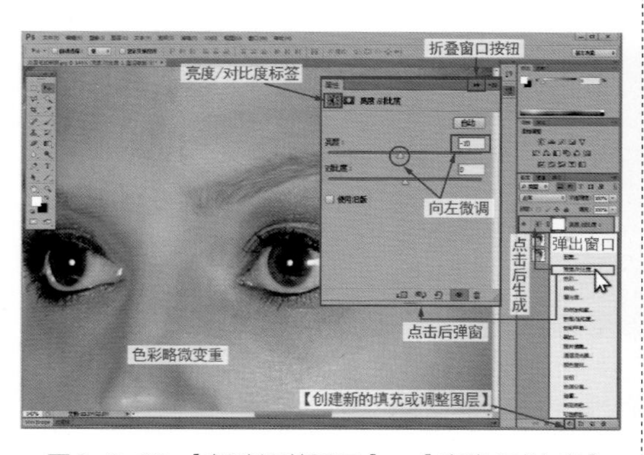

图2-3-33 【新建调整图层】—【亮度/对比度】

④ 点击一下当前窗口中的白色方块（图层蒙版缩览图），确保它的外面有一圈虚线框；点击【菜单栏】—【图像】—【调整】—【反相】，看到吗？刚才点选的那个白色方块变成了黑色，【图像编辑窗口】中的照片也恢复成了最初的样子（图2-3-34）（当你在复习这个操作的时候，到这一步也可以不去点选菜单，而是同时按下 Ctrl + I 键，怎么样，方便得很吧）。

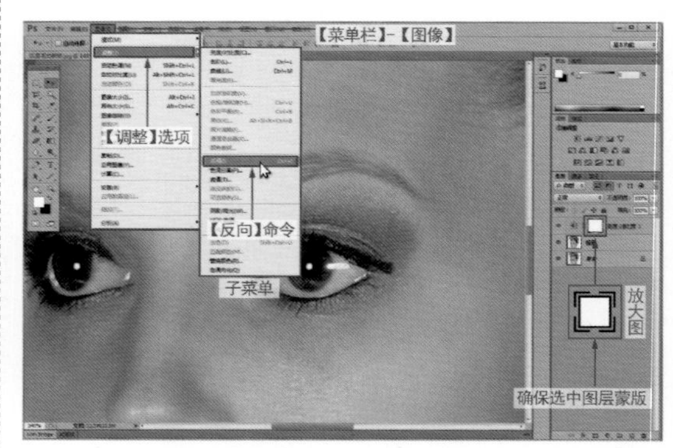

图2-3-34 【图层蒙版】执行【反向】

⑤ 选择【工具栏】—🖌【画笔工具】，点击上面的【选项栏】靠左的【画笔预设】，选择一种柔边圆形的笔刷，再利用 [或] 键调整画笔的大小，大约为眉毛宽度的一半最好；在照片上眉毛的区域点住左键细心地来回涂画，到了眉尖的部位，再适当缩小画笔；随着涂画，可以看到眉毛变黑变重了（图2-3-35）。

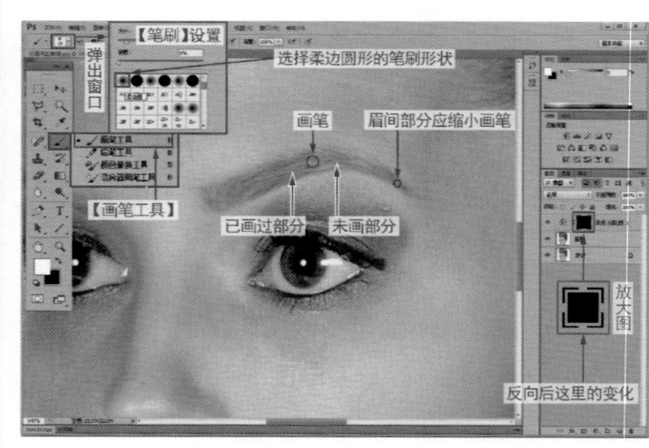

图2-3-35 选择【画笔工具】进行眉毛修饰

⑥ 当两只眉毛都涂抹完成后，如果感觉不满意，只要左键双击本图层左侧的【亮度/对比度】缩览图☀，就可以重新打开【亮度/对比度】的【属性窗口】重新调节数值了；感觉略重的话，也可在【图层选项卡】适当

调整【不透明度】，眉毛描画成什么颜色、轻重程度没有统一的标准，全按个人喜好而定（图2-3-36）。

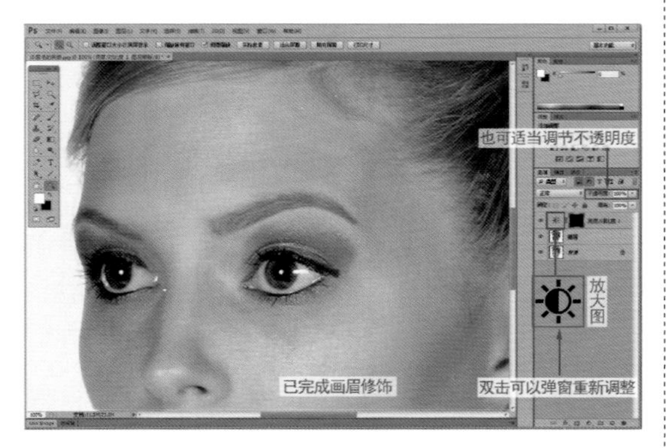

图2-3-36　重复调整直至满意

⑦ 最后对比观察结果并保存文件。

小贴士：　　重要度：★★

如果你突然发现使用 [或] 键调整画笔大小不起任何作用了，那就要看看你是不是在中文输入法的状态，切换成英文输入法，一切都Ok了。

而如果涂抹时看不到圆圈的画笔的圆圈了，是因为 Caps Lock 键处于打开状态影响的。

（2）眼影篇

通过描画眼影，可以让人物更具魅力，有时还可以弥补眼部的不足、增添双眸的风采，当然此项操作只建议对照片中的女性使用。

① 打开照片“托腮女孩”；单击【图层选项卡】下面的【创建新图层】，给新建图层命名为“画眼影”；点击【工具栏】—【缩放工具】，将照片放大到保证双眼同时在画面中即可。

② 选择【工具栏】—【画笔工具】，然后点击【选项栏】上【“画笔工具”拾取器】右侧的▼，挑选一种带柔边的圆形笔刷效果（图2-3-37）。

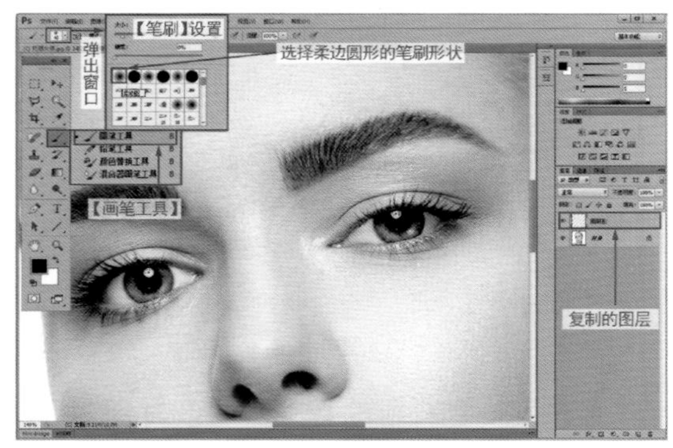

图2-3-37　选择【画笔工具】

③ 鼠标左键点击【工具栏】下面【前景颜色】，在弹出的【拾色器】（前景色）中选取一个稍微重一点的颜色作为第一种眼影色（本例是一种玫色），点击【确定】（图2-3-38）。

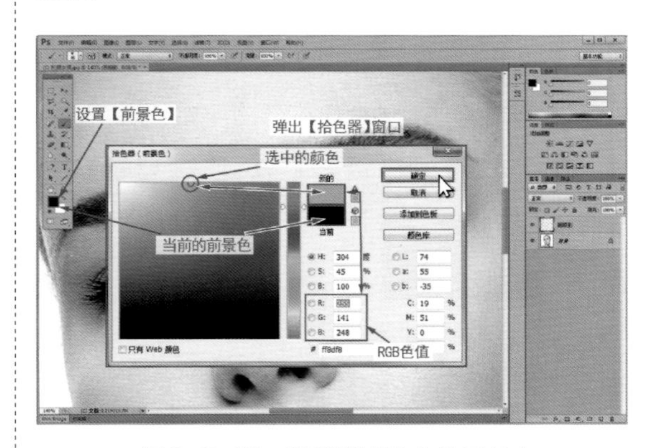

图2-3-38　设置第1种【前景色】

注意：本例采用的粉色可能在印刷后产生色差，请参考图例中的色值按实际拾取颜色，以屏幕显示为准

④ 利用 [或] 键调整画笔的大小，大约为眼皮宽度的三分之一左右；点住左键，如图例从内眼角到眼皮接近眼睛中部2/5左右画一个弧形，只要画在眼眶与眉毛之间就可以，宽度约为1/3，靠近眼角的部分可以适当调小画笔描画；另一只眼也同样操作描画（图2-3-39）。

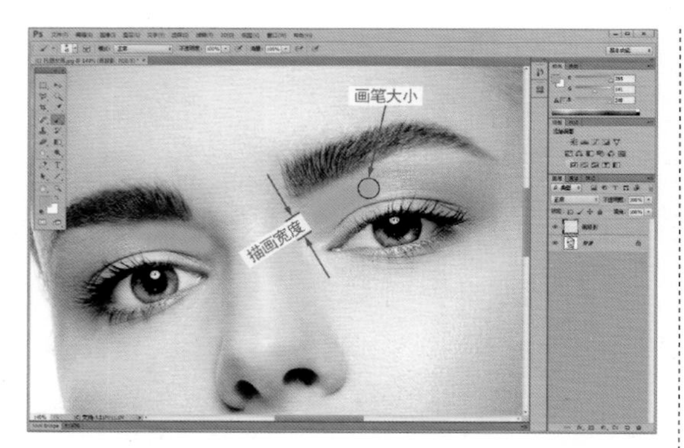

图2-3-39　用粉色画笔描画内眼角部分眼影

⑤ 点击【工具栏】下面【设置前景色】右上角的↰，将前景色与背景色对调，即刚才设置的粉色前景色现在变成了背景色（这样做的目的是为了保护刚才操作设置的颜色，万一需要重新取色，只要再次对调就可以重新获取原来的粉色了）；然后重新选取一个前景色（本例为蓝色）（图2-3-40）。

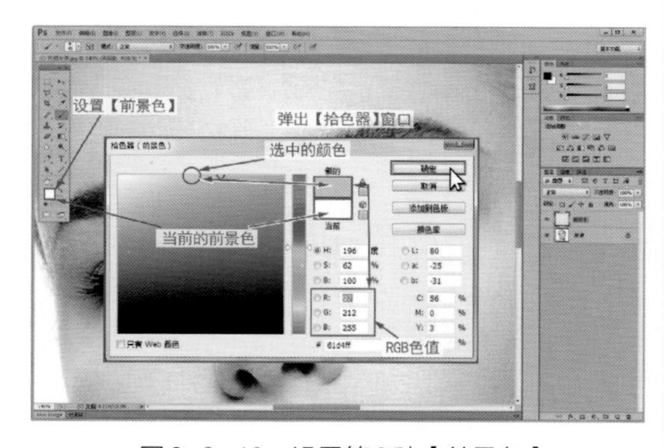

图2-3-40　设置第2种【前景色】

⑥ 点住左键，如图例接着刚才画好的颜色从眼皮中部到外眼角画一个弧形，新画的颜色要与之前的粉色相连接，不要有距离；另一只眼也同样操作（图2-3-41）。

⑦ 这时的效果看起来确实有点搞笑，别急，点击【菜单栏】—【滤镜】—【模糊】—【高斯模糊】（图2-3-42）。

⑧ 弹出【高斯模糊】窗口，点选【预览】，向右调整滑块的同时观察工作区内的预览效果，当两种颜色融合的比较顺畅了，点击【确定】（图2-3-43）。

图2-3-41　用蓝色画笔描画到外眼角部分的眼影

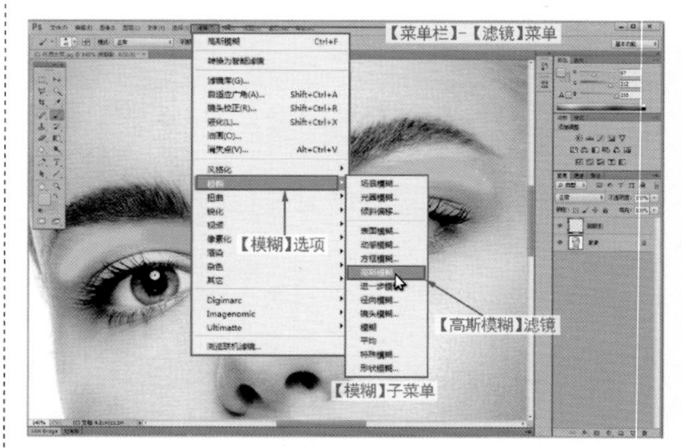

图2-3-42　点选【滤镜】—【高斯模糊】

图2-3-43　调整【高斯模糊】数值

⑨ 目前眼影虽然看起来比较舒服了，细看之下，如果发现刚才描画时眉毛和眼睛不慎也被染上了一点点颜色；可点选【工具栏】—【橡皮擦工具】，同样在上面【选项栏】中选取一种带柔边的圆形笔刷效果，利用 [或] 键调整橡皮擦的大小，然后仔细在眼睛靠近上眼皮的区域涂抹，能清楚地

看到有一层淡淡的染色被去掉了，两只眼睛同样操作（图2-3-44）。

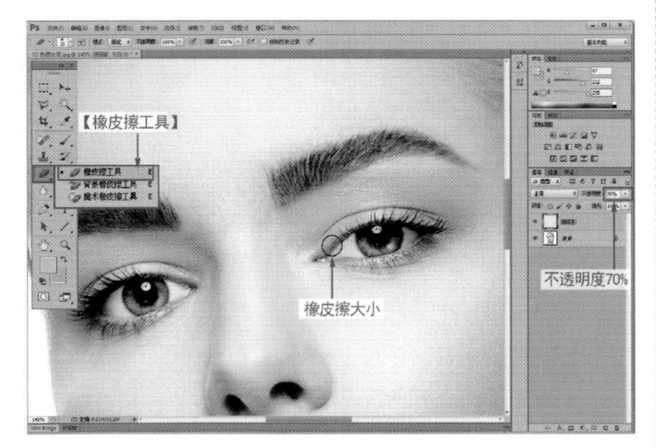

图2-3-44　用【橡皮擦】工具擦拭多余的颜色

⑩ 最后，通过调整【图层选项卡】上的【不透明度】，让眼影更加自然漂亮。

如果希望最终的效果是一种很时尚，有提亮效果的眼影，点选【图层选项卡】上部左侧的【图像混合模式】中的【颜色】，变化很明显吧。再尝试点选【图像混合模式】中的不同选项，效果非常不一样吧。当然，不同的选项，我们需要调整【不透明度】到合适的位置（图2-3-45），多多尝试一下吧。

图2-3-45　不同图层【混合模式】效果

二、照片大小的转换

1. 关于“大小”的知识点

同一张照片，用在不同的场合时，应该保存成不同的大小以及分辨率设置。

打开一张新闻照片“剑指苍穹”，点击【菜单栏】—【图像】—【图像大小】，弹出【图像大小】窗口，列出了关于这张照片大小和宽/高以及分辨率的数据（图2-3-46）。

PS软件窗口下面的【状态栏】中有“文档大小”，【菜单栏】中的【图像大小】窗口有“像素大小”，照片保存后我们还能在“资源管理器”中看到一个“文件大小”，它们是什么关系？

①PS软件窗口下面的【状态栏】中“文档大小”有前后两个数字，前面的数字表示这个尺寸规格的图片占用电脑缓存的大小，而后面的数字表示建立图层后，当前情况下分层文件合计占用缓存的大小。

②【图像大小】窗口中的“像素大小”与“文档大小”是一回事，都是图形文件打开后在电脑缓存中实际占用空间的大小，本例中，它们都是“2.4M”（图2-3-46）；其中“像素大小”中宽度是1181像素，高度是709像素，那么整个画面就是：1181 709=837329像素。

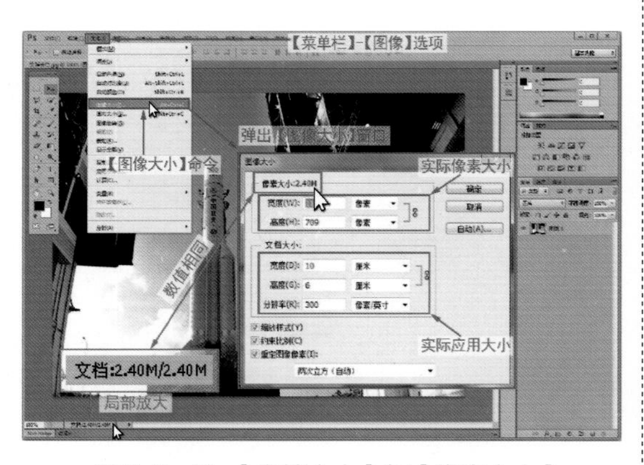

图2-3-46 【文档大小】与【像素大小】

③PS中，最常用的RGB格式的图片是使用8位（二进制数）/通道，1个像素用3条通道［Red（红）、Green（绿）、Blue（蓝）各1条通道］，共计是24位二进制数，换算成十进制就是16777215，也就是一个像素可以有这么多的颜色可用于显示（平日常说的一千六百万色）。

电脑中1个字节是1个十六位进制数（等于8位二进制数），刚好是1个通道，3个通道就是3个字节，也就是每个像素占用3个字节来存储；那么本例中图片的画面：

837329像素×3字节=2511987字节

1M字节=1024K字节=1048576字节

那么2511987字节/1048576字节≈2.4M

这里看到的“像素大小”和“文档大小”数字就计算出来了。

④PS保存图片时无论选取何种格式、何种图片质量，都采用了一定的“压缩算法”，所以最后图片实际存储的大小肯定是小于它在缓存中临时占用的空间大小的（“像素大小”），也因此尺寸相同所有参数都一样的图片颜色越丰富复杂，保存后的文件越大。

⑤保存为PSD分层格式，文件既保存了每个图层又保存了其他参数，因此都会大。

⑥灰度格式图片只有1条通道（8位二级制数），换算成十进制是256，1个像素可以有256颜色可选显示，所以小多了。

⑦CMYK格式图片拥有“Cyan（青）、Magenta（品）、Yellow（黄）、Key Plate（black）—（定位套版色—黑）”4条通道，共计32位二级制数，与RGB尺寸相同的图片比，大了不少。

通过计算，明白一个简单道理，“‘像素大小’越大，最后保存的文件也就越大”。

2.照片大小转换

利用PS，可以很方便地改变照片的大小，严格地讲，如果照片的品质（分辨率）保持不变的情况下，通常只做照片变小的工作。

平日拍摄，一直“宁大勿小”的说法，意思是，在相机存储空间允许的情况下，尽量使用高分辨率（高像素）大格式拍照片，以免将来需要大照片时无能为力了。

其实照片无论放大或者缩小，都会出现模糊或者马赛克（常说的失真），这是为什么呢？

当照片缩小时，分辨率（像素数）降低了，PS通过算法，扔掉了一部分像素，相比原画面，新画面受到了一定的损失；照片缩小的比例越大，扔掉的像素就越多，画面损失也就越大，严重到一定程度时，就会有一定程度的失真现象。

而当照片放大时，分辨率（像素数）增加了，也就是增加了很多原本不存在的空白像素，PS只能通过差值计算，根据新增加的像素周围其他像素的颜色，计算出一个过渡颜色给这个像素。如果原片是用很不错的单反数码相机拍摄并且差值计算的算法很高级的话，也许能做到让一张照片放大到原来的150%-200%时还能保证一定清晰度，再大就一定会出现模糊甚至是马赛克了，而一般小像素拍摄或手机拍摄的照片很难达到这样的放大率（图2-3-47）。

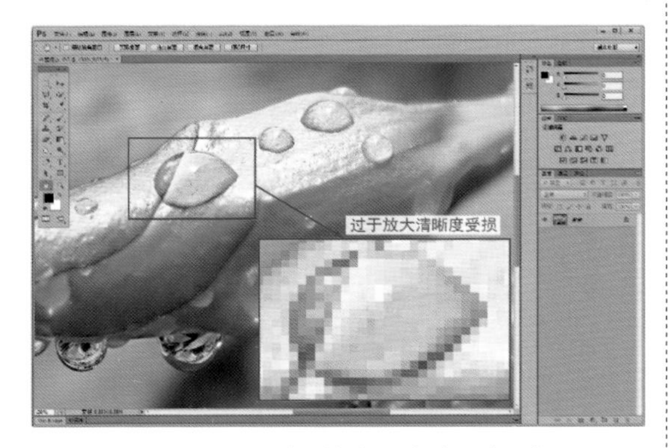

图2-3-47　过于放大导致清晰度受损

这样我们就知道，照片缩小是扔掉了部分原本存在的像素，而照片放大是平添了原本不存在的像素，所以，照片放大比照片缩小失真问题严重得多，在很大范围内，照片缩小甚至看不出图像质量上有损失。

可以肯定的是，原始像素越大的照片，在进行放大操作的时候相对放大率就能越高些，因此还是随时记得保持用大格式拍摄照片吧。

小提示：　　重要度：★★

想知道自己的照片放大后是否还保持清晰很容易，点击【工具栏】—【缩放工具】然后在【选项栏】中选择【实际像素】然后拖动画面观察，如果照片的焦点没有产生让你觉得不可接受的模糊，那这张照片的清晰度就是保持的不错了，否则，就需要重新调整大小以保持清晰度。

当我们要修改照片大小的时候，总是有目的的，由于照片的用途不同，对照片的分辨率（PPI）的要求也不同，按目前的情况发展，照片用于印刷和网络方面是最多的，通过（表2-3-1）了解一些常用的分辨率设置：

表2-3-1　图片文件常用分辨率

用途	杂志	报纸	显示器（网络）	数码冲印	数码喷绘	普通打印	数码打印
分辨率（PPI）	250-350	200-300	72-96	200-300	60-96	96-150	120-200

下面根据实际应用中的两种情况操作一下：

（1）我的照片能喷绘到多大尺寸（不变大小改分辨率）？

① 打开照片“黄色菊花”，点击【菜单栏】—【图像】—【图像大小】，弹出【图像大小】窗口。

② 如果窗口下部选项【重定图像像素】前面是“√”，取消勾选（图2-3-48）。

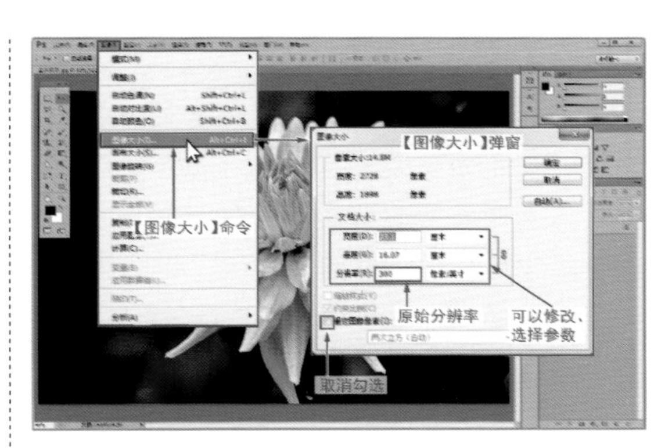

图2-3-48　打开【图像大小】窗口

③ 窗口中只有中间部分的【文档大小】中的6个选项是可以改变的；根据前面的表1，进行室内写真的喷绘的分辨率为96像素/英寸，因此在【分辨率】中输入“96”（原来的“300”是本例照片的原始分辨率）。

④ 这时，【宽度】和【高度】都产生了变化，这是告诉我们，原来的照片23.01厘米×16.07厘米可以喷绘到至少是：72.18厘米×50.22厘米，嗯，还真是挺大的啊，不过上部的【像素大小】没有受到任何影响；点击【确定】或直接按 回车 键完成转换（图2-3-49）。

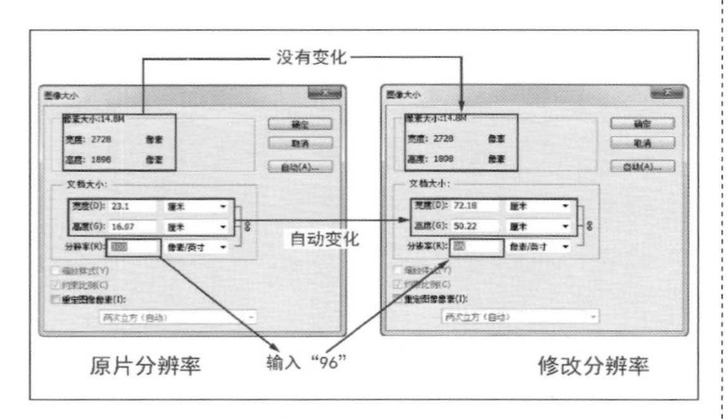

图2-3-49 输入【分辨率】后文档大小的变化

⑤ 我们看到，【图像编辑窗口】内的照片显示没有发生任何变化，好像什么操作也没有进行过，但是重新点击出【图像大小】窗口的话，就会看到，【文档大小】中的【宽度】、【高度】和【分辨率】已经是我们刚才调整过的数值了。

⑥ 如果我们想制作室外喷绘呢？60像素/英寸足够了吧。那就把【分辨率】修改成“60”看看结果吧，是不是尺寸又比刚才大了不少啊。

由此可见，只要一张照片的“像素大小”没有改变，照片长宽尺寸（文档大小）与分辨率成反比，分辨率越大，尺寸越小；分辨率越小，尺寸越大。

实际应用时，直接保存文件就可以了，如果不进行这种操作，很有可能广告喷绘公司给你制作出一张不正确尺寸的喷绘来。

如果你打开自己的照片，而【分辨率】显示的是“72”的话，那就把它修改成“300”看看结果吧。

（2）把照片缩小符合网络需要

网络空间使用的图片，一般在文件大小和图片尺寸上都会有要求，分辨率为72像素/英寸，尺寸也不能过大。

① 打开照片“绿芽”，点击【菜单栏】—【图像】—【图像大小】，弹出【图像大小】窗口，这是一张分辨率“300”的照片。

现在我们既要改变分辨率，同时还要改变像素大小。

② 选中窗口下部选项【重定图像像素】和【约束比例】的“√”，这次不同的是，上部的【像素大小】的选项也是可以输入的状态了。

先在【分辨率】中输入“72”（原来的“300”是本例照片的原始分辨率），同时上面的【像素大小】发生了变化，但【文档大小】的【宽度】和【高度】没有变化（图2-3-50）。

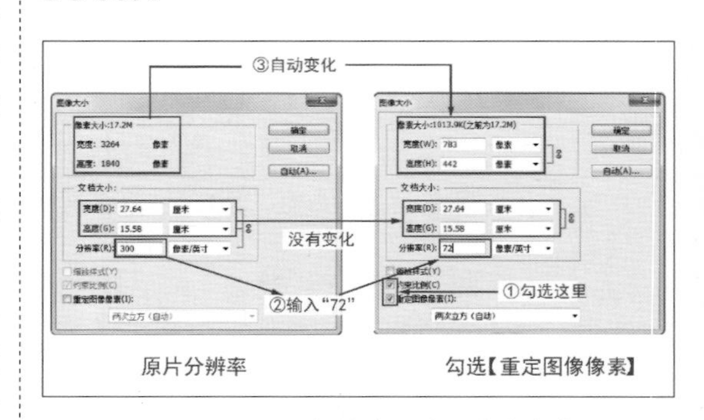

图2-3-50 勾选【重定图像像素】

③ 如果对具体的像素大小有要求，例如宽度为“1024像素”，那么就在上部的【像素大小】的【宽度】选项输入“1024”，下面的高度自动发生变化（前面勾选了【约束比例】），这时中部【文档大小】的【宽度】和【高度】也随之变化；点击【确定】完成大小转换。

小贴士：　　　　重要度：★★★

【图像大小】命令中，为我们准备的多种尺寸单位便于选择，甚至包括百分比。

简单地说：如果只想改变照片的分辨率，就不要勾选【重定图像像素】；如果真正要改变照片的大小（像素大小），就要勾选【重定图像像素】。

网上一直有一种传说，数码照片可以无损无限放大：每次只按110%的比例放大，一直放大下去，就不会出现模糊或马赛克，也就实现了无损无限放大。这种说法没有科学依据，毕竟放大是无中生有地在添加像素颜色，假的东西添加的多了，照片怎么可能不失真？通常情况下，如果是冲印照片或书籍印刷使用，无论用何种算法，我们都不是很提倡将照片放大超过200%，因此这样的效果只能是"糊弄"着用（需要超高倍率放大，但能与观察点保持距离的除外，例如高楼顶上的广告用照片）。

三、存储为网络格式

网络用的图片，既要一定的清晰度，还要文件容量小，以减少浏览时打开图片的时间，因此PS专门有为网络格式存储文件的选项，看看如何使用。

（1）打开前例照片"黄色菊花"，点击【菜单栏】—【文件】—【存储为Web所用格式】（图2-3-51）。

（2）弹出【存储为Web所用格式】窗口，认识一下（图2-3-52）。

① 中间最大的是照片显示窗口；左上角是几个简单的工具和显示格式（单屏或多屏对比）。

② 左下角是文件格式/大小/网络下载速度/显示比例以及点击【预览】可以直接在浏览器中观看图片。

③ 右侧上部是可保存的文件格式（下拉选择）和品质（输入数值或滑块调节），品质越高照片质量越好，但文件大小相对也较大。

④ 右侧下部可以直接输入照片输出的像素大小（可锁定长宽比）或按比例缩放。

（3）本例选择的是"JPEG格式"，【品质】：100，【图像大小】—【W】："1024"（图2-3-52）。

图2-3-51　选择【存储为Web所用格式】

图2-3-52　设置【存储为Web所用格式】参数

（4）输入后点击【存储】弹出【将优化结果存储为】窗口，如果只是保存图片，【格式】选择“仅限图像”，其他与普通保存文件操作一样。

（5）弹出的警告提示窗口点击【确定】，完成了WEB格式的保存。

（6）用这种方式保存文件，分辨率自动为72像素，并且为RGB模式。

小贴士：　　重要度：★★★

PS的WEB格式存储计算方法很优化，同样大小的照片比普通保存方式文件要小很多并且画面损失很小（尤其是品质100）。如果不是要求极高的照片冲印，一般情况下用这种方式保存照片（包括很大一部分印刷用图片）很省空间，尤其适合电子邮件发送。

虽然照片自动变为分辨率72像素，但是本身很大的照片或分层文件直接这样保存会被提示因为文件太大“无法生成优化的图像”（图2-3-53），这就需要先将图片保存并适当缩小后再打开执行【存储为Web所用格式】。

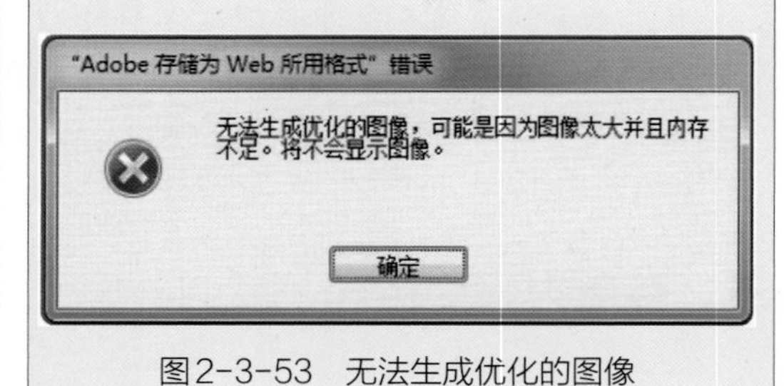

图2-3-53　无法生成优化的图像

四、复杂人像抠图（发丝抠取）

我们已经学过的抠图方法对于更复杂一些的抠图（如人像头发、动物毛发等）几乎没什么作用。发丝纷乱、繁复，看似简单，却极难从背景中比较清晰的抠取出来。

在PS中，能够抠取发丝的手段不少，如通道抠图、抽出滤镜抠图、调整边缘抠图等等，本例选用调整边缘为大家示范如何抠取带头发的人像。

（1）打开示例照片“棕红卷发模特”，复制“背景”图层为“调整边缘抠图”。在两个图层之间新建一个图层“临时底色”，先填充白色。

（2）点击图层“调整边缘抠图”，选择【工具栏】—【快速选择工具】（图2-3-54）。

（3）鼠标指针进入画面变成⊕，在人物身上图像应该是实像的区域点住左键慢慢涂画（避开半透明区域——如飞散的发丝，避开镂空的区域——如胳膊与身体的夹角）。

随着涂画自动形成选区，可以连贯涂画也可以点画，从点击的第一下开始，后面的涂画自动变成“添加到选区”，上面【选项栏】的选项也自动变成了。

图2-3-54　选择【快速选择工具】

画笔大小可以通过 [或] 键调整，不建议太大，避免自动选取范围过宽，还得不断撤销过从选区中减去，本例为“45”（图2-3-55）。

图2-3-55　在人物身上实像的区域点击涂画

（半透明的红色是图例添加的提示色，实际操作中没有）

（4）整体快速选择完成后，可能有些飞散的发丝透明区域不可能完全避开，对于出现面积稍大的半透明或镂空区域被选中，可以通过 Alt +左键单独点击画面从已经形成的选区中减去，鼠标光标变成⊖同时上部【选项栏】变成（图2-3-56）。

图2-3-56　从完成的选区中减去应该半透明或镂空的区域

（5）快速选区完成，点击上部【选项栏】右侧的【调整边缘】，弹出【调整边缘】窗口，点击上部【视图模式】右侧的“▼”，便于观察白底色时的抠图效果。

按 Ctrl + + 键放大图片（也可使用窗口中的【缩放工具】），并使用 空格 +左键移动画面到头发的边缘。

这时的【图像编辑窗口】中照片按选中的【白底】显示，放大后可以看到头发的边缘还没有被选中，显得参差不平，很是难看（图2-3-57）。

图2-3-57 【调整边缘】窗口选择白底模式并放大图片

（6）接下来勾选窗口下部的【输出】中的【净化颜色】，数值默认，并且【输出到】选择“新建带有图层输出蒙版的图层”；这样是为了自动消除一定的杂色并且自动建立蒙版图层。

（7）选择中部的【边缘检测】左边的【调整半径工具】，中间的【半径】输入数值“66”。

这时可以看到，预览的照片中人物的头发边缘产生了变化，很多原本没有的头发丝显露出来了，这就是边缘半径所产生的作用，对比前图可以看的相当明显。当然大家可以不断调整半径，看看效果的不同，将来其他照片的半径值都是不一样的。试验后调回本例的“66”继续操作（图2-3-58）。

（8）鼠标移动到画面内，指针变成⊕，利用 [ ] 键调整画笔大小，不要太小，本例为“80”，然后按左键在头发的边缘涂抹。

图2-3-58　设置【边缘检测】—【半径】并选择【调整半径工具】

随着涂抹，可以看到带原照片底色的发丝部分逐渐显露出来，尽量不要涂抹到头发的实像区域过多，略微抹上一些没有关系。

每次涂抹松开鼠标，都会经过自动计算然后显露出一些清除了底色的发丝，如果有些底色还没有清除掉，可以再次涂抹；之前被选中的应该半透明的区域也一样需要涂抹（图2-3-59）。

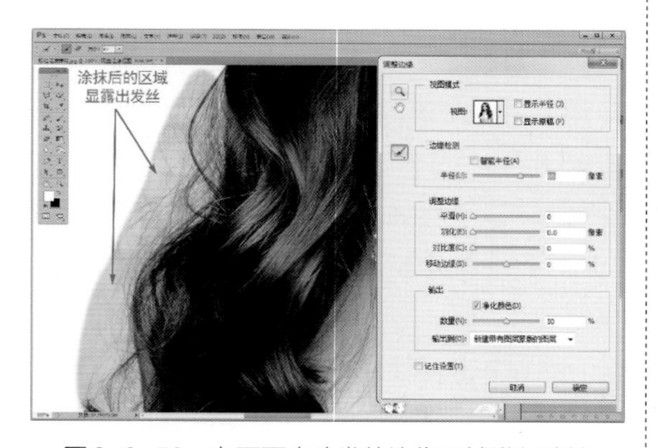

图2-3-59　在画面中头发的边缘区域进行涂抹

（9）尽管通过涂抹，PS可以自动抠出大部分发丝，但是无法做到百分之百，有些非常纤细或者发丝很接近底色软件是无法辨认的，所以，这些发丝抠出达到一定程度就可以了。

中间如果将原片底色中不需要的杂色选取了出来，可以选择【调整半径工具】下面的【抹除调整工具】将这些杂色擦除掉，但不要在需要的区域内擦除。

使用 空格 +左键移动画面，将整个人物有头发的区域边缘擦完，然后点击【确定】完成抠图。

（10）窗口关闭后回到PS主工作页面，看到新增加了一个带蒙版的图层，原来的“调整边缘抠图”图层自动隐藏了。

使用【工具栏】—【缩放工具】观察后发现，胳膊与身体的夹角本应镂空的地方带有了一些灰色，需要清除。

点击图层中右侧带人像的缩览图，然后可以使用已经掌握的抠图工具将灰色删除；如本例使用了【工具栏】—【多边形套索工具】全选后，选择羽化值“2”，再点击 Delete 键删除灰色（图2-3-60）。

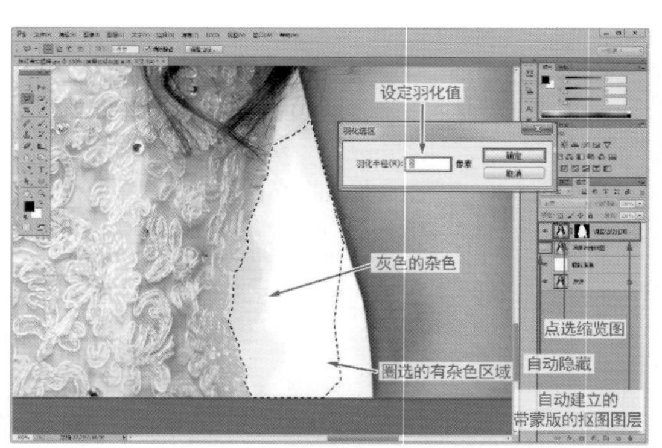

图2-3-60　利用学过的工具擦除多余的杂色

（11）而对于像腋下小三角区域，带有少量发丝，又有杂色，则可以先点击图层的蒙版缩览图，再选择【工具栏】—【橡皮擦工具】，然后将上部【选项栏】中的【不透明度】调整到10%～40%，然后利用 [ ] 键将画笔调小一些，轻轻在这个区域涂抹，能够看到灰色在减轻，到接近白色并且发丝还有一定保留时即可。

（12）按照（10）、（11）步同样的方法将其他相同情况的半透明和镂空区域仔细进行修整。

（13）通过【快速选择工具】+【调整

边缘】抠取发丝虽然效果很不错，但是对于实像区域的抠取却尽完美，所以对于衣服、手臂的边缘需要细细观察，发现有缺少的区域，就需要通过其他抠图工具从原图上圈选并复制过来。

（14）抠图进行到这里就完成了绝大部分工作，通过观察，发现整个效果还是不错的，只是觉得发丝的边缘颜色有些淡了，没关系，Ctrl + J 键复制新的图层就可了，很直观地看到飞散的发丝颜色变重了，也就是变得正常了，如果觉得还不够，那就再复制一遍。

（15）白底色的效果这样就可以了，那么如果换成黑底色呢？用黑色填充图层“临时底色”，看起来效果也还不错，就是感觉发丝周边发白的颜色有些不好看，那就关闭刚才复制的图层，只保留一个带蒙版的图层，效果是不是好很多（图2-3-61）？

图2-3-61　利用学过的工具擦除多余的杂色

小贴士：　　重要度：★★★★★

抠图是数码摄影照片后期加工中运用最多的手段，而抠取发丝（带人物）则是最难最麻烦也是最重要的。但是千万不要指望使用某一种工具或高级滤镜能就够一次完全抠出满意的头发，可以说这是做不到的。

虽然有很多专业的高级抠图工具，但也都是要求单色背景或者简单色调的背景，而使用蓝、绿两色背景是专业工具抠图效果最好的。

稍微复杂一些的背景，首先要分析照片，不仅要分析背景，还要分析人物头发的光照效果和光照程度，色调单一并且与背景反差大的，抠出的效果就好些。

所以抠好一张带发丝的照片人物，很多时候需要几种手段和多种工具，甚至把一张照片分成几个部分分别用不同方法抠出；而在大致抠出主体后的细节修饰阶段，则更需要大量细致并且重复的机械性动作，要想抠出一张好图、大图，就必须慢工出细活。

完成的抠图再次合成时，背景分为两种，一种是以白色为代表的浅色调的高调背景，另一种就是以黑色为代表的深色调的低调背景，这也是【调整边缘】中为我们提供了黑白两种底色观察效果的原因。

完成后的抠图，在高调背景中的效果一定是好于低调背景的，这是因为无论怎样，发丝边缘几乎都会带有光的反射，这便显出的就是一种浅色色调，遇到高调底色时，人眼几乎看不出来；但配合低调底色使用时，浅色的发丝边缘怎么看都不会太舒服，显得有些假，目前还没有更好的方法完全解决这个问题，只能在使用中通过多种工具的配合来让发丝与背景相融合。

因此，同一张抠图要想适应不同格调的背景色，必须经过再次加工。

第四节　含菁咀华　小有成就

在向“高手”阶段进发的路上，需要增加一些学习上的难度了。从本节起，我们之前曾经操作过的菜单、命令、工具、模式等，在例图中都不再做文字标示，只标出红色线框提醒注意；少数未曾接触过、比较特殊的操作才会加上文字标示。

一、制造神奇（精彩特效）

1. 高反差效果

高反差照片效果在表现“酷”效方面很受欢迎，这种方式可以很好的隐去照片中的过渡层次，颜色相对简单单纯、令人印象深刻，尤其是应用于人像照片时更能够起到突出五官和形体的特点，增强画面的艺术感染力同时还带上了一层怀旧气氛。

到底要什么程度的高反差效果，个性见解差异很大。我们尝试两种方法来实现高反差效果，一定要认真对比最后的效果并思考今后的做法。

（1）简单方法实现高反差效果照片

有时重复几个极其简单的操作就能完成一种特殊效果的制作。

① 打开“彩妆模特02”，画面细腻人物靓丽，照片本身没什么问题，可我们偏偏要为她制造一个很酷很硬的效果。

② 复制“背景图层”，改名“第1次反差”，然后将【图层选项板】上的【图像混合模式】选择为【叠加】，立刻，原本层次清晰分明的照片缺失了相当一部分中间层次，明暗两极分化明显了（图2-4-1）。

图2-4-1　第1次【叠加】图层

③ 复制图层“第1次反差”，新图层该名为“第2次反差”，图层自带【叠加】模

式，可以看到原本亮部和暗部还剩下的一些层次细节再次减掉了一大部分，整片的反差更大了（图2-4-2）。

图2-4-2 第2次【叠加】图层

④ 再次复制图层“第2次反差”为“第3次反差”，所剩的层次细节越来越少了，明暗反差极其明显。

⑤ 当然我们可以依次再搞出个图层“第4次反差”，这就看自己需要制作出什么样的高反差效果了。

⑥ 在【图层选项板】中从上往下依次隐藏每个图层，最终决定自己保留哪种程度的高反差效果并保存修改后的照片（暂且命名为“高反差效果01”吧）（图2-4-3）。

这种非常简单的制作高反差效果的方法，虽然不够细致，但是在户外广告以及宣传单方面使用率还是比较高的（因为这些广宣手段在制作时本身就会丢失一些中间层次的细节）；如果单纯是在特效照片方面的需要，就需要大家多注意后面的示例了。本例的目的不光是尝试一下这种非常简单的方法，同时还要多感受一下【叠加】这种模式起到的作用。

原片

第1次【叠加】

第2次【叠加】

第3次【叠加】

图2-4-3 不同高反差效果对比

（2）转换高反差黑白照片

① 重新打开上例照片，复制“背景图层”为“第1次去色”；点击【菜单栏】—【图像】—【调整】—【去色】（图2-4-4）。

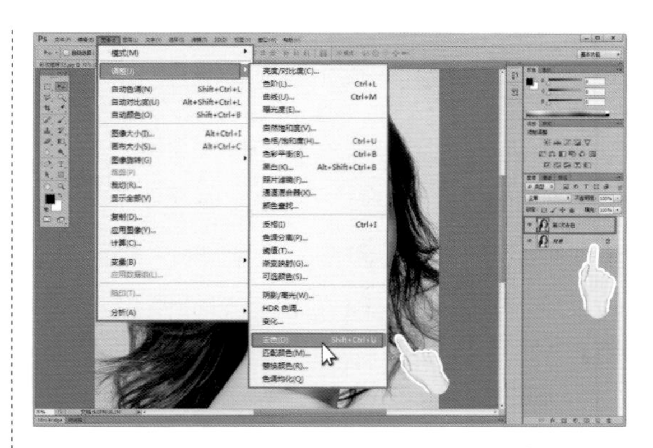

图2-4-4 复制图层并执行【去色】

② 复制“第1次去色”图层，改名“第1次高反差保留”；点击【菜单栏】—【滤镜】—【其它】—【高反差保留】（图2-4-5）。

图2-4-5 选择【滤镜】—【其它】—【高反差保留】

③ 在弹出的【高反差保留】窗口中，设置【半径】为“10”（仅为本例需要数值）（图2-4-6）。

图2-4-6 设置【高反差保留】参数

④ 将“第1次高反差保留”图层的【图像混合模式】选择为【叠加】，【不透明度】保持“100%”不变（图2-4-7）。

如果这是我们对比着第1次去色后的图片观察效果，会看到反差效果很不一样，尤其是发丝部分，具有了相当的清晰度，“丝丝可见”。

⑤ 按 Ctrl + Shift + Alt + E 键合并所有可见图层（“盖印可见图层”），新图层起名为“第1次完成”；注意，合并后的图层【图像混合模式】是【正常】（图2-4-8）。

图2-4-7 第1次高反差保留

图2-4-8 合并（盖印）所有可见图层

⑥ 复制“第1次完成”图层位“第2次高反差保留”；再次执行【滤镜】—【高反差保留】，因为与上次的参数是一样的，所以只要点击【滤镜】菜单中最上面由PS自动保留的最后一次带参数的命令（【高反差保留】）即可（图2-4-9）。

图2-4-9 第2次执行【高反差保留】

⑦ 将“第2次高反差保留”图层的【图

像混合模式】选择为【叠加】,【透明度】。

⑧ 点击【图层选项卡】下面的◐【创建新的填充或调整图层】，选择【色阶】，创建了新的带蒙版的图层“色阶”；在弹出的【属性】窗口中，适当调整亮部和中间部的参数，效果如图（图2-4-10）。

⑨ 折叠【色阶属性窗口】，多次观察完成的效果。

如果想要得到反差更大的效果，多次执行⑤～⑥步骤即可，全看各人的需求；如果不执行【去色】的步骤，那么你就可以制作一张高反差效果的彩色照片（图2-4-11）。

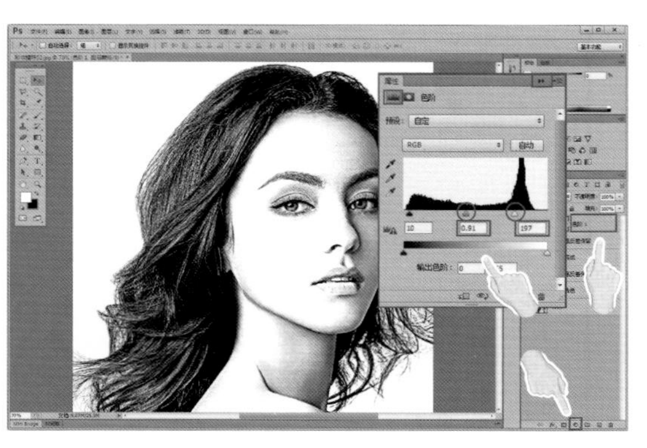

图2-4-10 【创建新的填充或调整图层】—【色阶】

原片

去色效果

高反差效果

图2-4-11 完成效果对比

小贴士：【高反差保留】的主要作用　　重要度：★★★★

通过实际操作我们体会到，【高反差保留】要配合图层的【图像混合模式】的使用才有实际效果；主要是将图像中颜色、明暗反差较大两部分的交界处保留下来，比如照片中人像的轮廓线以及面部、服装等有明显线条的地方会被保留，而其他大面积无明显明暗变化的地方则生成接近于中灰；并且多次叠加后，不仅明暗反差部分更为明显，中灰部分也会逐渐减少。

因此，利用这种特性，对于轻度模糊（失焦）的照片，将【高反差保留】中的【半径】参数设置为一个较低的数值（如“1”左右，视原片大小而定），就可以实现提高图像清晰度的效果（【叠加】与【柔光】两种图像混合模式是使用率比较高的两种方法）。学习完此例，同时也就掌握了一种将轻微失焦照片调清晰的方法。

2.滤色镜效果

说到滤色镜，相信大家一定不陌生，其中一个作用就是为拍摄进行色彩补偿，但是如果拍摄的时候并没有使用任何滤镜，又想让照片呈现一些特殊的效果，该如何操作？

（1）打开照片“泰姬陵07”，这是一张挺不错的印度泰姬陵的照片，天空湛蓝透亮，很工整，但似乎还是让人觉得略平淡了些，只能算是普通的旅游照。我们可以依靠后期来模拟达到使用滤色镜的效果，渲染出一个神秘的特殊的气氛。

（2）复制背景图层为“滤色镜上半部分”；然后点击【图层选显卡】下部的【创建新的填充或调整图层】，在弹出的菜单中选择【照片滤镜】（图2-4-12）。

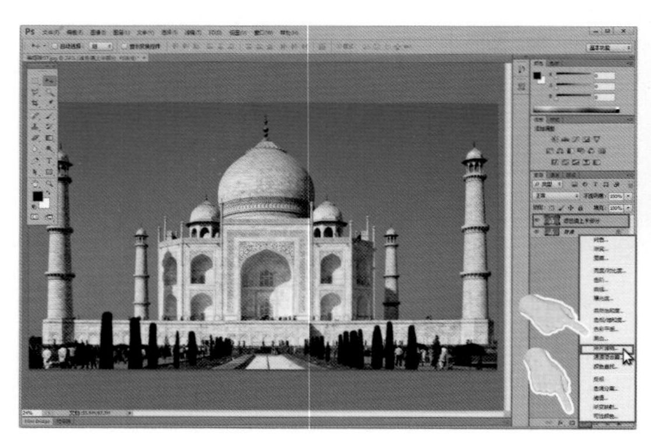

图2-4-12　选择【创建新的填充或调整图层】—【照片滤镜】

（3）首先点选【照片滤镜】属性窗口中部的【保留明度】，然后点【滤镜】，并在其右侧下拉菜单中选取【深红】，通过预览可以看到照片被蒙上了一层朦胧的红色，调节下面的【浓度】调节滑块到一个喜欢的颜色效果（图2-4-13）；本例我们让天空呈现紫罗兰色，点击确定后折叠属性窗口。

（4）操作到这里还没有结束，因为我们并不希望建筑物是洋红色的效果；再次复制“背景”图层（不要复制错），改名“滤色镜下半部分”，并把这个图层拖动到最上层；

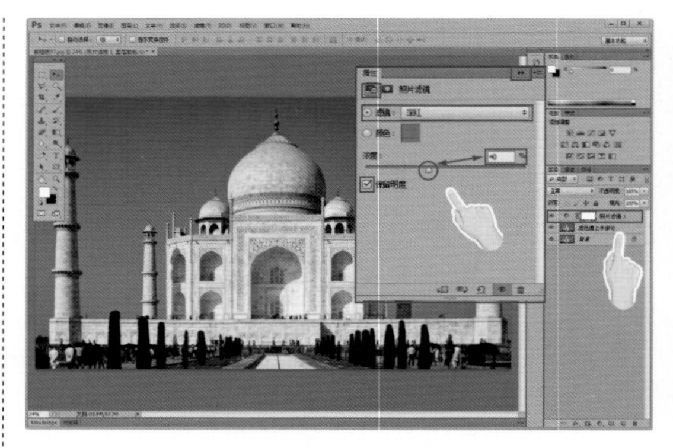

图2-4-13　调整【照片滤镜属性窗口】参数

（5）点击【菜单栏】—【图像】—【调整】—【照片滤镜】（图2-4-14）。

图2-4-14　选择【图像】—【调整】—【照片滤镜】

（6）在弹出的【照片滤镜】窗口中【滤镜】右侧的下拉菜单中选取【加温滤镜85】，并调整【浓度】到适合的位置（本例数值只做练习参考）（图2-4-15），注意观察预览结果，宫殿外墙显示出一种黄昏阳光照射的效果，完成点击【确定】。

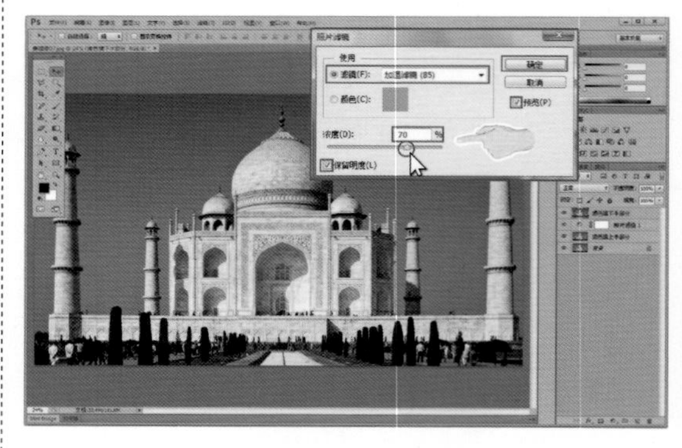

图2-4-15　调整【照片滤镜】窗口内的参数

（7）点击【图层选项卡】下部的■【添加图层蒙版】，为“滤色镜下半部分”图层添加了一个蒙版，注意在我们添加图层蒙版时，前景/背景色自动变成了前白后黑（图2-4-16）。

图2-4-16　建立【图层蒙版】

（8）点选【工具栏】—■【渐变工具】；选择上部【选项栏】的【线性渐变】图标，然后点击【选项栏】上的【渐变编辑选项】右侧的▼，选择第一个【前景色到背景色渐变】（稍等一会儿，会在鼠标光标处出现黄底黑字的名称），其他如图（图2-4-17）。

（9）在【图像编辑窗口】中，按Shift+左键，从上到下拉出垂直渐变；现在看到的照片上半部呈现的是我们第③步调出的紫罗兰色的天空，而下半部则是刚刚调出的近似黄昏时的建筑物颜色，看起来效果还不错吧（图2-4-17）。

图2-4-17　使用【渐变工具】拉出线性渐变

（10）最后可以适当调节一下图层的【不透明度】，完善最终效果。

对比观看效果时，我们从上往下依此关闭图层的◉，两次运用【照片滤镜】进行滤色镜调色的结果变化还是比较明显（图2-4-18）；当然建议再尝试一下，选用不同颜色的滤色镜组合都会产生哪些效果，细想一下，如果外出拍摄时把这些滤镜带齐了，需要多大的一个摄影包呢？

图2-4-18　完成效果对比

3.数字景深效果

在学习摄影的过程中，我们已经了解了景深的神奇作用，但是实际拍摄中，有时机会稍纵即逝，因此常常先利用大景深来确保拍摄的成功，这样就只能利用后期完成当时没能达到的一些设想。

（1）场景模糊效果

① 打开照片“红场阅兵04”，小伙子们个个很精神，但是现在我们需要只让左边第三位帅兵小哥在景深中保持清晰的效果。

复制背景图层，改名“场景模糊制造景深”。

② 点击【菜单栏】—【滤镜】—【模糊】—【场景模糊】（这是从PC CS6开始新增加的功能）（图2-4-19）。

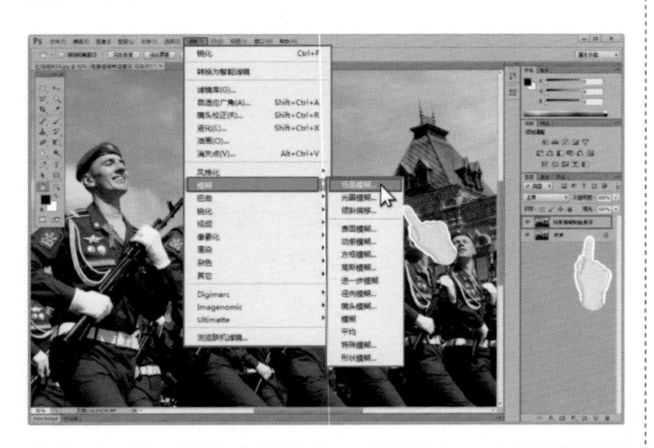

图2-4-19　选择【滤镜】—【模糊】—【场景模糊】

③ 弹出【场景模糊/光圈模糊/倾斜偏移】工作窗口，这是一个全工作区的窗口。

点选窗口上部【选项卡】中的【高品质】和【预览】；并在窗口右侧，我们确保只勾选【场景模糊】，其他2种模糊不勾选。

刚进入这个窗口，PS自动为我们在照片中间添加了一个模糊定位点◎（这表示是当前定位点）和一个参考模糊值，因此看到的照片是模糊的，这不影响继续操作，如果实在觉得眼睛不舒服，单击【场景模糊】左侧的▼，将弹出的【模糊】滑块滑动到最左端“0”的位置，照片就清晰了。

④ 鼠标移动到的模糊定位点的中间，光标变成▶，点住左键将它拖动到左起第3个士兵脸颊左下方，【模糊】数值为“0”（图2-4-20）。

图2-4-20　进入【场景模糊】窗口移动设置第1个模糊定位点

⑤ 鼠标移动到画面中，不在定位点时，一直是个带加号的按钉，表示随时可以添加定位点；我们在左起第1、2两位士兵脸部中间点鼠标左键，设置第2个模糊定位点，【模糊】数值为“15”；如果觉得左起第2个士兵脸部还是太清晰了，就用鼠标左键点住这个定位点的中心，把它向右略拖动一点，直到满意为止（图2-4-21）。

图2-4-21　添加并设置第2个模糊定位点

请注意，这时第1个模糊定位点变成了◉，也就是其他点，只有点击这个图标后，才能变成为当前定位点◎。

⑥ 再在第4位士兵脸部右侧设置第3个定位点，【模糊】数值同样为“15”（图2-4-22）。

⑦ 参考图例，将其他定位设置好；【模糊】数值均为“25”（图2-4-23）。

图2-4-22　添加并设置第3个模糊定位点

每个定位点都是可以拖动的，如果不需要这个定位点了，用鼠标左键点击一下它的中心点，然后点击 Delete 键即可删除。

图2-4-23　添加并设置其他模糊定位点

⑧ 点击【确定】完成操作，对比看看效果吧（图2-4-24），仔细观察，是否注意到，远近的模糊程度是不一样的？

原照片

【场景模糊】完成后

图2-4-24　完成效果对比

小贴士：　　重要度：★★★★

【模糊度】不仅仅可以通过拖动滑块或输入数值实现，单击了模糊定位点后，鼠标指针进入到模糊定位点靠近外圈的地方时，点住左键然后顺时针或逆时针拖动，可以看见模糊定位点外圈会出现一个变化的白圈，这也是在修改【模糊度】（当模糊度是“0”时，外圈没有白色；当模糊度全满时，外圈完全是白色）。

在PS CS6之前，通常采取的方式是复制图层后用【滤镜】进行模糊操作，再建立蒙版，并将中间的人物擦除出来；或者是将中间的人物抠出复制在新图层，在将底层的整片模糊操作；这些方法一直使用了很久，缺点是抠图工作量大、不够精细，清晰与模糊区域的过渡不自然，上下左右远近的模糊程度不一样，需要多次操作，且过渡仍旧不自然；现在有了【场景模糊】一切简单多了。

（2）光圈模糊效果

继续使用刚才的例子；

① 隐藏“场景模糊制造景深”图层，复制“背景”图层，起名为“光圈模糊制造景深”。

② 点击【菜单栏】—【滤镜】—【模糊】—【光圈模糊】（图2-4-25）。

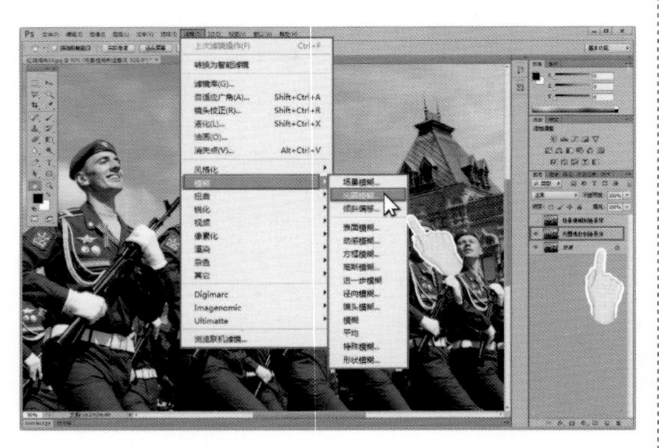

图2-4-25　选择【滤镜】—【模糊】—【光圈模糊】

③ 弹出【场景模糊/光圈模糊/倾斜偏移】工作窗口，点选窗口上部【选项卡】中的【高品质】和【预览】；并在窗口右侧，只勾选【光圈模糊】，其他2种模糊不勾选（图2-4-26）。

图2-4-26　打开【光圈模糊】窗口

④ 这里，PS已经在照片中间添加了一个模糊定位点（这表示是当前定位点）和一个参考模糊值“15”，我们调节到“25”。

a. 鼠标移动到模糊定位点的中间变成，点住左键将模糊定位点移动到画面中间位置。

b. 在画面中我们看到最外圈是一个椭圆形的圆圈，在这个圆圈外是模糊的，这是刚才设置的模糊值产生了作用；外圈上有4个白色小方块，呈十字对称分布，鼠标接近这里时，会变成，这时点住左键可以顺时针或逆时针对圆圈进行旋转；如果是垂直或水平移动，则可以改变椭圆的半径，甚至可变成正圆形。

c. 鼠标接近圆圈时，会变成，这时点住则可以拖动改变圆圈也就是模糊范围的大小。

d. 外圈右上部还有一个大一些的白色方块，左键点住这个方块拖动可以改变外圈的圆角角度，可以从椭圆到圆角矩形之间进行变换（图2-4-27）。

图2-4-27　认识模糊范围设定

e. 模糊定位点与圆圈之间还有4个白色小圆形，也是呈十字对称分布，鼠标左键点住其中任意一个拖动，都可以改变4个小圆形圈定范围的大小。

仔细观看会发现，在外面圆圈与小圆形范围之间，是从清晰到【模糊度】的逐渐过渡，这是一个过渡空间，与两者之间距离大小有关，距离越大，过渡越自然，反之则比较生硬。

我们拖动最上方的模糊过渡调节点到左手第3个士兵头部正上方大约半个头的高度

位置，左侧的士兵脸部基本是清晰范围内（图2-4-28）。

⑤ 本例的【模糊值】设定的是“25”；这时通过预览可以看到只有左起第2个到第5个士兵共4人是清晰的，其他人都是模糊的，并且模糊的程度也不一样；点击【确定】完成【光圈模糊】设置，电脑经过一番计算后完成效果（时间视电脑配置而定），让我们看一下（图2-4-29）。

图2-4-28　认识模糊过渡范围设定

原照片

【光圈模糊】完成后

图2-4-29　完成效果对比

小贴士：　重要度：★★★

比较有意思的是，【光圈模糊】同样可以添加多个模糊定位点，并且每个定位点都可以分别设置不同的光圈大小和模糊过渡范围，大家当然可以试一试一张照片里有多个不同景深的效果，也许将来某些特殊场合需要用到。当然，这肯定是用相机无法实现的。

（3）倾斜偏移模糊效果

① 隐藏“光圈模糊制造景深”图层，再一次复制“背景”图层，起名为“倾斜偏移模糊制造景深”；

② 点击【菜单栏】—【滤镜】—【模糊】—【倾斜偏移】（图2-4-30）。

③ 弹出【场景模糊/光圈模糊/倾斜偏移】工作窗口，在窗口右侧，只勾选【倾斜偏移】，其他2种模糊不勾选（图2-4-31）。

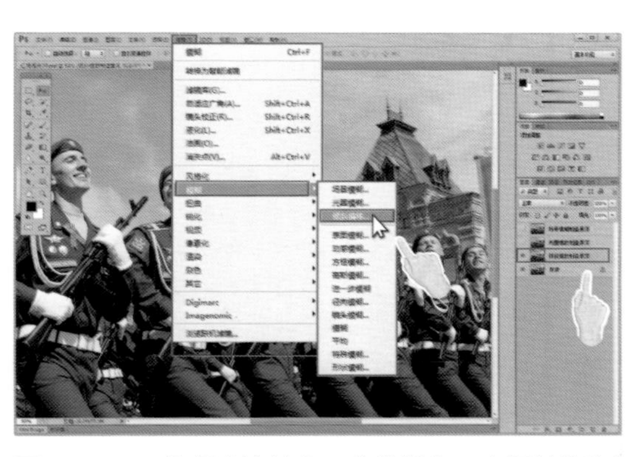

图2-4-30　选择【滤镜】—【模糊】—【倾斜偏移】

图2-4-31　打开【倾斜偏移】窗口

④ PS同样在照片中间添加了一个模糊定位点（这表示是当前定位点）和一个参考模糊值“15”，我们调节到“25”。

a. 鼠标移动到的模糊定位点的中间，光标变成后点住鼠标左键可以移动模糊定位点。

b. 在画面中我们看到模糊定位点上下分别各有1条实心白线和1条白色虚线，加起来是4条线。

c. 两条实心白线中间各有一个小的白色实心圆形，鼠标接近这里时，会变成，这时点住主表左键向右拖拽可以顺时针旋转所有4条线（实线与虚线），向左拖拽则逆时针旋转。

d. 实线白线与虚线之间的区域就是模糊过渡区域，接近模糊定位点逐渐清晰，接近虚线逐渐模糊。

e. 鼠标接近实心白线时会变成，这时可以上下拖动实线来调整画面清晰范围，并且临近的虚线跟随实心线一同移动（图2-4-32）。

图2-4-32　认识实心白线

f. 白色虚线外面是模糊的，这是设置的模糊值产生了作用；鼠标接近虚线时会变成，这时可以上下拖动虚线（实心线不随动）；即可以调整虚线外部的模糊范围，同时也调整了虚线与实心线之间的模糊过渡区域范围；每次只能调节1条虚线，这也使得两条虚线外的模糊区域可以各有各的大小（图2-4-33）。

图2-4-33　认识虚线

⑤ 本例首先设置【模糊】值为“25”；然后将模糊定位点移动到左起第3个士兵的脸部中央；接下来向右顺时针拖拽实心线，让线条角度与队列人脸的斜线角度基本一致。

⑥ 分别拖动白色实心线接近士兵的头部，只让头脸部分处于清晰范围内；

⑦ 向下拖动最上面的虚线，减小模糊过渡区域；稍微向上拖动最下面的虚线，适当显小身体到腿部的模糊过渡区域。

4条线的位置基本如图例（图2-4-34）。

图2-4-34　倾斜并调整模糊区域

⑧ 点击【确定】完成设置后观察一下完成的效果吧，看是不是这一排小伙子的脸都是清晰的，而他们的身体和背景部分都是模糊的（图2-4-35）。

在制作斜向区域模糊效果时，【倾斜偏移】确实非常方便；我们也同样可以通过增加模糊定位点来在同一张照片内制造多个倾斜模糊的效果，虽然这种机会很少。

图2-4-35　完成效果对比

4.反转片负冲的特效

早在胶片年代，反转片负冲就颇受摄影师的喜爱，这样得到的照片色彩艳丽，反差偏大，景物的红、蓝、黄三色特别夸张，更具色彩方面的表现力，其色调的夸张表现是彩色负片所不及的，但在层次表现方面有损失，因此主要适用于人像摄影和部分风光照片，为的是使其反差强烈，主体突出，色彩艳丽，使照片具有独特的魅力。

只有接触过胶片相机的人才有机会去冲印店感受一下反转片负冲是什么样的感觉，而用电脑制作反转片负冲也很难说出最标准的效果，现在我们要操作的这个过程是经过很多摄影师后期调试后与实际用胶片做相对“标准”的负冲得到的照片相比较，最接近的效果，因此不必追究其中数值的原理，只要像下棋一样死记这个“定式”，然后在此基础上再去发挥。

（1）打开照片“塔桥夜色”，复制“背景”图层为“反转片负冲”（图2-4-36）。

（2）单击【图层选项卡】旁边的【通道选项卡】，选择名为“红”的通道，再点击【菜单栏】—【图像】—【应用图像】，弹出【应用图像】窗口，将【混合】模式选定为【颜色加深】，其他不用动，点击【确定】（图2-4-37）。

图2-4-36　打开并复制“背景”图层

图2-4-37　选择【图像】—【应用图像】并调整红通道参数

（3）按上面的方式，选择名为“绿”的通道，点出【应用图形】窗口，将【混合】模式选定为【正片叠底】，下面的【不透明度】设为【20】%，点击【确定】（图2-4-38）。

图2-4-38 选择【图像】—【应用图像】并调整绿通道参数

（4）继续选择名为“蓝”的通道，点出【应用图形】窗口，【混合】模式保持【正片叠底】，【不透明度】设为【50】%，点击【确定】（图2-4-39）。

图2-4-39 选择【图像】—【应用图像】并调整蓝通道参数

（5）选择“RGB”通道，点选【图层选项卡】回到图层状态，是不是看到照片已经发生了很大的变化？我们继续点击【图层选显卡】下面的【创建新的填充或调整图层】，选择【色阶】，弹出了【属性】窗口并且新建了一个名称是“色阶”的当前图层。

（6）点击窗口中直方图上面的选项框（通道选择）右侧的，选择【红】，在直方图下面的3个数值框内分别输入：【50】、【1.28】、【255】；

依此选择【绿】，在3个数值框内分别输入：【46】、【1.38】、【220】；

最后选择【蓝】，在3个数值框内分别输入：【20】、【0.78】、【150】；

在我们输入数值的同时，【图像编辑窗口】内的照片一直在跟随着发生变化；点击窗口右上角的【▶▶折叠窗口】，完成【色阶】的操作（图2-4-40）。

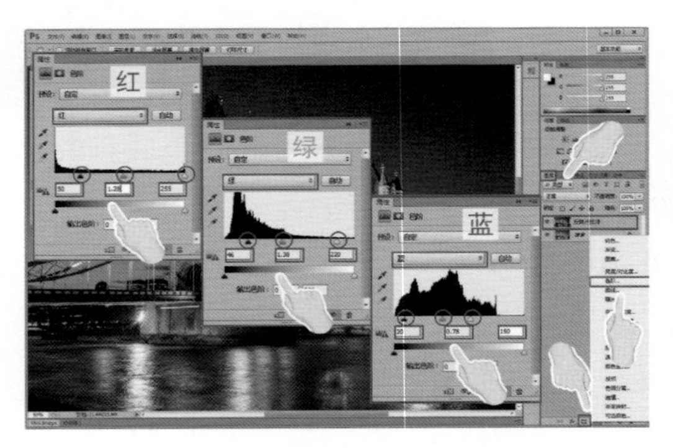

图2-4-40 【创建创建新的填充或调整图层】—【色阶】并调整通道参数
（本图将三条通道调整在同图展示，请忽略预览效果）

（7）保持当前图层，点击【图层选显卡】下面的【创建新的填充或调整图层】，选择【亮度/对比度】，弹出【属性】窗口并建立了“亮度/对比度”新图层；将【亮度】设置为“–10”～“–14”之间；【对比度】设置为“8-12”之间（图2-4-41）。

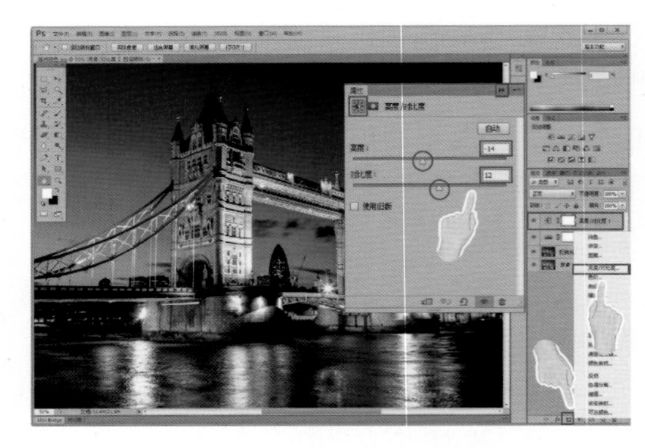

图2-4-41 【创建新的填充或调整图层】—【亮度/对比度】

（8）保持当前图层，点击【图层选显卡】下面的◐【创建新的填充或调整图层】，选择【色相/饱和度】，在弹出【属性】窗口将【亮度】设置为“–10”～“–14”之间；【对比度】设置为“8～12”之间，完成后折叠窗口。

（9）至此完成这张照片的“反转片负冲”效果的操作，确实需要认真对比观察一下前后的差别（图2-4-42）。

原片

调整后

图2-4-42 完成效果对比

这样操作实现的“反转片负冲”因为效果较好，被称作是“正宗”的操作步骤，好学的读者会寻找其他教材来加强巩固知识，可能会发现我们这里最后少了一步增加“色相/饱和度”并将饱和度修改为“15”～“17”之间数值的操作。确实，绝大多数的教程里都有这一步，可能因为这个“定式”已经存在好几年了，而现在的显示卡和显示器令细节更加细致了，我们经过多次实践还是决定不再采用这最后一步操作，以确保不丢失颜色过渡（用本书的图例会更加明显）；当然，有兴趣的话，还是可以尝试一下这最后一步看看有什么不同。

小贴士： 重要度：★★★

反转片负冲，就是将正片（反转片）胶片使用了负片胶片的冲洗工艺后得到的一种色彩很奇怪的与众不同的效果。对比正常照片会发现，这样冲洗出来的照片，亮部与暗部都呈现严重的蓝绿色调，中间调的部分色彩饱和度非常高。

偏偏是这种效果成为了一批摄影人追求特殊效果的方式之一。

对于数码相机来说，就没有什么正片负片之分了，少数数码相机上具备的“正片”、“反转片”、“胶片模式”、“浓郁色彩滤镜”等功能，从目前看也就是添加了一些带计算的小程序实现的特殊效果，但效果却是还不尽如人意。而在PS中，摄影人还是可以很接近实际效果的来实现“反转片负冲”的，并且调控颜色的自由度也更大，可发挥性也更大。

除了上述示例之外，在PS中还可以使用【曲线】、【渐变映射】、【变化】等多种方式来实现所谓的“负冲”效果，操作虽然都不复杂，但需要操作者本人对“负冲”这种特殊色调具有很高的把握程度，因此本书暂略过。

5. 制作动感效果照片

（1）【径向模糊】制造动感照片

打开示例照片“争先”，3个自行车运动员骑车迎面冲来，照片人物比较清晰，远处景深以外是模糊的，但没什么亮点，怎么才能让他们动起来有一种冲刺的感觉。

方法1：【径向模糊】+擦除法

① 先复制“背景”图层，命名“径向模糊动感—擦除”（图2-4-43）。

图2-4-43　打开文件并复制“背景”图层

② 点击【菜单栏】—【滤镜】—【模糊】—【径向模糊】，弹出【径向模糊】窗口（图2-4-44）。

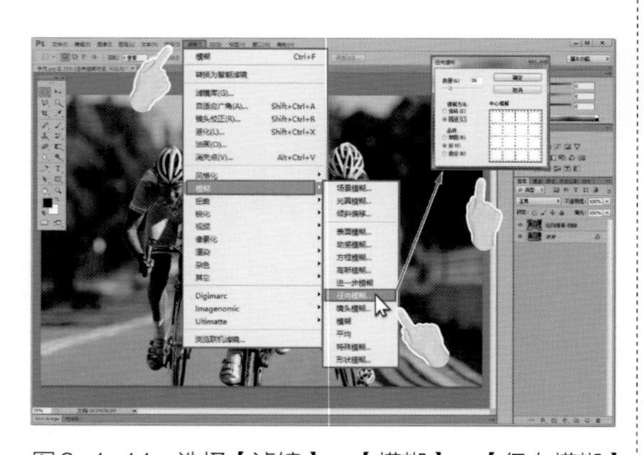

图2-4-44　选择【滤镜】—【模糊】—【径向模糊】

③ 这个滤镜一直有个遗憾，那就是没有“预览”效果，只能依靠自我判断和经验了；这里我们设置【数量】为“20”、【模糊方法】为“缩放”（缩放其实就是一种从中心点向外放射的效果）、【品质】为“好”（也可以将【品质】设置为“最好”，不过当你点击【确定】后，可能要多花上十几倍的计算时间）。

④ 窗口右侧是【中心模糊】的焦点位置，通常都是在中间，本例需要中间偏上，因此我们将鼠标指针移动到中间偏上的位置（大致在中间运动员的脸部），有两种方法。

方法2：左键点住【中心模糊】的中心黑点，移动到合适的位置后松开鼠标。

方法3：在【中心模糊】想要的位置上点住鼠标左键微微一动即松开。

这样确定的位置点就成了径向模糊新的中心焦点，“十字线”就是从这个点开始的（图2-4-45）；点击【确定】就完成了制造动感的操作。

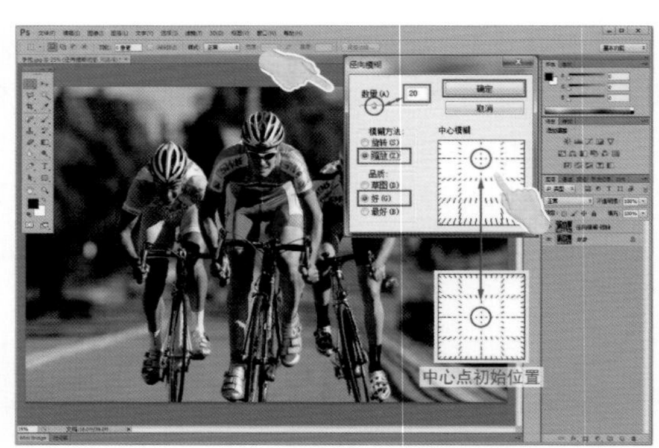

图2-4-45　调整【径向模糊】窗口参数

看起来操作挺简单的，现在就可以对比着看一看效果了，是不是已经有了一种向前冲刺的动感效果（图2-4-46）。

可是有些时候，我们还希望中间的人物更完整清晰度更高些，那就需要继续下面的操作。

⑤ 选择当前图层“径向模糊动感—擦除”，点击【图层选项板】下面的【添加图层蒙版】，这时【工具箱】最下面的颜色选项自动变成前景白色/背景黑色。

原照片

【径向模糊】效果

图2-4-46 【径向模糊】完成效果对比

⑥ 点选【工具栏】—【橡皮擦工具】，选择带柔边的画笔，并把【硬度】调整到【20%】左右，这样做的目的是随后擦除出来的画面的边缘是模糊羽化的，而不是清晰硬朗的，那样会很虚假（图2-4-47）。

⑦ 擦除操作最好配合【缩放工具】使用，只有在放大状态下才能擦除的更准确精细；随时调整橡皮擦的大小，点住左键在中间人物的身上涂抹，涂抹区域看自己的观点，不过千万不要把这个人物的整个边缘都涂抹的太过于锐利清晰了，保留一小部分边缘最好，效果更逼真。

随着逐渐擦除，我们也能看到在【图层选显卡】中当前图层的蒙版缩览图里，也显示出黑色被擦除的部分，并随着操作逐渐增加（图2-4-48）。

图2-4-47 选择【橡皮擦工具】

图2-4-48 将中间人物从蒙版上擦除出来

⑧ 现在看看吧，这追风一样的速度感和原来的照片还一样么？相比之下比只用【径向模糊】的效果更能让人接受（图2-4-49），当然，这还要看个人的喜好和照片使用的目的。

小提示： 重要度：★★★★

如果擦除涂抹的效果不是很满意，当然可以一步一步撤销操作；不过，【添加矢量蒙版】最大的好处就是，如果感觉效果不好并且需要撤销的步数太多，干脆直接在图层上的白色蒙版方块上点击右键，选择【删除图层蒙版】就可以；然后我们再重新为图层增新【添加矢量蒙版】重新擦除就好了。

如果在之前执行擦除操作前不小心点中了"径向模糊动感"的缩览图而不是白色蒙版方块，虽然你擦除画面后得到的结果是一样的，可如果不满意，那你可就要重新进行这个图层的整个操作了，因为蒙版上什么都没有。

【径向模糊】　　【径向模糊】+擦除

图2-4-49 【径向模糊】与【径向模糊】+擦除效果对比

方法2：抠图+【径向模糊】法

对于有些要求景深范围内图像更细致清晰的制作，我们也可以运用下面的方法。为了方便对比，我们继续前面的实例。

① 点击"背景"图层，复制并命名为"径向模糊—抠图"；点住新图层，向上拖拽到最上第一层，同时隐藏其他图层（图2-4-50）。

图2-4-50 复制"背景"图层并拖拽到最上层

② 用已经掌握的方法将中间的运动员抠选成选区（适当设置羽化值，不要让边缘太过生硬尖锐，本例数值为"3"），按 Ctrl + J 键复制一个新的图层，改名"中间运动员"。

隐藏其他图层，观察抠图效果（图2-4-51）。

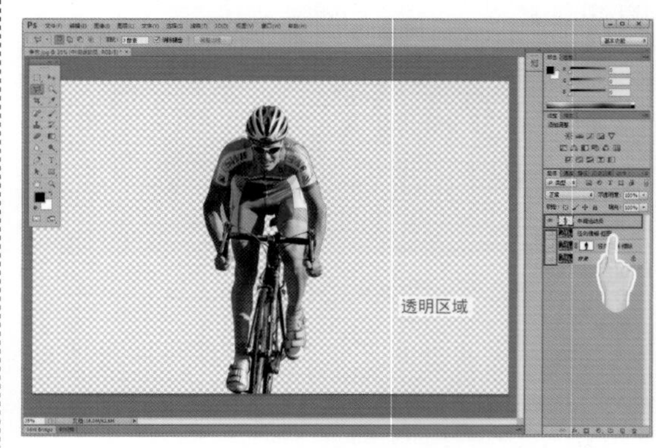

图2-4-51 观察完成的抠图

③ 显示下面的"径向模糊—抠图"图层，并点选为当前工作层。

④ 点击【菜单栏】—【滤镜】，因为刚才使用过【径向模糊】，PS已经自动记录为

【滤镜】的首选项，这次我们不需要对相关参数做任何改动，所以可以直接点击【径向模糊】(图2-4-52)。

⑤ PS很快计算完毕，呈现了完成的效果；最上面的“中间运动员”图层没有任何影响，下面的“径向模糊—抠图”图层进行了【径向模糊】的操作，对比一下看看，与【径向模糊】+擦除的效果一样好（图2-4-53)。

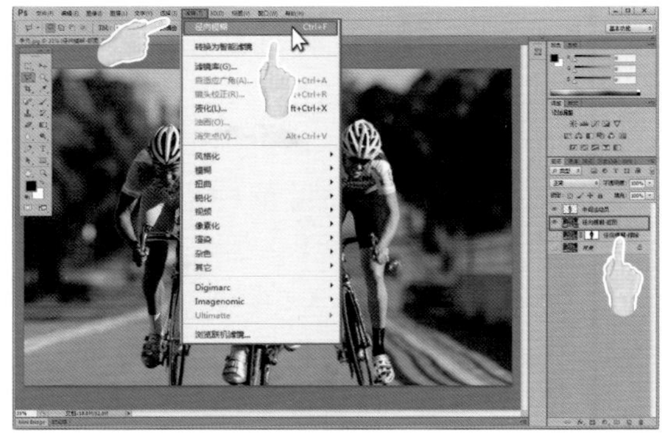

图2-4-52　直接执行【菜单】-【滤镜】-【径向模糊】

原片

【径向模糊】

【径向模糊】+擦除

抠图+【径向模糊】

图2-4-53　完成效果对比

小提示：　　　　重要度：★★★

使用抠图+【径向模糊】有一个好处：在执行【径向模糊】时，整个图像都具有了缩放（放射）效果，中间的人物的边缘也一样；如果我们不希望看到这种效果，只要完成抠图复制后，将“径向模糊—抠图”图层中的人物删除掉，再执行【径向模糊】就不会在人物的身边产生放射状虚边的现象了。

我们应该看到，使用抠图还有一个好处，就是如果需要实现不同程度的动态效果，只需如下操作。

① 再复制一个“背景”图层。

② 为新图层重新设置【径向模糊】参数。

③ 然后关闭其他无关图层。

那么【径向模糊】+擦除的方法遇到这种情况该如何？

① 再复制一个“背景”图层。

② 为新图层重新设置【径向模糊】参数。

③ 用鼠标左键点住已经完成了擦除工作的蒙版拖拽到新复制的图层。

④ 关闭其他无关图层。

否则，谁受得了一遍一遍擦除的工作量啊！

（2）动感模糊制作动感照片

前面学习的【径向模糊】制作动感照片的方法是针对制作迎面而来的动感，横向或斜向的运动效果要相对复杂一些，我们尝试一下：

打开照片“中国速度”，可是感觉不到风驰电掣的速度感，那就亲自动手制作一张与列车同速同向运动时拍摄的效果，让列车风驰电掣地飞奔起来。

① 复制“背景”图层，命名“动感模糊制作”（图2-4-54）。

图2-4-54 打开照片并复制“背景”图层

② 保持在“动感模糊效果”图层，用学习过的方法，将照片中的列车抠出，可以使用【羽化】值“3”来让列车边缘不至于过于尖锐；按 Ctrl + J 键复制抠出的内容，并起名为“列车”（抠图时要配合使用【缩放工具】，一定要细心，本例要把列车上部的电线杆抠除，尤其需要注意车身后部铁路桥上有2个人，也要抠除掉）。

隐藏下面的2个图层，观察一下抠图的效果（图2-4-55）。

图2-4-55 抠出列车并复制到新图层

③ 点选并显示“动感模糊效果”图层，如图勾选出铁路部分区域的选区，【羽化】建议为“15”（注意观察图例的红色透明勾选范围，实际勾选不需要非常准确细致）；按 Ctrl + J 键复选区的内容，改名“轨道区域模糊”，并将图层拖拽到“列车”图层的下方（图2-4-56）。

图2-4-56 勾选“轨道区域”选区

④ 选择【菜单栏】—【滤镜】—【模糊】—【动感模糊】（图2-4-57）。

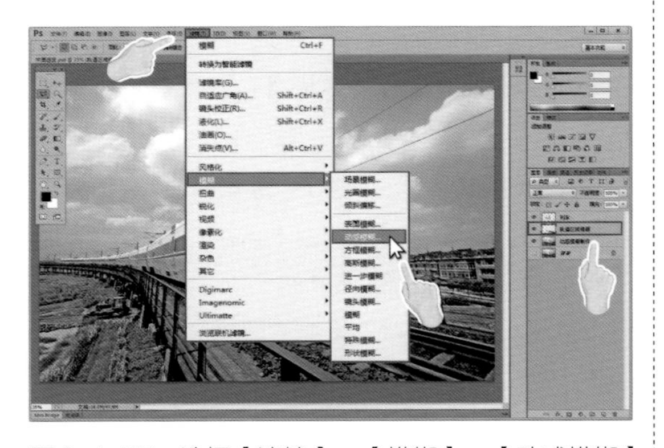

图2-4-57 选择【滤镜】—【模糊】—【动感模糊】

⑤ 弹出【动感模糊】窗口，点选【预览】，设置【角度】为“–19”、【距离】为“266”像素。

这样设置的原因是右前方的铁路与列车行进的方向一致。因此铁轨的运动轨迹也应该是一种比较清晰的线状的效果，所以我们按照列车与前方铁轨大约一致的运行角度进行了【角度】设置（图2-4-58）。

⑥ 点选“动感模糊效果”图层为当前图层，临时关闭上面的图层；如图勾选出列车右侧建筑物部分区域的选区，【羽化】不变；按 Ctrl + J 键复选区的内容，改名“建筑物区域模糊”，并将图层拖拽到“列车”图层的下方（图2-4-59）；显示刚才临时关闭的图层。

图2-4-58 进行“轨道区域”的【动感模糊】设置

图2-4-59 勾选“建筑物区域”选区

⑦ 选择【菜单栏】—【滤镜】—【模糊】—【动感模糊】；弹出【动感模糊】窗口，点选【预览】，设置【角度】为“–7”、【距离】为“280”像素。

这样设置是为了让右侧的桥栏杆与后面的建筑物群的模糊【角度】设置为沿着当前位置到照片最左侧远处焦点的方向，这样也一定程度上保证了栏杆上的横栏可以形成线状效果，符合视觉规律（图2-4-60）。

图2-4-60 进行“建筑物区域”的【动感模糊】设置

⑧ 点选“动感模糊效果”图层为当前图层，临时关闭上面的图层；如图勾选出列车左侧桥栏部分区域的选区，【羽化】不变；按 Ctrl + J 键复选区的内容，改名“左侧桥栏区域模糊”；显示刚才临时关闭的图层（图2-4-61）。

图2-4-61 勾选“左侧桥栏区域”选区

⑨ 选择【动感模糊】；在弹出【动感模糊】窗口点选【预览】，设置【角度】为“–28”、【距离】为“226”像素。

这样设置同样是为了让左侧的桥栏杆沿着当前位置向照片最左侧的远处焦点延伸，尤其是让宽扶手呈现出线状效果，符合视觉规律（图2-4-62）。

图2-4-62 进行“左侧桥栏区域”的【动感模糊】设置

⑩ 点选“动感模糊效果”图层为当前图层，临时关闭上面的图层；如图勾选出列车左侧桥下部分区域的选区，【羽化】不变；按 Ctrl + J 键复选区的内容，改名“左侧桥下区域模糊”；显示刚才临时关闭的图层（图2-4-63）。

图2-4-63 勾选“左桥下栏区域”选区

⑪ 选择【动感模糊】；在弹出【动感模糊】窗口点选【预览】，设置【角度】为“–36”、【距离】为“200”像素（图2-4-64）。

图2-4-64 进行“左侧桥下区域”的【动感模糊】设置

⑫ 我们来制作最后一个区域的动感模糊。点选“动感模糊效果”图层为当前图层，临时关闭上面的图层；如图勾选出列车左侧桥下部分区域的选区，【羽化】不变；按 Ctrl + J 键复选区的内容，改名“蓝天区域模糊”；显示刚才临时关闭的图层（图2-4-65）。

⑬ 选择【动感模糊】；在弹出【动感模糊】窗口点选【预览】，设置【角度】为“27”、【距离】为“40”像素。

图2-4-65　勾选“蓝天区域”选区

图2-4-66　进行“蓝天区域”的【动感模糊】设置

这样设置是因为天空距离很远，不可能像其他近处的物体那样快速运动，假设拍摄时的运动速度非常快，天上的云朵也最多是微微有些模糊而已；远处的电线杆也是类似的情况（图2-4-66）。

至此，本例的动感效果就算完成了，大家在实际操作的过程中应该思考一下，为什么我们要分成那么多区域进行【动感模糊】的操作？

为了有助于大家对问题的思考，我们最后对比看看制作的效果（图2-4-67）。

原片

【动感模糊】一次完成

本例完成效果

图2-4-67　完成效果对比

小提示：　　重要度：★★★★

前面给大家提出的问题，下面解答一下。

使用【动感模糊】虽然可以调整角度，但是只能制作完全平行的模糊效果。除非是完全横向水平的照片，像本例这样角度的照片。如果制作【动感模糊】就必须遵守视觉构成规律，也就是视点在远处焦点聚合，因此完全平行的制作方式就不可以了，所以需要分区域分别调整角度。

由于远近距离的不同，需要形成的动感效果也就不同，这是我们设置不同【距离】像素的原因；最容易被忽略的是天空上的白云和飞机，别忘了，即便是完全水平的照片制作这样的动感效果，这些白云或飞机因为相对运动速度很慢，所以绝对不可能制作成一样的模糊效果，也必须分区域处理，这一点在很多教程里都是被忽略了的，天空中的白云被模糊的惨不忍睹的情况时常见到，这很不应该，很容易被分辨出这类照片是否经过PS。

二、有容为大（增效模块Camera Raw基本使用方法）

十年前，在单反数码相机上诞生了RAW格式文件，这种文件包含了原照片文件在传感器产生后，进入照相机图像处理器之前的一切“未经处理”的照片信息。这样就可以通过一些特定软件对RAW格式的照片进行处理了。

这些软件提供了对RAW格式照片的锐度、白平衡、色阶和颜色的调节，尤其特别适合新手补救拍摄失败的照片，而且无论在后期制作上有什么改动，相片也能无损地回复到最初状态。并且由于RAW拥有12位数据，可以通过软件从图片的高光或昏暗区域榨取照片细节（这就是针对抢回暗部细节缺失而在数码摄影流传的曝光“宁欠勿过”的原因），这些细节是不可能在每通道8位的JPEG或TIFF图片中找到。

最初由于照相机品牌和型号的不同，它们输出的RAW格式也不同，处理照片时就必须使用厂家提供的专门软件（表2-4-1）。

表2-4-1　各品牌相机与各自的RAW格式

品牌	佳能	尼康	宾得	索尼	富士	美能达	松下	奥林巴斯	柯达	适马
文件后缀	crw cr2	nef	pfx pef	arw	raf	mrw	Rw2	orf	kdc	X3f

这众多各自为战的文件格式同时也为图像处理带来了诸多不便。

作为专业图像处理软件，PS从CS版开始，逐步增加、改进增效模块Camera Raw，使我们可以在一个软件里来处理多个品牌、多个型号的照相机输出的RAW照片，虽然还不能为每一种厂家的文件提供最全面的RAW处理设定，但PS还在不断更新升级Camera Raw，力求完美解决RAW的兼容性问题并及时支持读取新型号相机所拍摄的RAW格式的照片，克服这个限制RAW格式发展的最大障碍。

现在正式接触Camera Raw。

1. 安装与调用滤镜

（1）在PS CS6中，已经包含了Camera Raw.插件，但是版本并不高，一般是7.0的，很多新款相机的压缩格式是打不开的，因此需要安装比较新的版本；

（2）通过合法网站下载所需的Camera Raw插件版本，一般都是压缩文件；我们当然推荐登录Adobe官方网站http://www.adobe.com；

（3）解压下载的压缩文件；

（4）在解压后的文件中找到“Camera Raw.8bi”，复制后将其拷贝到电脑中的相应目录中，覆盖原来的文件：

PS CS6-32位：

“../Program Files（x86）/Common Files/Adobe/Plug-Ins/CS6/File Formats/”

PS CS6-64位：

“../Program Files/Common Files/Adobe/Plug-Ins/CS6/File Formats/”

（5）本书为大家提供了2个PS CS6中可以使用的“Camera Raw.8bi”文件，存放在：“../示范素材/Camera Raw/”目录下，分别为16位和32位文件，版本相对比较新；

（6）文件复制好后，运行PS软件即可。

2. 查看版本与设置

Camera Raw被称作增效模块插件，不与其他滤镜插件出现在PS【菜单】中相同的位置上，并且是自动被调用的。

● 查看版本与设置

（1）点击【菜单栏】—【编辑】—【首选项】—【Camera Raw】，弹出【Camera Raw首选项】，在窗口名称后面就是自己所用PS安装的Camera Raw的版本号（图2-4-68）。

图2-4-68　打开【Camera Raw】首选项

一般情况下，如果只是为了能够打开相机拍摄的RAW格式文件，使用Camera Raw默认的设置就可以了，为了防止默认设置被改动过，我们还是确认一下。

（2）在第一项【常规】—【将图像设置存储在】一般选择“附属‘*.xmp’文件”；这个文件在我们调整完照片后确认打开时即会自动生成相同文件名后缀为“*.xmp”的文件，里面记录的是我们这次打开这个文件时调整的数据。

在最下面【JPEG和TIFF处理】中的两个选项要保证选择以下两条。

①【JPEG】——“自动打开设置的JPEG”。

②【TIFF】——“自动打开设置的TIFF”。

其他设置则先不变（图2-4-69），完成后点击【确定】。

图2-4-69 【Camera Raw】设置

3. 界面/功能基本介绍

（1）如果照片本身就是相机拍摄的RAW格式文件了，只要打开这个文件，就会自动弹出【Camera Raw增效】窗口（即便是我们修改过文件名也不受影响），原始照片会出现在里面。

打开示例图片“1号模特婚纱-17”（这是用尼康相机拍摄的nef格式文件）。

（2）首先看到窗口中的图片是横向的（这是由于用相机竖拍的缘故）。

窗口左边2/3部分是【编辑/预览窗口】，上面有一栏共计14种工具供我们使用，可以直观地对打开的照片进行相当一部分修复/调整工作；有些工具点选后，还会在窗口右侧位置出现这种工具的更多可调整项。

点击其中的【逆时针旋转图像90°】将照片调整成正确方向（图2-4-70）。

（3）在PS中任何一个窗口弹出，都要先看看【预览】是否被选中，这里也不例外。

（4）【编辑/预览窗口】下方是关于当前打开的照片的像素与分辨率数值。

（5）窗口右侧1/3部分是可调整项，最上面的彩色直方图下面是我们的相机拍摄时的基本数据，包括：光圈、快门、感光度和使用的镜头。

下面8类功能选项中（非工具类）中的前6项都是用于照片调色、修正、效果和校正的工作的（图2-4-71）。

4. 基本操作技巧

（1）刚才打开的照片，已经进行了【逆时针旋转图像90°】的操作。

（2）接着要检查一下设置。

在了解界面时我们已经看到了窗口下面的蓝色字体，这可不单单是信息提示，千万别小看它，里面可藏着玄机呢。

点击蓝色字体，弹出【工作流程选项】窗口，点选最下面一项【Photoshop】中的【在Photoshop中打开为智能对象】是【√】状态并【确定】。

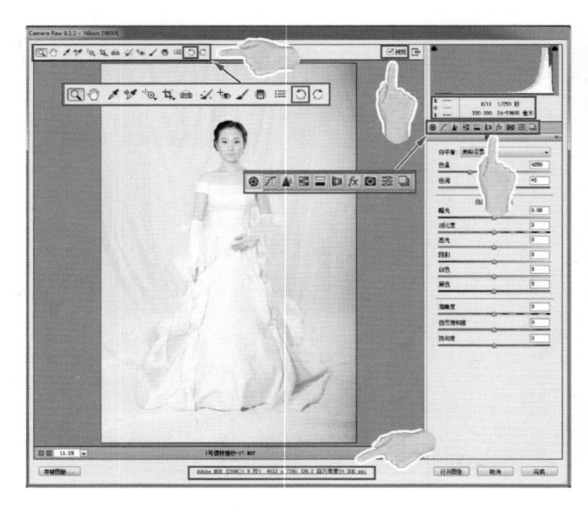

图2-4-70　界面/功能基本介绍

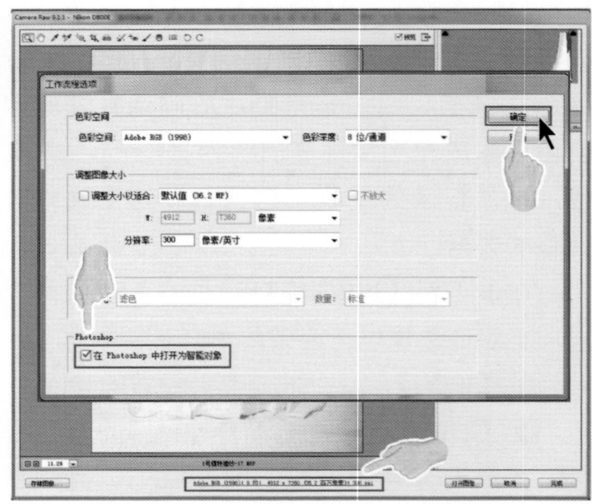

图2-4-71　【工作流程选项】窗口设置

（3）观察照片整体，细节部分使用左上部的🔍【缩放工具】，运用之前已经掌握的色调/修正/效果/校正知识，根据具体需要调整各个选项，这里不再做具体示范；基本满意后点击【打开对象】，进入到PS中进行更多的操作。

（4）回到PS界面后，可以看到，打开的照片不是“背景”图层，而是与文件名同名的普通图层，并且缩览图也不一样，变成了【智能图层】（图2-4-72）。

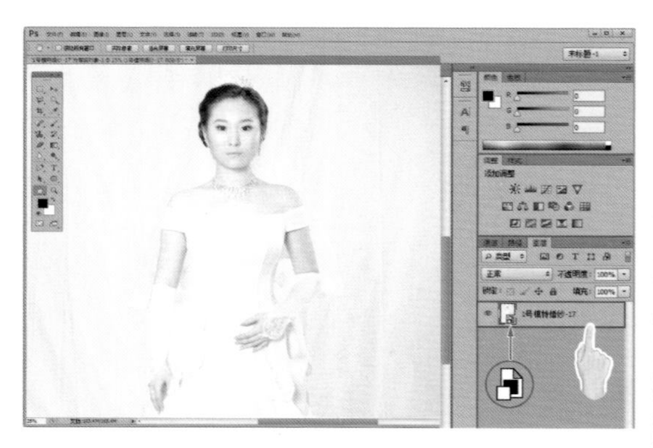

图2-4-72 文件打开为【智能图层】

（5）选择了将照片在PS中打开为智能对象，最大的好处是随时可以通过在【图层】选项卡中双击图层缩览图重新进入【Camera Raw增效】窗口，再度进行调整。

（6）智能对象实际是将Camera Raw同时带入到分层文件中，所以占用内存会比较大，所以如果电脑的硬件配置无力支持智能对象重新打开【Camera Raw增效】窗口，会出现无图像或者内存不够的情况（不少人感觉Nikon的nef文件这种情况多些），因而不得不重新启动PS，最后一次用Camera Raw进行的设置会被保留。

需要注意的是智能文件再次进行过的调节设置不受附属xmp文件的影响。

所以，真的遇到这种情况的话，那就只好在【工作流程选项】中关闭【在Photoshop中打开为智能对象】的选项了，要想再次更改调整的话，也只好重新打开文件了。

（7）利用Camera Raw还可以进行更高级的操作。同一张照片中的不同部分（比如背景和前景）需要进行不同的调整，可以先打开照片，按照背景进行调整【打开对象】后，保存文件为PSD格式；再重新打开这个文件，按照前景调整并【打开对象】，把这个智能文件拖拽到之前保存的分层文件里，形成2个智能对象的图层，还可以通过双击分别进行再次调整。

再通过其他操作，最终完成所需效果。不过这样做的前提是，电脑的配置不能太低，不然很可能出现内存不够无法操作的情况。

这时的同名附属xmp文件保存的是第二次打开照片时设置的参数值，但对分层文件中的智能对象没有影响。

（8）因为有了同名的附属xmp文件，所有的调整都被记录了下来，我们的原照片从来没有被改变过，任何时候只要删除xmp文件，原片还是原片。

（9）如果复制一张照片的xmp文件，并把它的文件名改成与其他照片同名，当你打开那张照片的时候，会看到调整数值也被带过来了。

小提示： 重要度：★★★

较新版本的Camera Raw已经增加了非RAW格式的图片文件（如JPEG）也使用Camera Raw导入照片调整的功能。

点击【菜单栏】—【文件】—【打开为】（不要点击【打开】），在弹出的【打开为】窗口中选择自己需要的JPEG文件，在最下面的【打开为】选项中选择最长的那一项“Camera Raw（*.TIF；*.CRW；*.NEF......”）（一长溜可以支持的文件格式，惊人啊）；点击【打开】后，JPEG

文件也同样出现在弹出的【Camera Raw增效】窗口中了。

不过，虽然可以对JPEG用Camera Raw中功能进行调整，但是无法建立同名的附属xmp文件；不过智能图层还是可以重复打开【Camera Raw增效】窗口的，是不是也增添了很大的便利？

思考题

1. 快速说出PS完整工作界面7大部分的名称。

2. 哪种工具能迅速调正照片，简述操作过程。

3. 简述【色彩平衡】调整中3条滑轨的工作特性。

4. 如何设置才能让PS有足够的运行空间。

5.PS3.0版独创了哪种功能让“创造”图片变得无所不能？它的原理是什么？

6. 照片偏色了能调整回正常么？基本步骤是什么？

7. 【修复画笔工具】、【污点修复画笔工具】、【仿制图章工具】3中工具之间的相同点与不同点。

8. 不改变照片像素大小的情况下，照片尺寸与分辨率之间的关系。

9. 【Camera Raw.】插件处理RAW格式文件的能产生什么后缀的附属文件，它的作用是什么？

第三章　Photoshop进阶掌握

Chapter 03

第一节　虎翼熊韬（笔刷、样式带来的神奇）

一、神来之笔（笔刷的巧妙运用）

1.【笔刷】的基本知识点

【笔刷】也就是【画笔工具】，因为很多与绘画、擦除、蒙版等有关的工具也有很多相同的参数设置和用法，所以习惯上统称为【笔刷】。

【画笔工具】是PS中进行绘画创作的强大手段之一，但本书只重点讲述一下与数码摄影后期有关的部分。

我们先了解一些预备知识。

① 画笔可以调节【大小】、【硬度】、【不透明度】、【流量】等等。

② 重要的是，画笔可以变换笔头的形式（生活中太没有可能了），我们称之为【笔刷】。任何你能想到的形状、图案都可以成为【笔刷】。

③ 【画笔工具】与【铅笔工具】的最大区别是【铅笔工具】是尖锐有棱角的，无法实现虚柔的绘画效果。

④ 橡皮擦工具组、蒙版等很多操作，也都用到【笔刷】。

（1）【笔刷】的选取与使用

①只要点选了与【笔刷】相关的工具或操作，就可以进入工作区上部的【选项栏】左侧的【笔刷选取器】中选取笔刷，鼠标移动到每一款笔刷上，稍停一下就会看到黄底黑字显示的笔刷名称；并且可以设置【大小】与【硬度】，在【选项栏】可以设置【不透明度】与【流量】（图3-1-1）。

② 左键点击【笔刷选取器】右上角的，在弹出的菜单中，还可以选择6种不同的方式显示笔刷列表，便于我们查找调用（图3-1-2）。

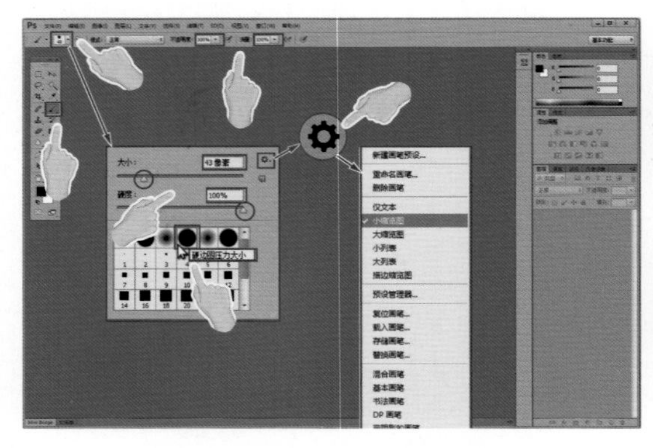

图3-1-1　打开【笔刷选取器】

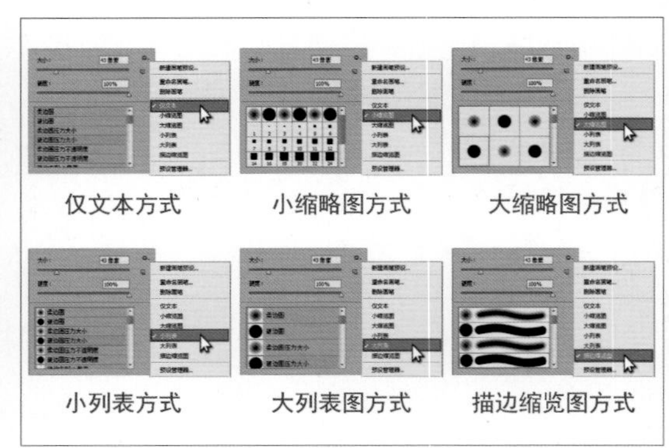

图3-1-2　【笔刷】的6种列表方式

③【笔刷】选好并设置好以后，在画面中使用就可以了，【画笔工具】的颜色是当前色（【橡皮擦工具】是将当前图层画面擦除掉，各个工具或命令的效果并不一样）。

（2）【笔刷】光标的形状设置与大小改变

【笔刷】选定后，在画面中的光标显示是什么样的？PS为我们准备了可以自主设定的4种组合方式。

① 点击 Ctrl + K 键弹出【首选项】窗口，右侧选择【光标】，左侧的【绘图光标】就是【笔刷】的光标显示，有6个选项，上面4个是主选项，下面2个是辅助选项，推荐使用【正常画笔笔尖】或【全尺寸画笔笔尖】，因为这样可以看到画笔的具体形状，比较直观。

如果同时勾选了【在画笔笔尖显示十字线】，则在使用PS提供的标准笔刷时，笔尖形状的中间会有十字线，更便于绘画时精确定位（图3-1-3）。

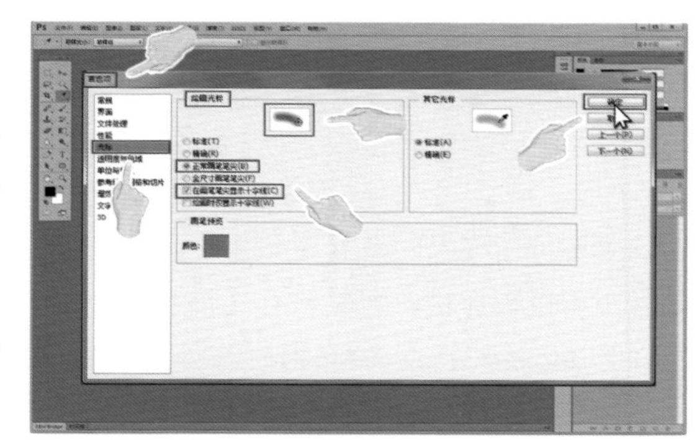

图3-1-3 在【首选项】中设置【光标】

②【笔刷】的大小可以在【笔刷选取器】中设置，更可以使用 [键和] 键直接调整，随时随地，非常方便。

小提示： 重要度：★★

有时明明设置的光标是【正常画笔笔尖】可使用时却是【精确】方式的十字瞄准线而不是选用笔刷的形状，这是为什么呢？

看一看你键盘的 Caps Lock 键是不是亮着？如果是，取消键盘的大写锁定状态就可以了，因为这个 Caps Lock 键恰好是PS默认的当前选用的笔刷光标与精确方式光标的切换快捷键。

（3）【笔刷】的制作与存储（管理）

当前能够看到的全部图案或选区内的图案，都可以被制作成【笔刷】，选择制作笔刷的图案尽可能是带透明底色的，否则，制成的笔刷虽然图案不一样，但外形只能是矩形的。

① 打开示例照片“禄来双反相机”，我们打算将这台经典相机的图案制作成笔刷以便将来使用。

② 点击【菜单栏】—【编辑】—【定义画笔预设】，弹出【画笔名称】窗口。

窗口中左侧的缩览图就是要制作成【笔刷】的图案，在右侧的【名称】中输入为这个【笔刷】起的合适名字（“禄来相机01”），点击【确定】（图3-1-4）。

图3-1-4 选择【定义画笔预设】制作笔刷

图3-1-5　抠图后选择【定义画笔预设】制作【笔刷】

③ 这时在【笔刷选取器】中所有的【笔刷】最后就可以看到刚刚制作的这个【笔刷】了。

④ 复制“背景图层”为“相机抠图”并隐藏“背景图层”；用学习过的方法为相机制作选区，按 Ctrl + Shift + I 键反选后删除相机以外的内容。

⑤ 按照前面步骤②在【定义画笔预设】中起名为“禄来相机2”（图3-1-5）。

⑥ 到现在，我们已经制作了2款【笔刷】，它们排列在【笔刷选取器】中的最下面，鼠标停留在某一款【笔刷】上，一会儿会显示带黄底色的名称；可以点选这款【笔刷】，或者点击鼠标右键，对其进行【重命名】或【删除】。

⑦ 建立新图层，填充为白色，再建立一个新图层。

分别点选这两款【笔刷】随意调整大小，并设置不同的前景色，看看这两款笔刷使用的效果有什么不同，第2款是透明底色（图3-1-6）。

⑧ 点击【笔刷选取器】窗口右上角的⚙，弹出菜单，选择【预设管理器】，弹出【预设管理器】窗口，其中【预设类型】选择【画笔】，我们就可以对【笔刷】集中进行管理了。

窗口中间就是当前可选用的各款【笔刷】，最后两个是我们刚刚制作完成的，通过右侧的选项还进行【载入】新笔刷，鼠标结合键盘还可以对1个或多个【笔刷】进行【重命名】和【删除】操作。

⑨ 利用 Shift +鼠标左键，我们选择刚做好的2款【笔刷】，点击右侧的【存储设置】，弹出【存储窗口】，在其中为笔刷文件起好名字（例如“2款禄来相机笔刷”）并设定目标目录，点击【保存】后，我们就拥有了一个带有2款禄来相机【笔刷】图案的笔刷文件了（图3-1-7）；需要注意【预设管理器】只是管理【笔刷】，不能选取【笔刷】。

图3-1-6　两款【笔刷】试用效果对比

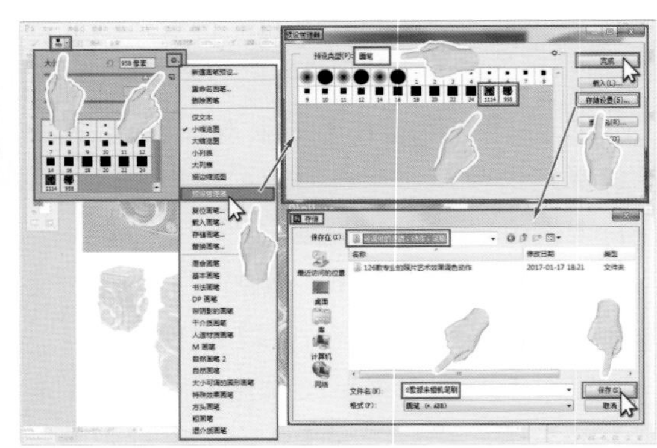

图3-1-7　【预设管理器】管理并存储【笔刷】

小提醒：　　　　重要度：★★★

每一款笔刷形状的下面都有一个数字，那是这款笔刷100%的原始像素大小。

虽然笔刷可以在1～5000像素之间自由调整大小，但所有的利用位图图形制作成的笔刷在超过130%原大时，清晰度就开始明显下降，变得模糊了；同样，如果缩小到小于10%原大时，就会丢失很多细节；因此，如果很在意完成效果的清晰度和真实感，非常不建议大家超过这个范围使用笔刷。

2.【笔刷】在后期中的运用

（1）简单运用——为照片添加月亮

打开示例照片“月光下的逆光雕塑”，这是一张夜晚长曝光拍摄的逆光城市雕塑，剪影效果不错，但月亮与月光不是令人很满意，使用时很希望是背景中带有月亮，很有穿越感和神奇色彩。

① 复制背景图层为“背景副本”；选择【工具箱】—【魔棒工具】，【容差】为“40”，要取消【连续】前面的复选对勾。

在画面中雕像的剪影部分点击，绝大部分雕像被选中。

② 利用【缩放工具】放大画面，检查雕像是否有未被选中的部分（本例中头上的圆环部分）；继续选用【魔棒工具】，利用 Shift +鼠标左键增加它们到选区。

③ 在选区中点击鼠标右键，在弹出的菜单中选择【羽化】—【羽化半径】为“1”，点击【确定】（图3-1-8）。

④ 按 Ctrl + J 键复制选区，新图层取名为“雕像剪影”。

点中图层“背景副本”，建立新图层，取名为“月亮”。

⑤ 选择【工具箱】—【画笔工具】，点击上部【选项栏】左侧的【画笔预设选取器】右上角的，弹出菜单，选择【载入画笔】，在弹出的【载入】窗口中选择“高清月亮笔刷”（路径为：...//示范素材/可调用的滤镜、动作、笔刷、样式/高清月亮笔刷），点击【确定】（图3-1-9）。

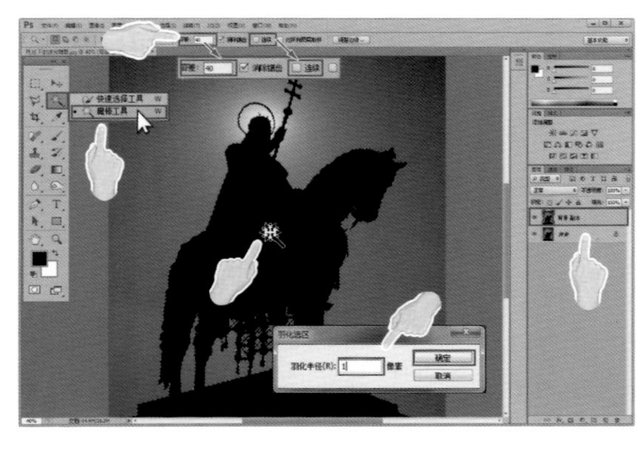

图3-1-8　选取雕像剪影部分

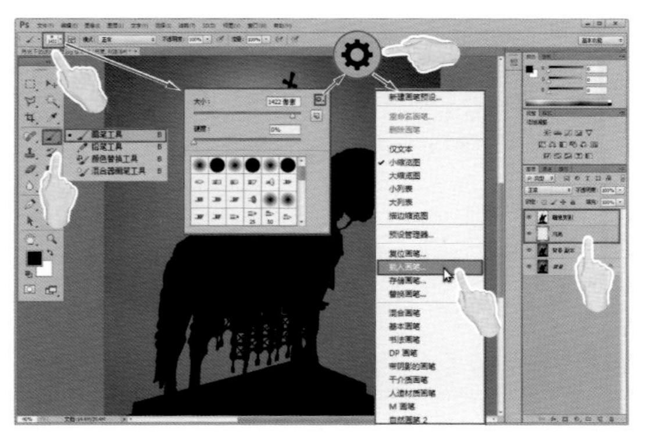

图3-1-9　载入“月亮”笔刷

⑥ 在调入的这组笔刷中选择笔刷“moon 4”，【选项栏】中的【不透明度】和【流量】设定为“100%”。

月亮是白色的，所以我们要选择前景色为“白色”；然后我们就按照这款画笔的原始大小连续点击2次，完成“画月亮”的过程（图3-1-10）。

图3-1-10　画出“月亮”

⑦ 整体效果看起来还不错，放大图片检查一下吧。

可以看到在画出的月亮周边发现一圈莫名其妙的杂色，需要去除（图3-1-11）。

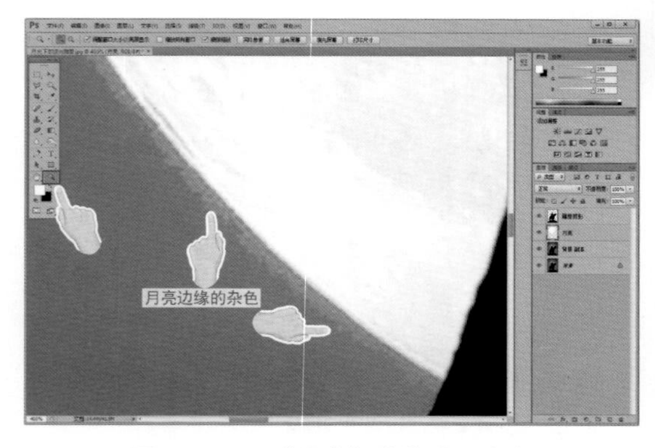

图3-1-11　“月亮”边缘发现杂色

按 Ctrl 键的同时鼠标左键点击图层“月亮”的缩览图，浮动这个图层后【反选】选区，再设定【羽化】值为“3”，【确定】后连续按2次 Delete 键，将月亮周边的杂色删除干净，不过这时的月亮颜色也明显的黯淡了下来。

⑧ 按 Ctrl + J 键复制图层“月亮副本”，适当调节【不透明度】（本例为60%）让月亮看起来既明亮又不耀眼（图3-1-12）。

图3-1-12　复制“月亮”图层并调整不透明度

这样，我们就完成了利用画笔为一张夜景逆光雕塑照片添加背景月亮的后期加工，对比看看最终效果（图3-1-13）。

图3-1-13　完成效果对比

小提示：　　重要度：★★★★

① 本例步骤③与步骤⑦设定羽化值的目的是让抠图或删除后的边缘不要过于生硬、痕迹明显，柔和的过渡则显得很自然真实。

② 制作出来的笔刷都带有原来的图形属性，如明暗度、对比度、色度、不透明度等等，有时根据实际的需要点击一次或几次，这样就可能将边缘以外原本没有删除干净却难以观察到的多余元素暴露了出来，这就需要在使用载入的

笔刷后放大仔细观察，将影响画面的元素删除干净，例如步骤⑦。

③ 本例中，也许你并不喜欢这么大的月亮，这里注重的是方法和过程，根据你的喜好将月亮调整到合适的大小就可以了。

（2）在蓝天上添加白云朵朵

人民英雄纪念碑，一个令人无限追思和感慨的圣地。图中纪念碑在蔚蓝如洗的天空下傲然耸立。生活中，一尘不染的蓝天让人身心舒适，但在摄影的世界，这样的作品未免显得有些空泛无奇，缺乏立体层次空间感，如何为这张照片添加更多的气势进去呢？

① 打开示例照片“人民英雄纪念碑”，发现的第1个问题是拍摄时相机没有端平，纪念碑有些歪了，还记得本章开始讲述的如何调正照片么？

复制背景图层为“拉直照片”，使用【工具箱】—【标尺工具】，沿着照片中纪念碑中心拉一条垂直线，然后执行【拉直图层】（图3-1-14）。

图3-1-14 拉直照片（垂直方向）

② 拉直照片后我们发现，从照片两边的建筑物来看（左侧的天安门和右侧的国家博物馆的一小部分）镜头造成的畸变比较厉害，建筑物倾斜让人的视觉不太舒服。

点击【菜单栏】—【滤镜】—【镜头校正】（图3-1-15）。

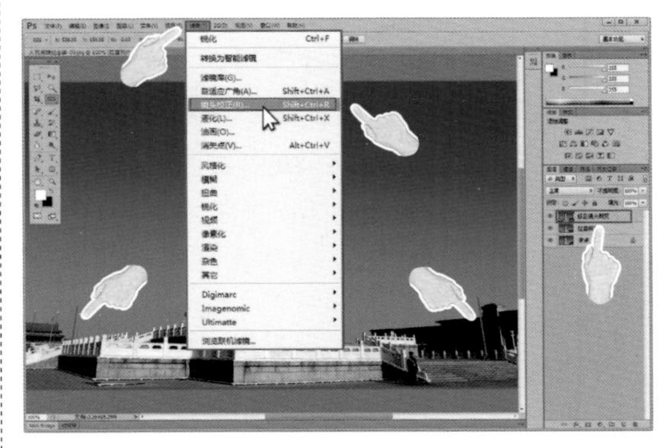

图3-1-15 选择【菜单】—【滤镜】—【镜头校正】

③ 弹出【镜头校正】窗口，窗口左下方并没有拍摄时相机的相关参数，所以选择右侧的【自定】。

因为两侧是垂直方向的线条向内倾斜，所以在【自定】选项中，我们主要针对【垂直透视】进行调整，通过对预览图的观察，发现数值“–30”的效果不错。

观察预览效果，发现还有些参数需要微调，具体如图3-1-16，点击【确定】完成。

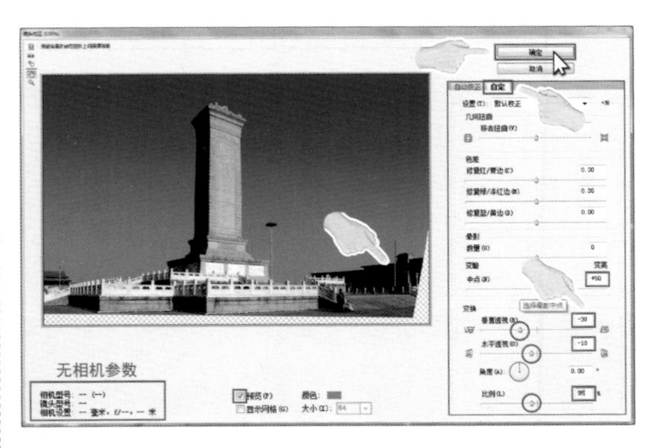

图3-1-16 【镜头校正】窗口参数调节

④ 选择【工具箱】—【裁剪工具】，将照片四周出现的透明区域裁剪掉。

⑤ 将前景色设置为白色；选择【工具箱】—【画笔工具】，然后载入为大家准备的“超高品质云朵笔刷”（本例路径为：...//示范素材/可调用的滤镜、动作、笔

刷/超高品质云朵笔刷）。

这是一组相当惊人的云朵【笔刷】，其中绝大部分笔刷原始的像素都是2500～5000之间，完全适合在大照片使用。

⑥ 建立新图层“云朵01”，选择【笔刷】“cloud_25.png”（原大3680像素），调整【大小】为“580”，如图位置点击鼠标左键1次，画出1片白云，要遮住纪念碑一小部分（图2-5-17）。

⑦ 建立新图层“云朵02”，选择【笔刷】“cloud_34.png”（原大3927像素），调整【大小】为“504”，画出1片白云（图3-1-17）；分层用【笔刷】画白云是为了方便调整到视觉更好的位置。

⑧ 我们再画出更远处天空的白云。

建立新图层“云朵03”，选择【笔刷】“cloud_31.png”（原大3502像素），调整【大小】为“399”，画出1片白云（图3-1-17）。

建立新图层“云朵04”，选择【笔刷】“cloud_65.png”（原大2766像素），调整【大小】为“370”，画出1片白云，并抠除遮住建筑物和旗杆的部分（图3-1-18）。

用学过的方法抠除遮住纪念碑的云彩，使其看起来像是在纪念碑的后面，也可用【橡皮擦工具】擦除，不过别忘了更换成合适的【笔刷】并调整大小，配合使用【缩放工具】可以更精细（图3-1-18）。

图3-1-17　选用【笔刷】画完4片云朵

图3-1-18　裁剪掉云朵遮住纪念碑的部分

⑨ 到这里就基本完成了对这张照片的再加工，不过如果你觉得纪念碑右侧的灯杆太碍眼的话，如下修改。

复制“修正镜头畸变图层”为“去除右侧灯杆”；更换使用【污点修复画笔工具】和【修复画笔工具】细心将灯杆修掉。

蓝天中添加了白云，人民英雄纪念碑显得更加高大神圣、庄严威武（图3-1-19）。

原照片

完成后

图3-1-19　完成效果对比

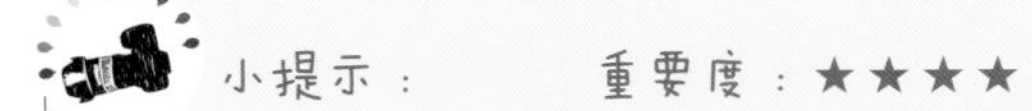

小提示：　　重要度：★★★★

①【污点修复画笔工具】由PS自动计算，方便快捷效果好，但是在不同颜色相交的区域往往搞出出人意料的颜色，不能令人满意。

②【修复画笔工具】需要先【取样】，在目标区域附近找到颜色合适的【取样】点，按下Alt+鼠标左键进行【取样】，松开后移动鼠标，画笔大小的圆圈内始终带着【取样】点的颜色，在需要修复的地方点下鼠标，就可以将【取样】的颜色与目标区域像素的纹理、光照、透明度和阴影进行匹配，从而使修复后的像素融入图像的其余部分；但是要到下一次【取样】时才会改变上一次【取样】的颜色，这样对于连续的目标区域（如很长的痕迹），则需要不断【取样】才行，比较累手。

③【印章工具】是另外两种工具的前辈，也需要先【取样】，并且复制时自动计算第一个目标点与【取样】点之间的位置关系，其他目标点会根据这个位置关系自动取得颜色，直到下一重新人为【取样】；但是复制后的效果很生硬，是完全照搬【取样】获得的颜色不做任何改变。

所以在修复画面时，常常是两种或者三种工具综合使用才能效果最佳。

二、神奇外衣（样式带来的奇妙效果）

图层样式从Photoshop6.0版本开始出现，这个功能把过去需要很多步骤才能完成制作的效果变得简单快捷，使用时只需要设置几个参数，就可以马上制作出各种立体投影、各种质感以及光景效果的图像特效。这些效果可以作用于一个图层或整个图层组，但是并没有改变原始的图像元素，就像生活中的一件漂亮衣服一样，可以给任何一个图层穿戴上，让它变成你想要的效果，并且这件衣服还可以随时调整，让它更合体、更匹配、看起来更顺眼，这么说吧，没有哪件衣服能像样式一样“适用于每个人”。

在实际的使用中，图层样式制造立体投影和各种质感的能力更多地应用于制作文字，我们可以利用这个特性来对照片进行不同材质的“装裱”，下面还是通过实例操作来感受图层样式的作用。

1. 实现照片的立体冷裱效果

打开示例照片“美丽的海边黄昏”，我们为它制作一个冷裱的效果。

（1）新建图层“底色”，填充白色；然后复制“背景图层”为“冷裱效果”，把它拖拽到最上层。

（2）按 Ctrl + T 键【自由变换】，在【选项栏】中点击锁定【保持长宽比】，然后在【W：】或【Y：】中输入“85”（输入一个即可，另一个自动变化），将“冷裱效果”图层的图片缩小到85%（图3-1-20）。

图3-1-20 缩放照片到85%

（3）双击“冷裱效果”图层名称右侧的空白处，弹出【图层样式】窗口；窗口右侧勾选【预览】，这样可以在【图像编辑窗口】中直接看到效果。

（4）左侧点选【斜面和浮雕】，窗口中间变成了【斜面和浮雕】选项，依次做如下设置。

结构为

【深度】——“300”%；【大小】——“70”像素；【软化】——“5”像素；

阴影为

【角度】——“120”度；点选【使用全局光】

其他参数不变；这时，已经可以看到图片呈现出了带有宽斜边的一种立体效果了（图3-1-21）。

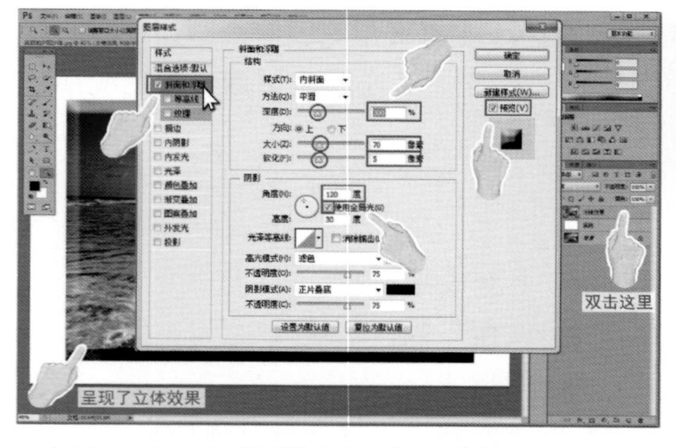

图3-1-21 【图层样式】—设置【斜面和浮雕】

（5）左侧点选【投影】，窗口中间变成了【投影】选项，依次做如下设置。

结构为

点选【使用全局光】；【距离】——“50”像素；【大小】——“50像素”；

其他参数不变；这时，已经可以看到图片右侧和下放出现了投影的效果；

点击窗口右上角的【确定】就完成了图层样式的制作（图3-1-22）。

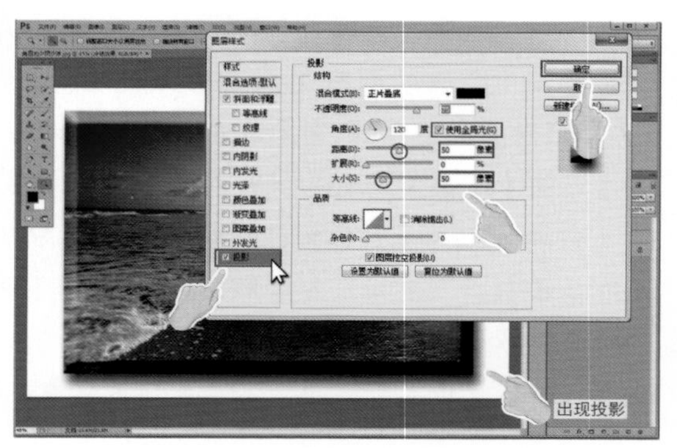

图3-1-22 【图层样式】-设置【投影】

就这样，非常简单的几步操作，我们就把一张普通的照片，变成了立体冷裱并且带有投影的效果。要知道，在较早期的PS中，要想实现这样的功能是需要非常复杂的操作的，而最终的效果还要看各人的水平。但是现在，使用图层样式后，同一张照片，同样的参数，任何人制作出的效果都保证是一样的（图3-1-23）。

图3-1-23 利用【图层样式】完成“冷裱效果”对比

小提示： 重要度：★★★

不知道大家在上述操作中，有没有注意到，【斜面与浮雕】和【投影】中，都有【角度】选项可以调整光线照射的角度，这很好理解；但是紧邻【角度】都有一个【使用全局光】的选项，示例中让大家勾选了这个选项，这样就可以保证与其他所有同样勾选了这个选项的样式效果的光线角度保持一致，这样很符合自然规律，例如立体效果的阴影效果应该是与投影的形成方向是一致的。

当然，一定要制造一种与众不同的效果时，可以取消这个选项的勾选，你就可以随意设置与其他光线不同方向的光线了。

2. 图层样式的复制与调整

我们把上例的分层文件保存一下，继续操作。

（1）当我们在上例中完成了图层样式的设置后，在“冷裱效果”图层名称的右侧，原来空白的地方出现了一个标志【*fx*】，这说明这个图层已经包含了图层样式。

点击【*fx*】右侧的【▼】，我们在图层样式中设置过的项目名称就会在这个图层下面展开列表；点击【▲】则可以收起列表（图3-1-24）。

你没有看错，在【图层选项卡】窗口的下面也有这样一个【*fx*】，你也可以通过点击它进入相应的图层样式的设置窗口，其中已经进行过设置的选项前面有“√”（图3-1-24）。

图3-1-24 【图层样式】的标志【*fx*】

（2）双击图层名称右侧的这个【*fx*】，就能弹出【图层样式】的设置窗口，我们可以重现调整参数或者增加设置新的参数来实现更好的效果；

目前我们还不需要打开这个窗口进行调整；

（3）打开一张新的示例图片“星星相惜（汪星人与喵星人）”，点选【工具栏】—【移动工具】，鼠标左键点住照片不放，光标变成（图3-1-25）。

图3-1-25 使用【移动工具】拖动照片

（4）拖动鼠标到“美丽的夕阳沙滩”照片【图像编辑窗口】的名称栏，这时工作窗口自动切换到了“美丽的夕阳沙滩”照片上。

不要松开鼠标，继续向下拖动光标到图像编辑的工作区域，光标变成；

【图层选项卡】显示的还是“星星相惜”的内容，但是【图像编辑窗口】显示的已经是“美丽的夕阳沙滩”，现在是一种混合显示状态（图3-1-26）。

图3-1-26 拖动照片到“美丽的夕阳沙滩”窗口

松开鼠标；这时，“星星相惜”的照片就被我们复制到了“美丽的夕阳沙滩”照片所在的当前分层文件中，成为了一个新图层，我们改名为“冷裱效果2”。

（5）缩放“冷裱效果2”图层的图片到合适的大小（与“冷裱效果”图层大小差不多即可），并隐藏图层“冷裱效果”（图3-1-27）。

图3-1-27　完成照片的拖动复制并修改图层名

（6）鼠标左键点住图层“冷裱效果”右侧的【*fx*】，光标是。

不松鼠标，向上拖动至图层“冷裱效果2”名称右侧的空白处，光标是。

松开鼠标，图层“冷裱效果2”右侧出现了【*fx*】，并且展开列表，而图层“冷裱效果”右侧的【*fx*】不见了。

观察【图像编辑窗口】，照片“星星相惜（汪星人与喵星人）”出现了立体带投影的装裱效果（图3-1-28）。

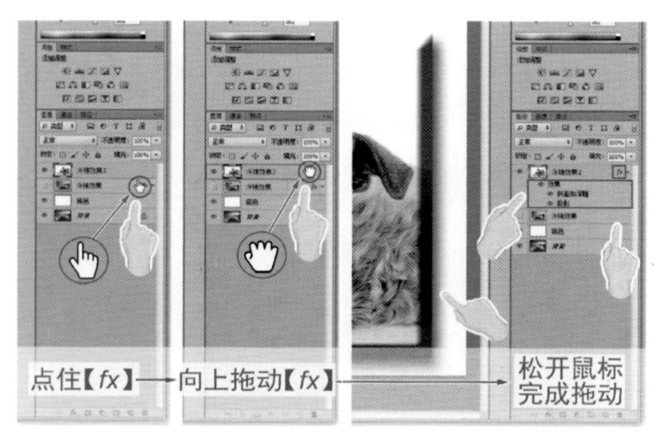

图3-1-28　拖动图层“冷裱效果”的【*fx*】到图层“冷裱效果2”

这样，我们就完成了把设置好的【图层样式】从一个图层改到另一个图层。

（7）不过，虽然现在图层“冷裱效果2”有了【图层样式】效果了，可是图层“冷裱效果”却没有了，不用着急，马上处理。

在图层“冷裱效果2”的【*fx*】上点击鼠标右键，弹出菜单，选择“拷贝图层样式”。

在图层“冷裱效果”的名称右侧空白处点击鼠标右键，弹出菜单，选择“粘贴图层样式”。

好了，图层“冷裱效果”右侧也出现了【*fx*】，并且是自动展开列表的，这样就完成了【图层样式】的复制粘贴（图3-1-29）。

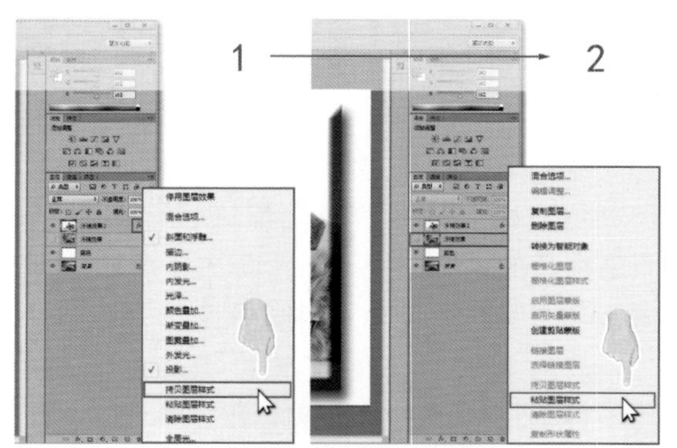

图3-1-29　复制并粘贴图层样式

（8）但是，仔细看看图层“冷裱效果2”的效果，并不是很满意。主要是因为原照片是白底色，完成【图层样式】后，照片的白底色与我们设置的背景色一样了，所以效果不是很明显。

我们可以适当修改照片的底色或者背景色来进行改善。双击图层“冷裱效果2”的【*fx*】，弹出【图层样式】窗口。

（9）在窗口左侧勾选【渐变叠加】；在右侧的【渐变叠加】选项中做如下设置。

①【不透明度】：“12”%（有一点点颜色能与背景色分开即可）。

②【渐变】样式就选择默认的“由黑到白”（如果不是，就点击右侧的【▼】进行

选择)。

③【角度】:"–45"度(左上到右下的渐变过程,主要是为了让照片左上部分的白色略微呈现灰色,从背景色中分离出来)。

其他设置不变;因为点选了【预览】,所以我们进行的设置效果都可以随时在观察到。

设置完成后点击【确定】(图3-1-30)。

(10)如果只是改变背景色就更容易了,只需要在"冷裱效果2"下面新建一个图层,然后填充一个颜色,比如浅蓝灰色,就可以了,但是效果不如【图层样式】—【渐变叠加】好,这个大家可以自己动手试试。

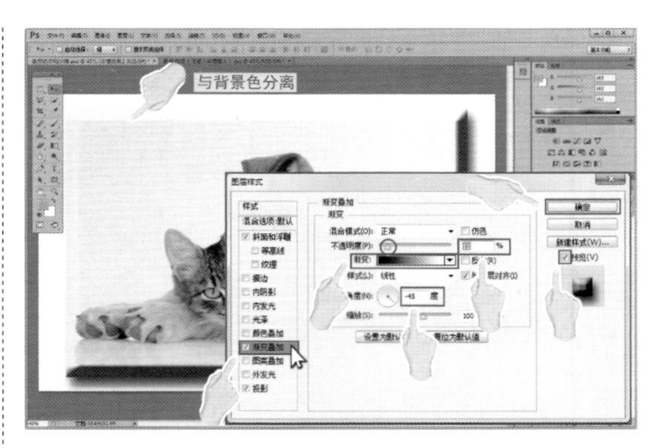

图3-1-30 【图层样式】—设置【渐变叠加】

【图层样式】的复制与调整的过程就完成了,对比看看效果吧(图3-1-31)。

原照片

冷裱效果—蓝灰色背景色

冷裱效果—渐变叠加

图3-1-31 完成效果对比

3.外部【图层样式】的调用

在互联网上,有很多非常优秀的免费的PS图层样式可以供使用者共享调用,本书为大家准备了一个非常好的"立体木纹效果PS样式",本利将利用这个外部的【图层样式】为照片制作一个木纹的立体凸边相框。

(1)点击【菜单栏】—【窗口】—【样式】,在PS工作区右侧出现了【样式选项卡】(一般会出现在【图层选项卡】的上面),里面已经有了一些PS自带的样式。

(2)打开示例照片"坚强的胡杨林";新建图层"底色",填充白色;然后复制"背景图层"为"原片85%",把它拖拽到最上层,参考前例并将图片缩小到约85%大小(图3-1-32)。

（3）新建图层“木纹相框”，位于最上部；浮动图层“原片85%”（按 Ctrl +左键点击图层“原片85%”的缩览图），填充黑色后取消选区。

（4）选择【菜单栏】—【滤镜】—【其它】—【最小值】，弹出【最小值】窗口，输入【半径】“70”，点击【确定】。

现在画面中的黑色矩形周边增加了70像素（图3-1-33）。

图3-1-32 复制原片并缩小到85%

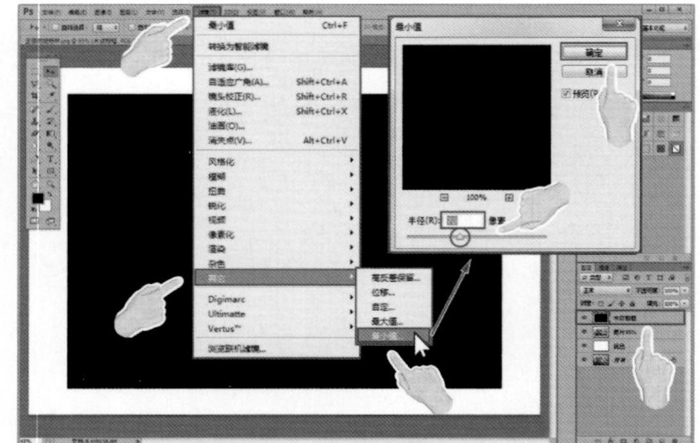

图3-1-33 【菜单栏】—【滤镜】—【其它】—【最小值】参数设置

（5）再次浮动图层“原片85%”，按 Delete 键删除选区内容，取消选区；我们得到了一个位于画面周围70像素宽度的黑色方框（图3-1-34）。

（6）点击工作区右侧【样式选项卡】右上角的▾≡【更多选项】，在弹出的菜单中选择【载入样式】，弹出【载入】窗口，选择“立体木纹效果PS样式”文件（路径为：.../示范素材/可调用的滤镜、动作、笔刷、样式/立体木纹效果PS样式.ASL），点击【载入】（图3-1-35）。

图3-1-34 浮动图层“原片85%”并删除选区内容

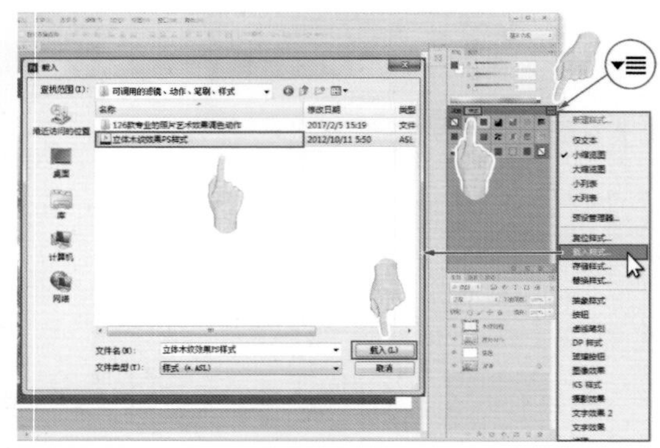

图3-1-35 载入外部样式“立体木纹效果PS样式”

（7）在【样式选项卡】中，可以看到马上增加了25个木纹样式的图标；我们点选其中的【Стиль 2】（这是一组俄罗斯人制作的样式，向制作者致敬）。

原本黑色的边框立刻变成了立体带高反光的浅色木纹效果，同时，图层“木纹边框”自动添加了【*fx*】并展开列表（图3-1-36）。

（8）因为照片大小的不同，生成的效果可能不尽如人意，本例如果觉得其中反光部分有些过分夸张，可以双击【*fx*】进行调整。

在【图层样式】窗口中，左侧选择【斜面和浮雕】，右侧将【大小】改为“10”像素，看看有什么变化？再改成“55”像素，这是本例要的效果（图3-1-37）。

图3-1-36　在调入的样式中点选【Стиль 2】

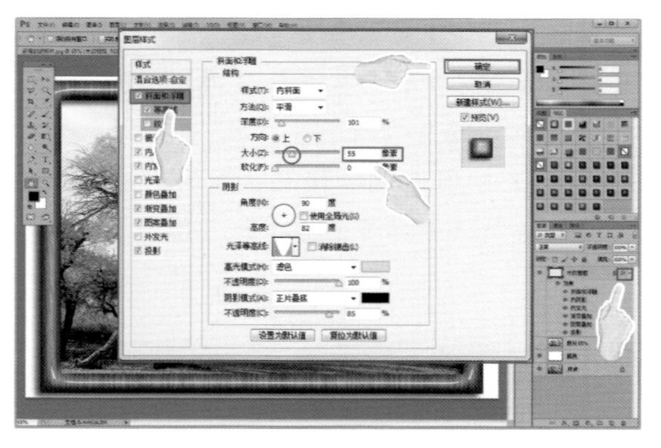

图3-1-37　修改【图层样式】—【斜面浮雕】的参数设置

以上就是调用外部【图层样式】的操作过程，来看看最终完成后对比的效果吧（图3-1-38）；一共25种木纹，加上不同的斜面高度、投影角度、光照强度等等，不妨一一点击看看那个更漂亮。

原照片

完成效果

图3-1-38　完成效果对比

当然，如果我们自己设置出了效果非常好的【图层样式】，也可以保存起来提供给别人使用个，方法很简单。

点击【样式选项卡】右上角的▾≡【更多选项】，在弹出的菜单中选择【存储样式】，在【存储】窗口中起好名字就完成了。

和【画笔工具】一样，【图层样式】也可以通过【预设管理器】（前面关于【笔刷】的章节中讲述过）来进行管理。

小技巧：　　　重要度：★★★★

制作照片边框需要注意以下几点。

① 利用等比例放大/缩小图片，最终并不能制作等宽的边框。

② 利用【菜单栏】—【编辑】—【描边】虽然可以制作等宽的边框，但是位置选择只有【内部】才能制作出直角的边框，【居中】或【局外】的描边四角都是斜角；而【内部】描边又必然损失一部分照片画面。

③ 利用【工具箱】—【矩形选框工具】可以手工制作边框，但是无法保证精度。

④ 利用本例步骤④～⑤采取的方法（【滤镜】—【最小值】再减去浮动图层选区），则可以很好地解决上述问题，得到直角并且四边等宽的描边效果。

4.【图层样式】设置的巧妙应用

【图层样式】虽然主要用来制作立体、投影和材质效果，但有时也可以很方便地进行其他妙用。

还记得本书刚开始教给大家的旋转操作实例么？我们为这张照片添加点儿内容。

（1）打开旋转完成后的那张“广州电视观光塔—夜景”；复制背景图层为“背景图层副本”；然后建立新图层“彩云”。

（2）前景色设为【白色】；选择【工具箱】—【画笔工具】（图3-1-39）。

（3）这次我们利用前面学习过的【预设管理器】来【载入画笔】“超高品质云朵笔刷02”（路径为：.../示范素材/可调用的滤镜、动作、笔刷、样式/超高品质云朵笔刷02.ABR，这是又一组71个高清画笔笔刷），【载入】后点击【完成】（图3-1-40）。

图3-1-39　建立新图层“彩云”并选择【画笔工具】

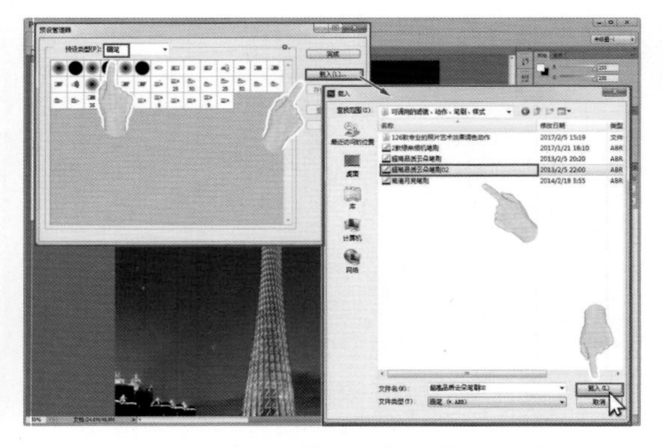

图3-1-40　【预设管理器】—【载入画笔】

（4）选择笔刷【cloud_03】，大小/硬度不变，在画面中间点击画出一个白色云朵（图3-1-41）。

（5）因为照片是黄昏灯亮带晚霞云，所以需要先进行色彩的设置。

双击图层“彩云”右侧空白处，弹出【图层样式窗口】；点选窗口左侧的【渐变叠加】，画面中云彩变成从白到黑（前景色到背景色）的渐变效果。

双击右侧【渐变叠加】中部的【渐变】颜色条，弹出【渐变编辑器】窗口（图3-1-42）。

图3-1-41　选择笔刷【cloud_03】画出白云

图3-1-42　【图层样式窗口】—【渐变叠加】并双击渐变颜色条

（6）【渐变编辑器】窗口中间的渐变色色条的下面有2个颜色滑块，先点击左边的【黑色颜色滑块】，弹出【拾色器】。

可以在画面中右下部的彩云中拾取深的颜色（光标会变成，点选中颜色击一下即可），然后据此进行调整RGB值，本例为“R/G/B：70/17/110”（图3-1-43），点击【确定】。

（7）然后点击右边的【白色颜色滑块】，弹出【拾色器】；在画面中右下部的彩云中拾取浅的颜色，然后调整RGB值，本例为“R/G/B：107/47/101”（图3-1-43），点击【确定】。

（8）渐变色的两端颜色已经设置好，因为需要让深色占的比例多一些，拖动渐变色条下部中间的【◇】向右移动到“70%”的位置，点击【确定】（图3-1-43）。

（9）【渐变编辑器】窗口关闭后，已经可以观察到照片中原来的白云变成了颜色有深有浅的彩云；根据画面右下部原有彩云的光线，将【角度】调整为“60”度。

（10）傍晚时分，天空的云彩与白天不同，边缘略微发黑；点选【图层样式】窗口左侧的【内阴影】，将右侧的【不透明度】调整为“30”；【距离】与【大小】均改为“0”；在画面中可以看到同步的变化（图3-1-44）。

点击【确定】就完成了对彩云的设置。

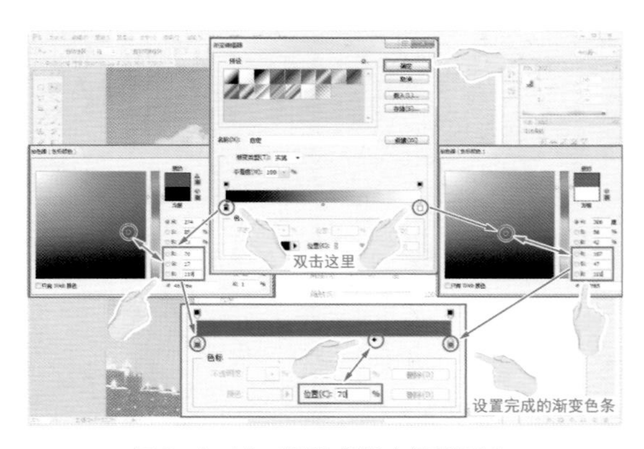

图3-1-43　设置【渐变编辑器】

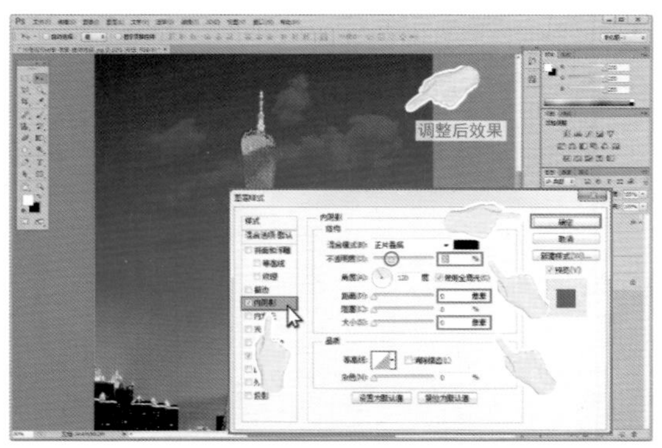

图3-1-44　设置【图层样式】—【内阴影】

（11）现在彩云还位于电视台的前面，我们可以用【橡皮擦工具】仔细的擦除遮在前面的彩云即可；

当然，更推荐大家用得顺手的工具将被彩云遮住的电视台部分扣图出来，然后用 Ctrl +

J 键复制到新图层“遮住的电视塔”，并将这个图层拖动到图层“彩云”的上方，这样的好处是，可以适当拖动彩云到不同的位置，如果抠图的电视塔上下范围比较大，“彩云”的拖动范围就越大（图3-1-45）。

至此，就利用【图层样式】完成了为照片背景添加彩云的过程；实例中的颜色值、渐变比例以及角度等等，都可以根据个人的观点进行具体设置，如果设置得当，还是很逼真的（图3-1-46）。

图3-1-45　利用抠图将电视台“挪”到彩云前面

原照片

完成效果

图3-1-46　完成效果对比

小提示：　　　　重要度：★★

如果不再需要图层样式，删除起来非常简单。

用鼠标点住【fx】拖动到【图层选项卡】下面的【垃圾箱】即可，不会对原图层的图片本身产生任何影响。

第二节　华山论剑（动作、滤镜与外部插件）

一、事半功倍（运用动作提高后期效率）

1.【动作】

在我们处理照片等图像文件的时候，既要注重质量更要注重效率，尤其不能花费大量的时间在处理相同的操作上，这种重复的劳动严重降低了PS的效率，浪费了PS提供给我们的资源与命令。

PS的动作简单地说就是我们可以记录下自己对当前照片的每一步操作，然后在今后对其他的照片进行相同的操作时调用执行这个动作，PS就可以自动地完成对照片的加工了。就这样，动作命令让我们的操作自动化了，达到了事半功倍的效果，整体提高了我们的工作效率和标准化操作流程。

下列示例是从本书编写过程中的实际工作为例，带领大家一步步进行操作。

（1）【动作】的建立

首先要弄清楚两个概念：动作和命令步骤。命令步骤是对照片文件的一项具体操作，而动作是一系列命令步骤的集合。

本书的编写过程中需要大量的配图，每张配图都要按照300像素/英寸的CMYK格式提供给设计公司，同时，为了保证在电子稿中不占用太大空间并且保证电脑观看效果，每张图又都需要转换成72像素/英寸的RGB格式；这样的照片共计有几百张，如果每张都由人工一步一步操作，实在是不胜其烦，这时【动作】就起到了大作用。

① 打开一张示例图片；选择【菜单栏】—【窗口】—【动作】，如果看到【动作】的右侧已经是点选状态“√”，那就要在工作区右侧的【选项栏】区域仔细找一下（考虑到制作图例效果，本书按【动作选项卡】浮动方式）；或者直接同时按 Alt + F9 键即弹出了【动作选项卡】，最下面是一组共6个操作选项，其中目前不可用的选项按钮是灰色的（图3-2-1）。

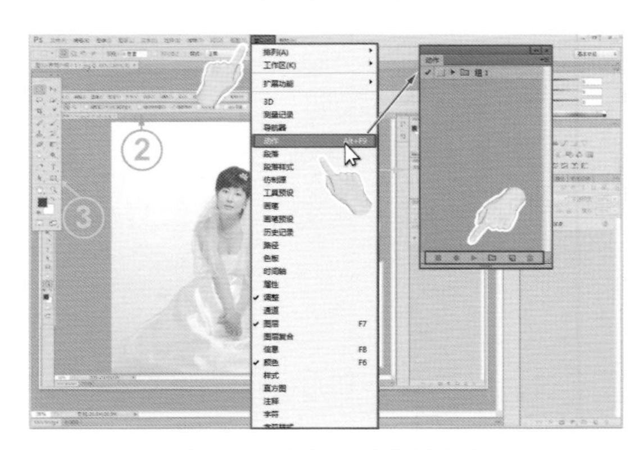

图3-2-1　打开【动作选项卡】

② 无论你打开的【动作选项卡】里已经存在了多少个【动作】（那可能是别人使用的），都先不要去管它，也不要去点击。

点击选项【创建新组】，弹出【新建组】窗口，在【名称】栏输入“自用动作”并点击确定；在【动作选项卡】栏目中出现了一个新建的带名为“自用动作”的【动作组】，新建的组目前是打开状态，显示的图标是（图3-2-2）。

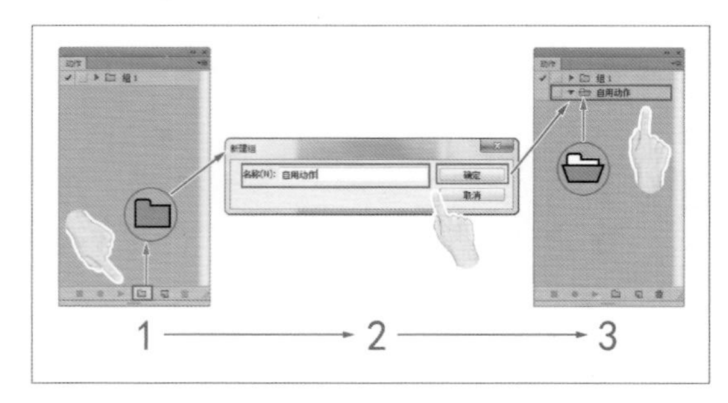

图3-2-2　建立新组—“自用动作”

③ 确保“自用动作”组是选中状态，然后点击选项【创建新动作】，弹出【新建动作】窗口，在【名称】栏输入“转72像素RGB”、【组】栏确保选中的刚建立的“自用动作”，然后点击【记录】。

这时在【动作选项卡】栏目中“自用动作”组下面出现了一个新建的名为“转72像素RGB”的新动作，并且这个动作为当前选中状态。

现在下面操作选项中的●【开始记录】按钮变成了红色，表示已经像录像机一样进入了“录制”后面命令步骤的状态；

接下来我们所做的操作命令将被【记录】录制下来。

④ 选择【菜单栏】—【图像】—【模式】—【RGB】（图3-2-3）。

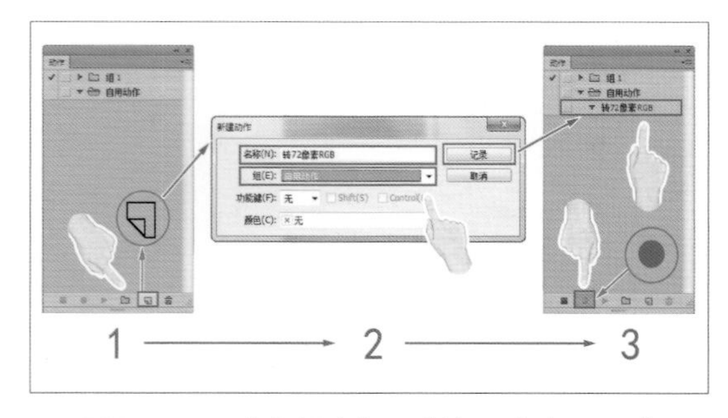

图3-2-3　建立新动作—“转72像素RGB”

⑤ 选择【菜单栏】—【图像】—【图像大小】，弹出【图像大小】窗口，勾选下方的【约束比例】和【重定图像像素】，在【分辨率】输入“72”（上方的【像素大小】随之产生了改变），然后点击【确定】（图3-2-4）。

⑥ 这样，我们就完成了一张CMYK的照片改变成RGB模式，并且缩小为72像素/英寸的工作，点击【动作选项卡】下面的操作选项■【停止播放/记录】就完成了一个动作的录制；点击后，●【开始记录】按钮不再是红色的记录状态，并且■【停止播放/记录】按钮变成了灰色（不可用）（图3-2-4）。

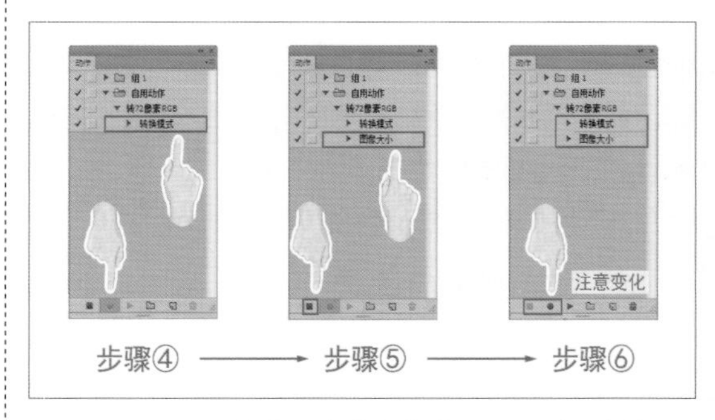

图3-2-4　完成一个【动作】的记录（录制）

⑦【动作】记录完成后，我们就可以对文件继续进行保存等操作了。

（2）【动作】的续录、插录与删除

● 续录

任何时候，如果需要在已经录制好的【动作】后面继续增加记录命令步骤，可以进行如下操作。

① 在【动作选项卡】中点选指定的【动作】名称，使其被选中。

② 然后点击●【开始记录】，变成红色按钮后自动记录接下来的命令步骤。

③ 结束时点击■【停止播放/记录】，这样就将新的命令步骤增加在原来【动作】中所有命令步骤的最后面了。

例如我们在刚才的【动作】后面续录一个建立新图层的命令（图3-2-5）。

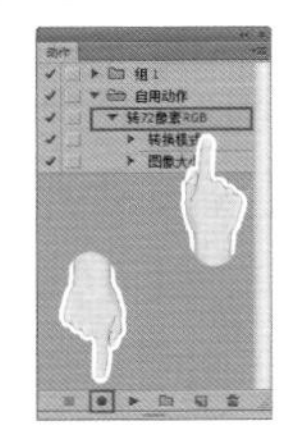

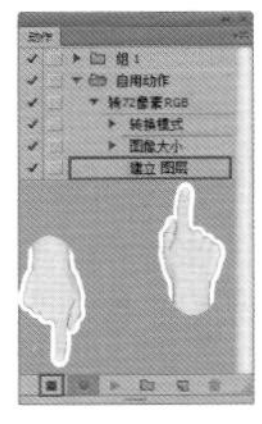

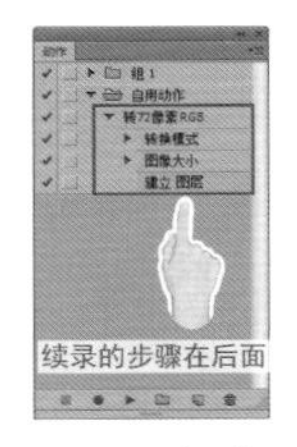

图3-2-5 在【动作】中续录操作步骤

● 删除

点住一个命令步骤，拖动到下面的🗑【删除】，就可以将其删除掉。

同样的方法也可以对【动作组】、【动作】、连续的一组命令步骤（与 Shift 键组合操作）或不连续的几个命令步骤（与 Ctrl 键组合操作）进行操作。

下面我们删除掉刚才续录的那个“建立图层”的命令（图3-2-6）。

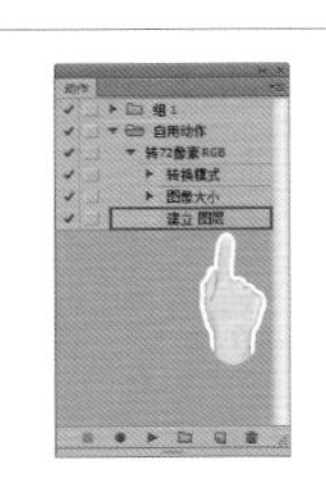

图3-2-6 删除【动作】中的步骤

小提醒： 重要度：★★★★

一定要注意的是：千万不要试图使用 Delete 键来删除命令步骤，这样将会直接删除你当前选择的图层，很可能你还一无所知，等发现的时候就……

● 插录

如果需要在已经录制好的【动作】中某个命令步骤后面插入记录新的命令，我们只需要：

① 点选指定【动作】下面的命令步骤名称，使其被选中。

② 然后点击●【开始记录】，变成红色按钮后开始自动记录接下来的命令步骤。

③ 结束时点击■【停止播放/记录】，这样就将新的命令记录插入到刚才选中的命令步骤的最后面了。

我们继续在这个【动作】中操作：在“转换模式”命令的后面插入一个建立新图层的命令（图3-2-7）。

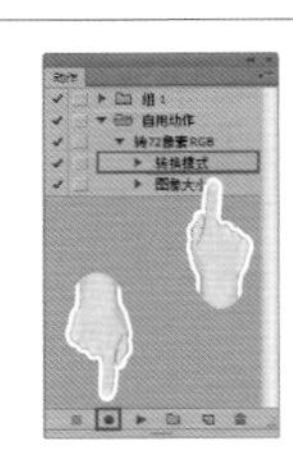

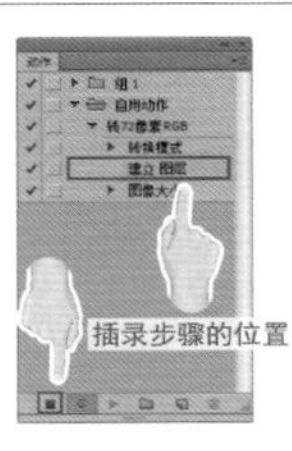

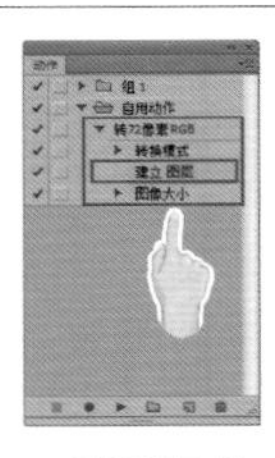

图3-2-7 在【动作】中插录步骤

● 复制命令步骤

① 点住一个命令步骤，拖动到下面的◫【创建新动作】，就可以复制这个命令并排列在选中的命令步骤后面。

② 连续的一组命令步骤（与 Shift 键组合操作）或不连续的几个命令步骤（与 Ctrl 键组合操作）也可拖动到◫【创建新动作】进行复制，并排列在选中的最后一条命令步骤的后面；复制的不连续命令步骤按原来的顺序变为连续排列。

③【动作】也可以用这个方式复制，但【动作组】不可复制。

小提示： 重要度：★★★

对于刚刚执行的各个针对【动作】的操作，可以立即按下 Ctrl + Z 键进行这一步的【撤销/恢复撤销】，但不支持 Ctrl + Ctrl + Z 键进行【后退一步】的操作。这是因为，在【动作】的相关操作中，【撤销/恢复撤销】被定义为针对【动作】的指令，而【后退一步】则是可以被记录的命令步骤。

（3）【动作】步骤的阅读与修改

● 命令步骤的阅读

在完成【动作】的记录之后，我们还可以阅读每一个命令步骤的详细内容。

① 点击命令步骤左侧的“▶”使其变成“▼”，就会在这个命令的下面显示逐条列出详细的参数设置列表，这非常有助于我们了解当时执行这一步命令时的具体设置；没有“▶”的命令步骤没有参数设置记录，也就不需要展开列表了。

② 我们展开这个【动作】中各个命令步骤的参数设置列表，为了能够看的全面，可能需要将【动作选项卡】横向拉宽一些（图3-2-8）。

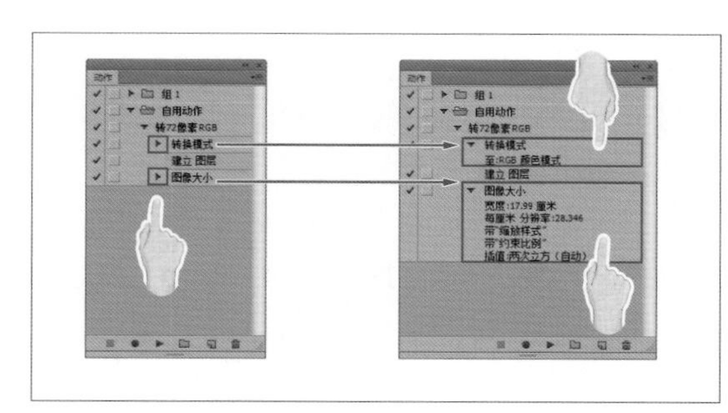

图3-2-8　展开【动作】中操作步骤的参数设置列表

③ 这么做是非常占用显示空间的，尤其是对文本图层的记录，这么一个命令在列表中会出现接近60条详细参数设置，非常惊人。所以，平时都让每一个命令步骤都处于折叠状态为好。

● 命令步骤的修改

绝大部分的命令步骤是可以修改的，鼠标左键或右键双击这个命令步骤，如果弹出相应的选项参数窗口，我们则可以对其中所有可以改变的命令项进行修改，这时下部的●【开始记录】按钮变成红色，自动对接下来的修改进行记录；与此同时，▶【播放选定的动作】也自动变成播放状态，在记录命令步骤的同时也执行一遍我们对命令的修改；完成后点击窗口的【确定】按钮即可。

● 改变命令步骤的位置

我们可以用鼠标左键点住一条命令步骤、连续的一组命令步骤（与 Shift 键组合操作）或不连续的几个命令步骤（与 Ctrl 键组合操作），将其拖动到想要的位置（可以看到有命令步骤的虚影随着移动）后松开鼠标，这条（或组）命令步骤就改变到了新的位置，其中不连续的几个命令步骤在新的位置会按照原来的前后顺序变成连续排列。

小提示：　　重要度：★

如果确实有需要的话，我们甚至可以将一条命令步骤、连续的一组命令步骤或不连续的几个命令步骤改变位置（移动）到其他【动作】中去。

（4）【动作】的存储与载入

● 存储【动作】

已经记录下来的【动作】，只要没有被【删除】、【清除全部】或【复位动作】，并且也没有重新安装PS的话，一直都会存在于【动作选项卡】中。

好的【动作】可以保存下来，以便在其他电脑或提供给他人调用。

① 点选【动作选显卡】中的【动作组】—“自用动作”。

② 点击【动作选显卡】右上角的▾≡【更多选项】，在弹出的菜单中选择【存储动作】。

③ 弹出【存储】窗口，文件格式已经被设定为“动作（*.ATN）”，如果不想选用PS提供的默认目录，也可以选择自己想要保存的目录并输入文件名，点击【确定】就完成

了【动作】的保存（图3-2-9）。

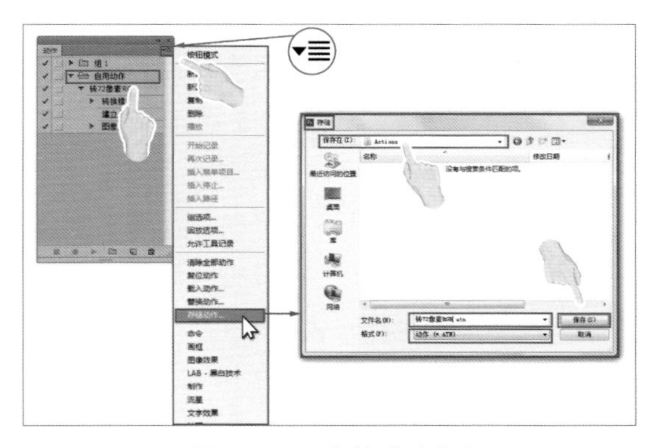

图3-2-9 存储【动作】

● 载入【动作】

① 点击【动作选显卡】右上角的▾≡【更多选项】，在弹出的菜单中选择【载入动作】。

② 弹出【载入】窗口，在【查找范围】内选择存放动作的目录，然后在中间的文件列表区选择想要载入的工作目录，最后点击【载入】。

③ 新载入的动作以动作组的形式出现在了【动作选项卡】中，这样就完成了一个【动作】的载入操作（图3-2-10）。

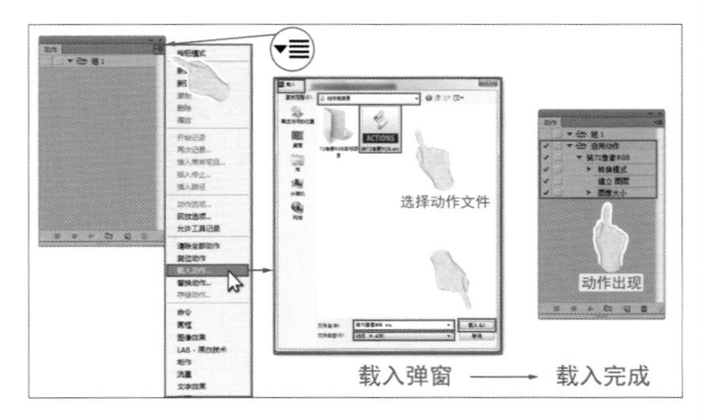

图3-2-10 载入【动作】

（5）【动作】的执行（【播放】）

记录【动作】的目的，就是为了可以调用后自动执行操作步骤，这个自动执行的过程就是【播放】（也称为“回放”）。

我们在记录完成的【动作】，正常情况下，从【动作组】到【动作】再到每一个命令步骤，其最左边的【命令执行复选框】都显示一个“√”，说明它们是被选中可以正常用于【播放】的（图3-2-11）。

● 完整【动作】的【播放】

① 打开一张新的照片。

② 按 Alt + F9 键打开【图层选项卡】，点击想要调用的【动作】（不是【动作组】），如果【动作组】是折叠的，就需要点击左侧的“▶”展开【动作组】，然后点击组内的【动作】。

③ 点击下面的▶【播放选定的动作】按钮，什么都不用管，PS就开始自动从头到尾自动执行了一遍【动作】中的全部命令步骤。

④【动作】播放完成后，当前选择项自动回到这个【动作】自身，成为深色背景（图3-2-11）。

命令执行复选框　　播放【动作】——→ 播放完成

图3-2-11 完整【动作】的播放

小提示：　　重要度：★★

现在，我们回顾一下，虽然表面上看起来前面我们记录的这个动作只有2条（不含本书中增加的1条）操作命令，但实际使用中却需要多次拖动鼠标，并且需要点击鼠标不少于6次，还有1次数值的输入，而调用动作的操作过程却只需要点击2次鼠标而已，对于几百次的重复执行来说，这确实将工作量减少了80%。对于几十或上百个操作命令的动作来说，这意味着什么！

●【播放】的方式

① 点击【动作选项卡】右上角的▾≡【更多选项】，在弹出的菜单中选择【回放选项】。

② 弹出【回放选项】窗口，有3个选项，这是在调用动作的执行过程中的3种【播放】方式，每次我们只能选择其中1个（图3-2-12）。

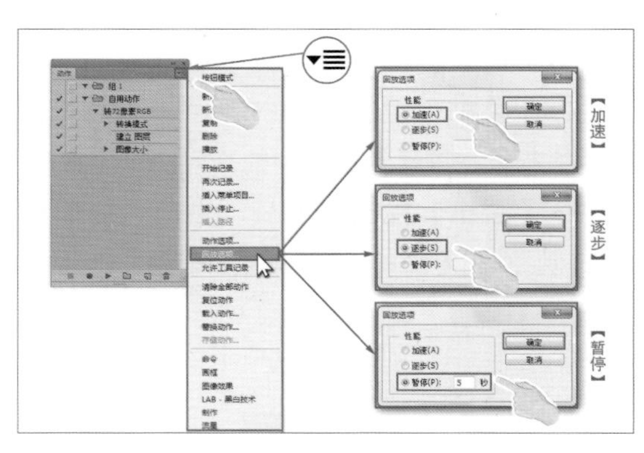

图3-2-12 【回放选项】的3种播放方式

加速——正常执行，各条命令取默认值，我们几乎看不到PS每一步操作的结果，只是面对屏幕等待结果。

逐步——我们可以看到PS在一步一步执行命令，执行到的命令变成深色背景显示；这样便于我们观察【动作】的【播放】情况，如果需要并且动作够快的话，可以停止【动作】。

暂停——可以设置每个步骤之间的间隔时间，让PS执行完每一步命令时，按设定的时间暂停，便于我们有足够的时间选择是否停止【动作】进行命令修改而不至于手忙脚乱。

需要注意，只要我们对【动作】点击■【停止播放/记录】采取了停止的操作，其实都是操作步骤已经完成了当前命令，停留在即将进行的下一步；即便我们设定了很长的暂停时间，也是完成当前命令后进行的暂停。

●【对话框选项】方式播放【动作】

通过分别尝试上述3个【回放方式】，我们发现一个问题。除了提示类弹窗，对于选项参数类的弹窗，它们几乎都是“哑巴模式”，无论设置多长的暂停时间，都是“不吭不哈”地完成了全部命令步骤，万一中间的某一个或某几个步骤我们想要修改选项或参数又怎么办呢？

① 在每个命令步骤最左侧的第2个复选框，就是【对话框选项】，正常情况下是空白的，也就是默认按照【记录】时的参数直接执行；点选后会变成▭，同时，【动作组】和【动作】的【对话框选项】也变成了▭，提示我们【动作】中有部分命令步骤执行时会弹出对话框可以修改参数（图3-2-13）。

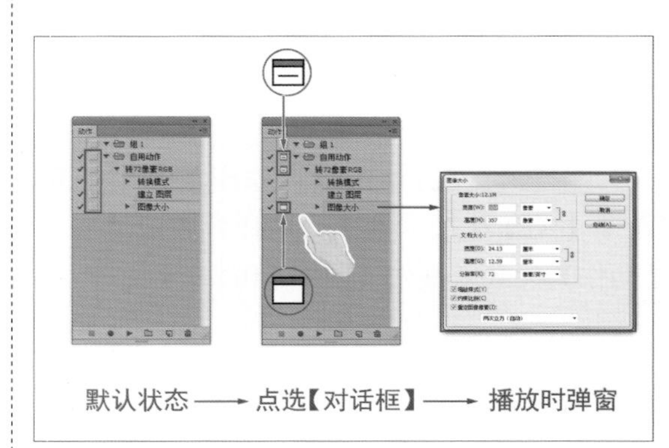

图3-2-13 【动作】的【对话框选项】

② 再执行▶【播放】时，只要执行到被打开了▭【对话框选项】的命令步骤，就会弹出相应的窗口，我们这时可以修改的参数选项，但是只对我们这次的【动作】播放有效，不会被记录下来影响令后的播放。

③ 修改完参数后（也可以不做修改），点击【确定】，则继续执行下一个命令步骤。

④ 如果点击的是【取消】，不仅这一步的命令步骤没有执行，【动作】的播放也自动停止在这一命令步骤上，变成深色背景成为当前选择步骤，并不会自动回到【动作】自身。

⑤【对话框选项】是一个复选项，再次点击可以取消。

不是所有的命令步骤都可以选择【对话框选项】，本例中的“转换模式”命令步骤就不可以选择【对话框选项】。

不仅是命令步骤，【动作组】和【动作】都可以点选【对话框选项】，不过点击后会弹出一个提示窗口，选择【确定】后，【动作组】中的所有【动作】、【动作】中的所有可以改变参数的命令步骤都将变成“选中对话框”或“取消对话框”状态（这是复选项）（图3-2-14）。

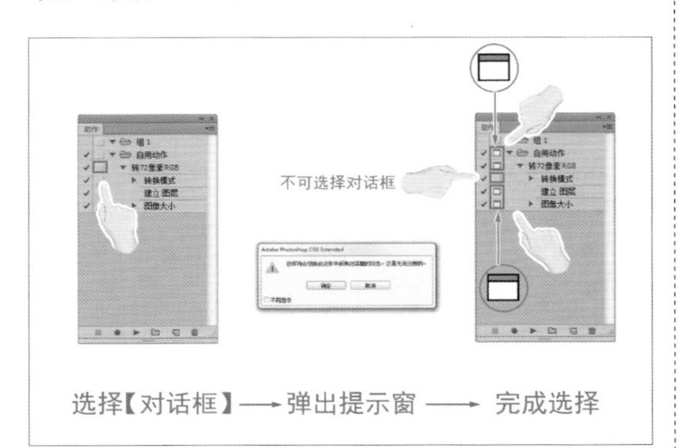

图3-2-14 【动作组】和【动作】选择【对话框选项】

小提示： 重要度：★★★★

在建立【动作】的过程中，如果想要记录【打开】以及【保存】照片文件的操作步骤，就必须要将这两个命令步骤的【对话框选项】设定为“√选中”状态，原因如下。

① 默认播放记录的“打开文件”命令，始终只会打开原来记录时的那一个文件。

② 默认播放记录的“保存文件”命令，如果是覆盖原文件还好，否则，无论打开的是哪一个文件，都只会保存到原来记录时的那一个文件名上，这可就乱套了。

● 非全部命令步骤的【播放】

① 从选中的命令步骤开始【播放】

a. 点击想要开始执行的命令步骤。

b. 点击▶【播放选定的动作】按钮，PS就从选中的命令步骤开始执行，一直到动作结束。

②【播放】一部分连续的命令步骤

如果只想执行【动作】中间连续的一部分动作，只需要如下操作。

a. 点击想要执行的第1步命令步骤（并不是【动作】中的第1步）。

b. 按住 Shift 键的同时点击想要执行的最后以步命令步骤；这样，全部想要执行的步骤都变成了深底色显示。

c. 点击▶【播放选定的动作】按钮，PS就跳过没有被选中的命令步骤，仅仅执行被选中的部分。

③【播放】不连续的命令步骤

想要执行的命令步骤彼此并不是连续的时，操作如下。

① 按住 Ctrl 键的同时点击想要执行的各个命令步骤，使它们变成深底色显示。

② 点击▶【播放选定的动作】按钮即可。

小提示： 重要度：★★

我们也可以利用【命令执行复选框】选择相应的不连续命令步骤（不需要的命令步骤则取消“√”），当有命令步骤没有被选中时，【动作组】和【动作】前面的“√”变成红色；

并且，【命令执行复选框】的级别是最高的，当它们和我们按照前述的操作发生冲突时，以【命令执行复选框】的选择为准。

④ 只【播放】选中的一步命令步骤

这就需要依靠【命令执行复选框】来完成，除了要执行的这条命令步骤外，其他所有的命令都去掉“√”，再点击▶【播放选定的动作】按钮即可。

虽然双击也可以执行一条指定的命令步骤，但最大的不同之处在于，这里即便点选了【对话框选项】，也不会【记录】修改过的选项参数；而双击命令步骤是进行修改，【播放】的同时【记录】修改的内容。

这些【播放】完成后，当前选择项都会自动回到【动作】上。

2.【批处理】

(1)【批处理】命令

在【动作】中，我们可以通过【记录】打开及保存文件的命令步骤，并在【播放】时采用【对话框选项】的方式来实现对不同文件的操作，但说到底，【动作】还只是针对单一照片文件的，而针对大量需要相同操作命令的照片来说，这样做还是太耽误时间了。

PS为我们准备了【批处理】功能，它的作用就是批量处理相同修改要求的照片，这个功能会大大提高工作效率的。

这个操作可以在不打开任何照片的情况下进行。

① 首先，我们要已经【记录】好了一组【动作】，或者【载入】了想要【播放】的【动作】；本例中我们则使用前面示例中【动作】—“转72像素RGB”，不过需要将其中的第2个命令步骤“建立新窗口”删除，还记得怎么操作吧？

② 打开【动作选项卡】，点击右上角的▾≡【更多选项】—【回放选项】—【加速】；如果照片文件多而你又选择了其他两个选项，那执行的时候可有的等了。

③ 点击【菜单栏】—【文件】—【批处理】，弹出【批处理】窗口（图3-2-15）。

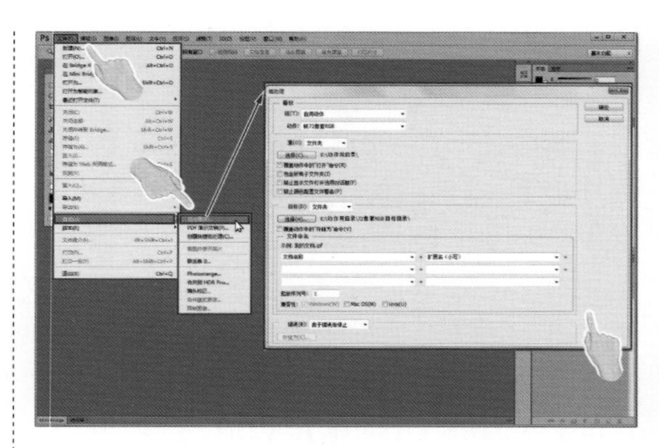

图3-2-15 选择【文件】—【批处理】

④ 在打开的窗口中，我们需要做以下设置。

a.【播放】选项

【动作组】——只能是已经在【动作选项卡】中的存放指定【动作】的【动作组】，本例是“自用动作”。

【动作】——本例是“转72像素RGB”。

b.照片文件【源】选项

大量处理的照片文件我们应该提前统一放置到一个指定的文件夹中，这里选择“文件夹”，并且利用【选择】来找到这个文件夹。

c.照片文件【目标】选项

同时我们应该提前为处理完的照片文件建立一个新的文件夹，这里同样是选择“文件夹”，并且利用【选择】来找到这个文件夹。

当然我们也可以在原文件夹中覆盖原来的文件，但一般不建议这个方法，你懂得。

d.【文件命名】选项

通常用原来的文件名即可（选择“文档名称”），也可在下拉选项中选择其他的方式，看自己的需要和喜好吧。

无论怎么保存，都必须为照片文件选择“扩展名”的选项，“小写”或“大写”到没有关系。

本例我们的设置如图3-2-16。

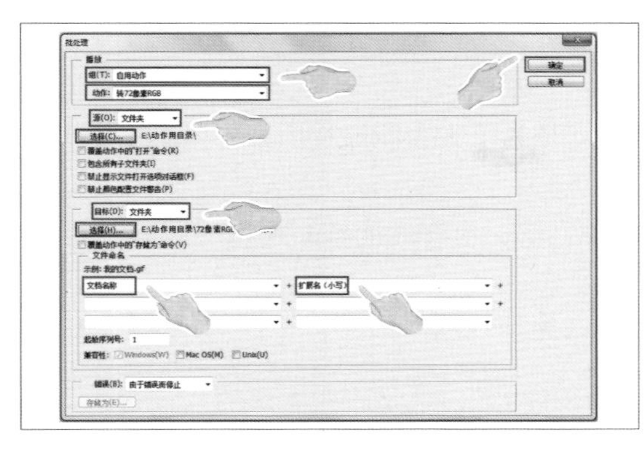

图3-2-16 【批处理】选项参数设置

⑤ 设置完成点击【确定】后，我们只需要看着屏幕，等待PS自己一张一张把照片调入按照【动作】进行处理就好了，如果文件很多，时间长短就看电脑的硬件设置了。

假如你的【回放选项】设置的不是【加速】，那么……

等PS把全部照片处理完成后，你是不是觉得在需要大量重复相同操作的时候，【批处理】才是真正的高效率呢？至于窗口中的其他设置，大家可以在今后的具体使用中逐步试一下。

（2）【创建快捷批处理】命令

① 这个命令就在刚才我们选择的【批处理】命令的下面。

② 点击后弹出【创建快捷批处理】窗口，看上去与【批处理】的窗口很像，不过“一增一减”。

a.【将快捷批处理存储为】

这个选项就是“一增”：我们可以【选择】存放这个快捷文件的具体位置，本例为“桌面”，并且文件名为“转72像素RGB”。

b.没有了照片文件【源】选项

因为快捷文件不需要知道这个“源”，为什么？我们继续往下看；

c.其他选项和【批处理】的设置是一样

③ 设置完成，点击【确定】，PS没看见什么动静？

通过文件浏览器到刚才设置的存放快捷文件的目录，可以看到多了一个“转72像素RGB.exe”（本例文件名），这是个可直接执行的文件。

今后，我们有批量的照片需要处理的时候，只要用鼠标点住文件夹或选中一批文件，拖入到这个快捷文件图标中，接下来程序会自动打开PS软件，然后在PS中像【批处理】一样逐个转换照片文件了，看到这里，大家应该明白为什么不需要照片文件【源】选项了吧。

小提示： 重要度：★★

因为【创建快捷批处理】命令还是需要自动进入到PS中执行，所以这时【回放选项】的设置同样会影响执行的速度，问题是如果发现设置的慢了，这时我们无法使用■【停止播放/记录】命令，怎么办？

你还可以点击右上角的▾≡【更多选项】去选择【回放选项】—【加速】，这样就可以了。

3.载入使用高级【动作】实例

在很多教材和书籍中，【动作】仅仅被介绍为处理大量相同操作的照片文件时能提高效率的功能，点到即止，简单扼要，让人颇有些“暴殄天物”的遗憾。

【动作】真正的强大之处在于可以让你一下成为令人钦佩的PS高手，很多PS高人将他们处理一些极其复杂的图片处理的过程记录为【动作】供其他人分享，这是很无私的行为，也是大家交流进步极好的手段。即便你是个新手，只掌握了必须的基础操作（比如我们学习到现在），但是如果能自如的运用别人免费提供的动作，一样可以制作出高水平的效果，而且还很节省时间。这样，站在“巨人”肩上的高起点，“菜鸟”和“神奇”之间几乎就没有什么距离了。

前面大费笔墨地讲了那么多【动作】的内容，就是为了大家能够今后轻松的运用更多更精彩神秘的动作。

下面为大家举3个例子，这可是个很好玩儿、很开心、很有成就感的过程。

（1）快速制作“经典老照片”

一款来自国外的动作，操作起来非常简单方便。

① 我们先打开示例照片，一个端庄秀丽的“中国媳妇”，这是一张彩色照片，背景与人物服饰都是民初风格。

② 按 Alt + F9 键打开【动作选项卡】，点击右上角的【更多选项】—【载入动作】，找到动作文件“Very_Vintage 6 老照片效果动作.atn”（本例位置为：.../示例素材/可调用的滤镜、动作、笔刷/），点击【确定】后【动作选项卡】中就可以看到这个【动作组】“Very_Vintage 6 老照片效果动作”了，愿意的话，我们可以展开它仔细阅读一下。

③ 点选【动作】“Start”，点击选项卡下面的【播放选定的动作】按钮（图3-2-17）。

④ 播放后首先会弹出一个关于这个动作的信息提示窗口（我们要在这里向作者表示谢意），原作者提示我们要注意照片大小，像素低的照片最终的效果可能不是那么理想。

点击【继续】，接下来就是等待PS的自动执行，因为命令步骤比较多，如果展开了【动作】，还可以看见执行到哪一步了（深底色显示），同时右侧的【图层现象卡】也有相应的显示。

⑤ 动作的执行中，不时会有一些命令的进度条出现；到后半部，还有一次弹窗【图层样式】，这一步是制作照片在背景中的阴影效果的；我们可以适当挪动窗口的位置，并拖动【图像编辑窗口】右侧和下面的拖动条，露出画面中照片的一角来观察调整后的阴影效果，并对其中的【投影】进行如下设置。

【不透明度】——“100”、【距离】——“15”、【大小】——“25”（图3-2-18）。

图3-2-17 老照片制作—载入【动作】并播放

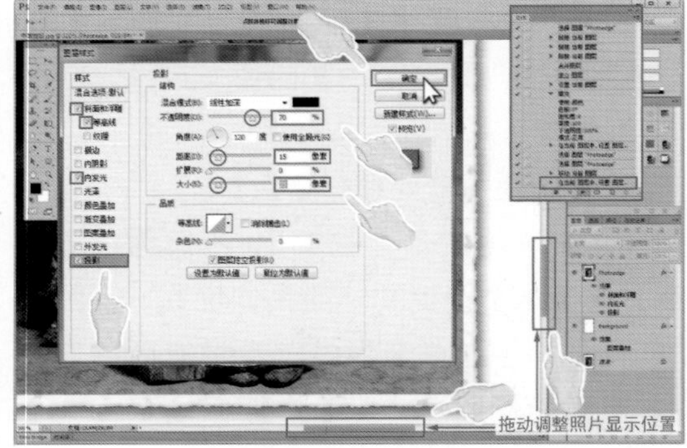

图3-2-18 老照片制作—设置投影效果【图层样式】

⑥ 点击窗口中的【确定】，【动作】继续【播放】至结束，一张老照片效果就完成了；我们可以通过【裁剪工具】裁掉一步分白边，让整体效果更好。

现在就可以对比完成前后的效果了（图3-2-19）。

原照片　　　　完成效果　　　　局部细节放大（折痕与裂痕）

图3-2-19　老照片制作—完成效果对比

（2）让照片“卷起来”

通过前例，相信大家已经尝到一定的甜头了，对于【动作】的兴趣也被勾引起来了，我们再多甜一把吧。

① 打开示例图片“四模合影—01”，从【动作选项卡】中【载入动作】“30种照片卷边撕裂效果动作”（本例位置为：.../示例素材/可调用的滤镜、动作、笔刷/），点击【确定】。

② 按 Alt + F9 键调出【动作选项卡】，可以看到已经有了【动作组】“30种照片卷边撕裂效果动作”（我们向原作者表示敬意），展开后可以看到一共有30个【动作】，我们选择【动作】“effect 6”，点击▶【播放】按钮（图3-2-20）。

③ 开始【播放】后，PS自动在新建的【图像编辑窗口】执行命令，不久后会弹出一个信息提示：“Define Stroke（border）”［设置样式（边框）］，目前我们先不用管他，点击【继续】。

④ 很快，PS完成了【动作】“effect 6”的全部命令，效果非常好，而我们几乎没有做什么操作。

现在折叠【动作选项卡】，看一下在【图像编辑窗口】“foto_model01-1”完成的效果（图3-2-21）。

图3-2-20　选择【动作】“effect 06”—【播放】

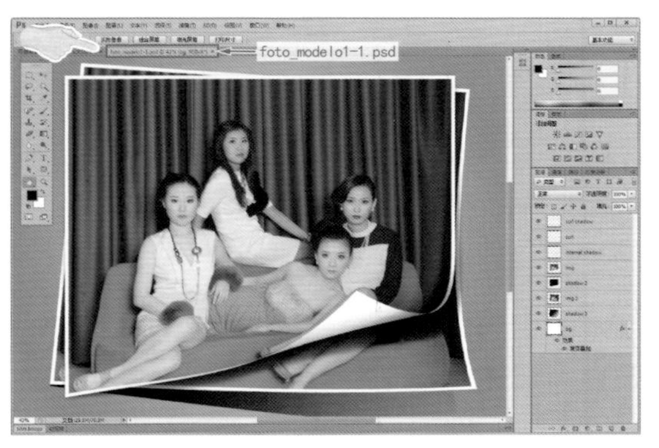

图3-2-21　【动作】“effect 6”未设置边框样式完成效果

⑤ 我们现在可以研究一下刚才【动作】的【播放】过程中出现的信息提示了，这是原作者提供的，应该是因为各人的习惯不同，有人可能就不单独制作提示，而是将这一步的“【图层样式】设置”命令直接设置为【对话框选项】，这是因人而异，但效果是一样的。

点击【图像编辑窗口】“四模合影-01.jpg”—按 Alt + F9 键调出【动作选项卡】—选择【动作】“effect 6”，点击▶【播放】。

⑥ 当【播放】过程中再次弹出信息提示“Define Stroke（border）”【设置样式（边框）】时，我们点击【停止】（还记得么，【动作】执行【停止】时，是停在下一个命令步骤的，“信息提示”命令就是利用了这个特点）。

⑦ 双击命令步骤“在当前图层中，设置图层样式”，在弹出的【图层样式】窗口中，我们在左侧选择【描边】，右侧的【结构】—【大小】设置为“100像素”。下面的【填充类型】选择“图案”，并挑选一个PS自带的图案，点击【确定】（图3-2-22）。

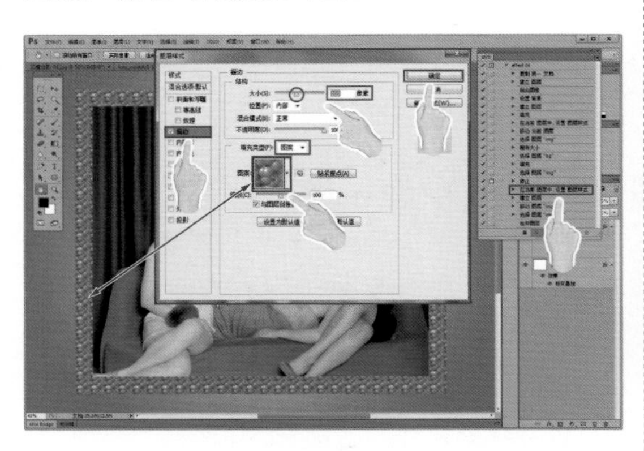

图3-2-22　设置【图层样式】—【描边】

⑧ 可以看到照片加了一个有花纹的宽边框，我们选择到命令步骤“在当前图层中，设置图层样式”的下一步“建立新图层”上（要选择正确，否则就不一定是什么效果了），重新点击▶【播放】，PS就继续往下进行直至完成。

这个动作每次执行时都会新建一个【图像编辑窗口】进行操作，而且临时的文件名称都是一样的，这在我们保存文件时需要注意一下；并且一般这类动作完成的效果四周空余会比较大一些，应该利用【裁剪工具】进行适当裁剪。

对比一下我们两次【播放】动作完成的效果，看看照片边框有什么不一样吧（图3-2-23）。

未设置边框样式的效果

设置了边框样式的效果

图3-2-23　两次完成的效果对比

其他29种的卷边和撕裂效果也非常不错，相信大家已经能够很好地一一进行【播放】并收获相应的效果了。

（3）利用别人的成熟“动作”技巧对照片进行调色

本例中为大家示范的是一款来自国外

的“126款专业照片艺术效果调色动作”，这些动作大部分是针对风光照片的，其中也有少量是针对人像的，还要个别的算不上是调色动作。也许这组动作中没有哪个是你喜欢的，并且我们有些操作步骤在本例中没有实际作用，但是类似这样来自国外的动作是非常普遍的，重点是要学习调用动作的方法，毕竟，源于中文PS记录下来的动作调用起来要简单多了。

在这组动作的目录中（本例位置为：.../示例素材/可调用的滤镜、动作、笔刷/），我们看到还有两个扩展名分别是“GRD”和“PAT”的文件，它们是某个动作需要用到的“渐变效果”和“图案素材”，如果确定要使用这组动作，我们就需要先将它们载入到PS中。

① 点击【菜单栏】—【编辑】—【预设】—【预设管理器】，弹出【预设管理器】窗口；【预设类型】选择“渐变”，点击【载入】，在弹出的【载入】窗口中找到这个存放“126款专业照片艺术效果调色动作”的目录，可以看到只显示了一个渐变效果文件，点选文件并【载入】，可以看到渐变效果最后多了一个“sunset”效果（图3-2-24）。

也许我们示例的【动作】并不一定会用到“渐变效果”或“图案素材”，但这组动作当中肯定有些动作是需要用到的，既然提供了，提前调入可以减少使用中的麻烦。

② 继续在【预设类型】选择“图案”，点击点击【载入】，在弹出的【载入】窗口中找到刚才的目录，可以看到只显示了一个图案素材文件，点选文件并【载入】，可以看到图案素材中一下多了50多种图案；点击【完成】（图3-2-24）。

③ 从【动作选项卡】中【载入动作】“126款专业照片艺术效果调色动作”（我们再次向原作者表达谢意），这样就完成了准备工作（图3-2-24）。

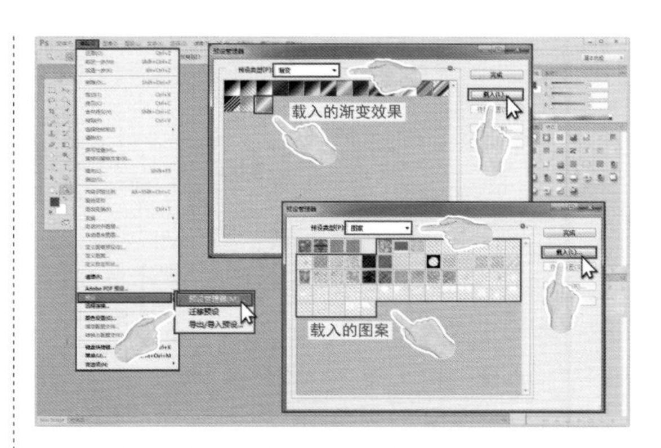

图3-2-24 打开【预设管理器】载入【渐变】与【图案】

④ 打开示例照片“乌镇夜色09”，我们想让照片的效果更加绚丽迷人；选择【动作】“City Scenes Color & Detail—（城市场景颜色和细节）”，名称中的中文是为了本例大家使用方便特意加上去的；点击左侧的“▶”将动作展开，观察【动作组】“126 Professional Actions”中的其他动作，如果有展开的全部折叠起来，因为组中的动作很多，这样做便于我们再次找到这个动作。

小提示： 重要度：★★

我们得承认，这组【动作】制作的还是很贴心的，看看最前面的2个提示，甚至连极其简单的操作“拼合图像”、“合并可见图层”也被做成了通用动作（随后的3个【动作】），再往下才是126个调色的动作。

⑤ 出现了警告提示窗口，告诉我们有图层当前不可用，这是因为原动作录制的时候是英文版的PS，自动建立一些图层的时候用的是默认的英文名称（中文版是默认的中文名称），所以无法继续运行了；只好点击【停止】并按 Alt + F9 键折叠【动作选项卡】，先去解决这个问题（图3-2-25）。

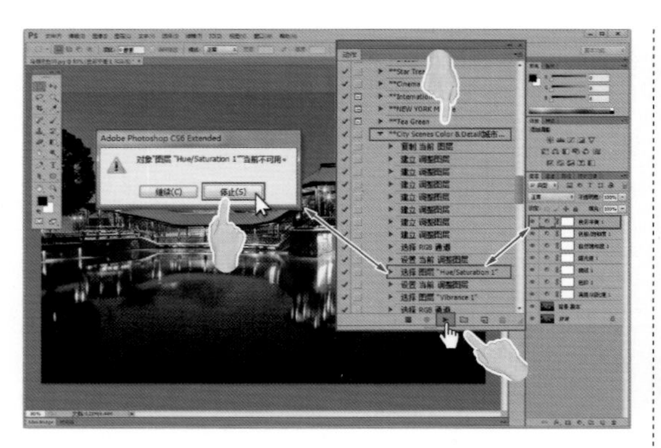

图3-2-25 【播放】后遇到提示弹窗

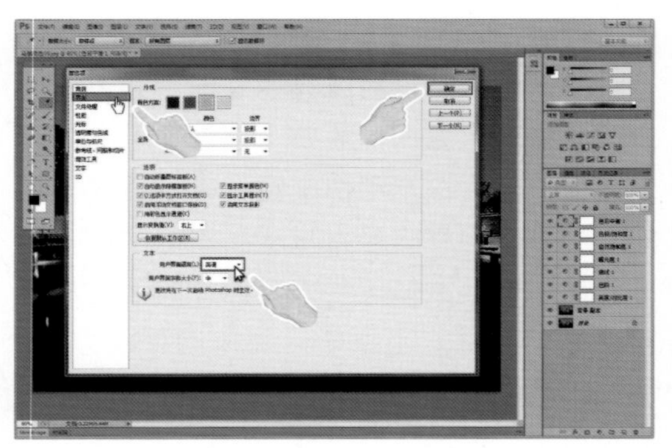

图3-2-26 【首选项】—【界面】—设置英语界面语言

⑥ 按 Ctrl + K 键调出【首选项】窗口，左侧选择【界面】，右侧下部【文本】中的【用户界面语言】选择【英语】，下面有一行提示“更改将在下一次启动Photoshop时生效”，所以需要点击【确定】后，关闭且不保存当前文件，然后退出PS（图3-2-26）；如果不幸你的PS是单语言安装的版本，选项中没有其他的语言项可选，也不要着急，不妨先看看本例后面的“小技巧”吧。

⑦ 重新启动PS，这次PS变成了英文界面的；鼠标左键双击中间空白处，弹出【Open（打开）】窗口载入示例文件“乌镇夜色09”。

⑧ 按 Alt + F9 键打开【Actions动作选项卡】；因为前面我们展开了【动作】“City Scenes Color & Detail”，所以可以一下就找到它并点选，点击▶【播放】按钮（图3-2-27）。

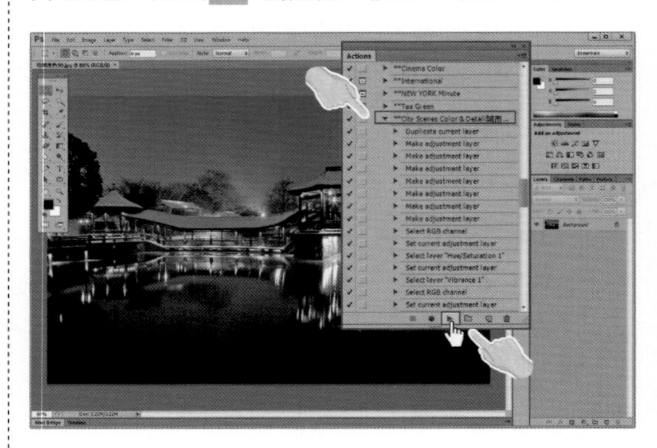

图3-2-27 英文界面先重新【播放】动作

⑨ 现在只需要等待，一切都顺利完成了；对比观察一下效果吧，是不是真的很不错？照片提亮了，感觉灯光也更璀璨了些（图3-2-28）；如果需要，分别保存PSD分层文件和JPEG图片文件。

原片

完成效果

图3-2-28 完成效果对比

⑩ 如果不再需要调用的其他英文版的动作，为了今后使用方便，我们还是恢复到中文PS界面，操作如下。

按 Ctrl + K 键调出【Preferences】（首选项）窗口，左侧选择【Interface】（界面），右侧下部【Text】（文本）中的【UI Language】（用户界面语言）选择【Simplified Chinese】（简体中文），点击【OK】后退出PS；再重新进入PS就OK了（图3-2-29）。

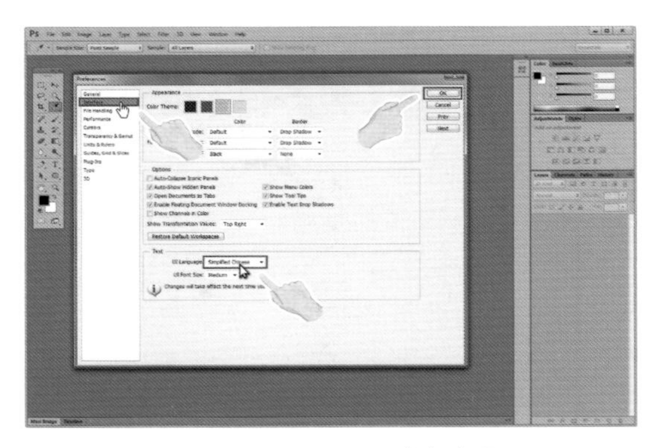

图3-2-29　设置还原成中文界面

大家可以按照这样的方法分别看一看这组中其他【动作】的效果，不过，【播放】前一定要先看清楚【动作】的名称，知道这是适合哪一类照片的调色，才能实现最好的效果。

小技巧：　　重要度：★★★★

对于来自国外的使用了自动图层名称的PS动作，上例这套方法是最常用的，不过万一你使用的PS版本不支持英文界面的转换，可以试试以下几个方法：

方法1：（成功率高）

① 找到目录"PS的安装目录/Adobe/Adobe Photoshop（版本号）/Locales/"，将其下面的目录"zh_CN"改名（例如"1zh_CN"）。

② 重新启动PS就是英文界面了，不过会有提示"Could not load default keyboard shortcuts because the file could not be found. Please reinstall photoshop."，我们不去使用快捷键而已。

③ 退出PS后，在将①中的目录名改回"zh_CN"，重启PS即可。

方法2：（成功率不高）

① 按照网络上部分PS使用者试验过的方法，拷贝其他人相同版本的"en_US"目录[位于"PS的安装目录/Adobe/Adobe Photoshop（版本号）/Locales/"目录下面]。

② 将其粘贴到自己电脑上相同的目录下。

③ 启动PS，再按照示例中的方法改变语言设置即可。

这个方法可能在少数情况下成功过，对于单语言安装的PS基本无效，会被提示"非法的语言包"而无法进入PS程序，不过再次重启PS就可以恢复正常进入中文版的了。

方法3：（比较麻烦）

① 展开要用的动作，将其中所有带有PS自动生成的英文图层名称改为标准的中文版图层名称，如："Background"改为"背景"、"layer1"改为"图层1"、"copy"改为"副本"等等。

② 全部修改完成后就可以正常【播放】这个【动作】了。

③ 这样修改完成的【动作】建议存储起来，将来再次载入使用就没什么麻烦了。

二、巧捷万端（鬼斧神工的PS滤镜）

滤镜的作用非常神奇，主要是用来实现图像的各种特殊效果。

滤镜的操作非常简单，通常在专用的窗口界面中直接调整设置就可以完成，但是真正用起来却很难恰到好处，这需要使用者具有一定的美术功底和丰富的想象力，更需要扎实的PS基本操作基础，只有这样，才能将滤镜的奇妙之处发挥到极致。

PS本身已经内置了很多滤镜，并且功能随着版本的更新也不断改进和逐步增加。为了使用方便，PS将内置滤镜做了分类，不同版本的分类略有不同，但最终目的是让我们使用起来更加得心应手。

在前面的章节中，我们已经接触并使用了几个内置滤镜，对它们的作用也有了初步的感受。

1. 安装与卸载

（1）安装

PS滤镜的安装有以下几种。

① 购买来的滤镜软件直接点击安装。

② 有些滤镜是压缩文件，解压缩后一般都是8bf格式；只要将这个文件拷贝粘贴到photoshop的安装路径下面的Plug-ins文件夹中，这样的滤镜占大多数；

上述两种方式完成后，进入PS软件就可以使用这个滤镜了。

③ 偶尔会有少量的滤镜会以【动作】形式出现，也被称为“动作版滤镜”，这个就与调用【动作】是一样的，不一定要放置到PS的指定目录中。

（2）卸载

非常简单，无非两种方式。

① 对于利用安装程序进行安装的滤镜，需要执行卸载程序。

② 属于拷贝到Plug-ins文件夹中滤镜，直接删除相应的8bf格式文件，在重新进入PS就没有这款滤镜了。

2. 人像作品减肥、修型的超强手段——液化滤镜

打开示例照片“漂亮丰满的女孩”，一个五官很清秀的女孩，按照人们当下审美的眼光，想要为这张照片减减肥。

在“淘宝”一类的网站上，我们见到最多也是操作起来最快的“瘦身”方法无非是直接缩小照片的宽度，但是这样的结果是使得人物的比例严重失调，尤其是眼/口/鼻/眉/耳、横放的手与小臂、佩戴的饰品（如珍珠）等的横向比例被强制缩短，几乎人人都能看出来这是生生把人物给挤扁了，极其失真，是属于相声大师马三立先生名段“逗你玩”的做法（图3-2-30），这可不是我们想要的。

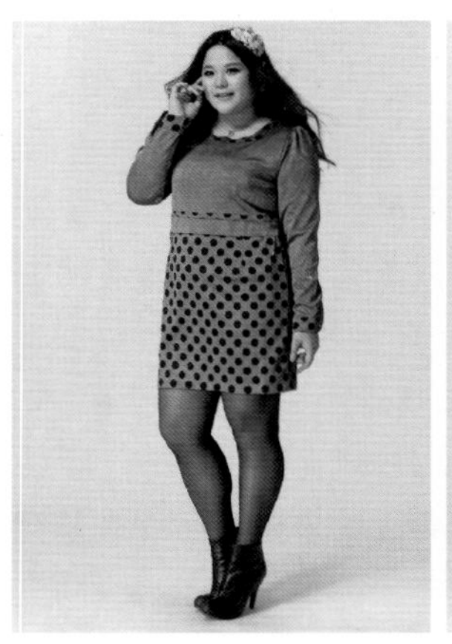

原片

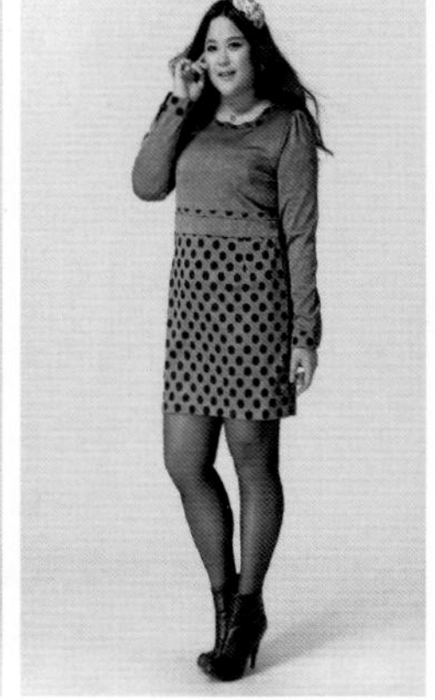

缩小横向比例

图3-2-30 “逗你玩”的瘦身方法—缩短横向比例

如果书中的图片因为小而看不出明显的效果，建议大家在电脑上放大上半身后仔细

对比看看。

来吧，尝试正确的做法吧。

这里要学习的是【液化滤镜】对人物进行瘦脸和瘦身的操作，这是个需要非常细心的过程，有时需要重复几百次动作，通常建议大家将一个人分几部分进行，主要是通过观察发现某个部分不够合理或不满意时，只需要将这个部分重新操作即可，提高效率，减少不必要的重复工作。

① 复制背景图层为“瘦左侧脸”（指的是照片画面的左侧，不是模特的左侧）；选择【菜单栏】—【滤镜】—【液化】（图3-2-31）。

图3-2-31 复制图层并选择【滤镜】—【液化】

② 弹出了【液化】窗口，中间偏左的大部分区域就是我们的编辑窗口；调节左下角的【显示比例】或左上部的【缩放工具】将画面调整到“200%”或者更大，利用左侧上部的【抓手工具】或者按住【空格】+鼠标左键移动人物的脸部到窗口中间。

脸部修型时不建议放大过大，要能同时观察到头发、脖子以及与脸部接触的部位为好。

③ 选择左侧上部的【左推工具】，在右侧的参数区进行设置如下。

【画笔大小】——“200”、【画笔密度】——“50”、【画笔压力】——50（图3-2-32）。

其中【画笔大小】的设置是因为人物的手部与脸互相接触，我们在将左边脸部向右侧推移的同时尽量避免把手部拉变形。

图3-2-32 放大并移动画面，选择并设置【左推工具】

【左推工具】的功能特点及使用方法

按住鼠标左键由下向上涂抹，画笔圆圈范围的画面将向左侧推移延展。

按住鼠标左键由上向下涂抹，画笔圆圈范围的画面将向右侧推移延展。

利用这个特性，一般我们进行“减肥”工作时，人物画面左侧采用由上向下的涂抹方式，而人物画右侧采用由下向上的涂抹方式，这样就达到了为人物（画面）“减肥或瘦身”的效果。

④ 这时【画笔大小】的设置是因为人物的手部与脸互相接触，再将左边脸部向右侧推移的同时尽量避免把手部贴近脸的部分直接向右推移变形，因此选择画笔大小能够把手也包含进来（至少是一大部分手）一起向右推移。

现在可以实际动手了，画笔与人物脸部的位置关系大致如图例（注意观察中心十字线和画笔边缘），因为画笔靠近边缘约有1/5的部分不会对画面产生影响，所以左边眼睛也几乎不会受到影响。

大致按照图例中蓝色线条箭头的起止点和线路，按住鼠标左键慢慢由上向下描画（方向千万不可错，否则成了增胖），然后松手，可以看到画面中人物的左侧脸向右侧瘦了过去（图3-2-33）。

图3-2-33　沿蓝色箭头线的方向和起止点从上向下描画

不要妄想画一次就能完成，本例中这一步作者是用200的画笔重复画了3次；每画完一次，画笔就适当向右移动，再重头描画；这样才能逐渐向右“瘦脸”。

通过观察，左侧脸部整体描画基本满意后，还可以调小画笔，依旧按照从上向下的方向对靠近发髻和靠近脖子的部分进行小范围的描画，本例使用50的画笔分别对这两个区域进行了大约各自10次左右的描画，直到左侧脸部看起来比较完美。

整个描画过程中，【撤销】操作（Ctrl+Alt+Z与Ctrl+Z）是完全有效的，随时可是使用。

上述描画完成后，感觉满意了，按【确定】键关闭窗口，结束【液化】过程；通过隐藏/显示图层“瘦左侧脸”，对比一下效果（图3-2-34）。

液化前

液化后

图3-2-34　“瘦左侧脸”完成后效果对比

也许大家能看出来，手的左边变得肥大了，没有关系，暂时不用理会，留待后面专门处理。

⑤ 复制图层“瘦左侧脸”，改名为“瘦右侧脸”；再次进入【液化滤镜】。

放大图片200%，移动人物脸部到中间；【画笔大小】调整为“100”，其他不变；选择【左推工具】。

【画笔大小】不需要200是因为右侧脸部没有手或其他部位接触，选择100是考虑了脸部的阴影和耳饰。

右侧脸部的描画和前面完全相反，是从下向上描画，这样，脸部是向左侧推移的；描画的方向大致分为3个部分：脸右侧、下巴右下方、肩窝与脖子右侧（图3-2-35），作者分别描画4～10次不等。

图3-2-35　分别沿蓝色箭头线的方向和起止点从下向上描画

一笔画完所有部位是没有可能的，分段描画是非常合理的；追求细节完美的话，可以调小画笔对个别小区域进行修整；这个过程随着多次操作会逐渐有体现，可能会繁琐一些，但并不复杂。

描画满意后，按【确定】键关闭窗口，结束【液化】过程；通过隐藏/显示图层“瘦右侧脸”，对比一下效果（图3-2-36）。

从脸部看，原来丰满的女孩变得适度了，确实更加漂亮了，我们继续对身体进行“瘦身”。

液化前　　　　液化后

图3-2-36 “瘦右侧脸”完成后效果对比

⑥ 复制图层“瘦右侧脸”为“左侧瘦身”，进入【液化滤镜】；放大照片100%，能观察到大部分身体最好，便于根据整体关系进行描画；调整【画笔大小】为“100”，选择【左推工具】。

按从上到下的方向对人物身体左侧进行描画，这要分很多部分分别进行，因人而异，同时要配合【空格】键+鼠标左键移动画面来完成；大致描绘路线如下。

手部的外侧——从手腕开始沿着胳膊肘到与身体的交接处；胸部腰部——从腰部以下沿大腿经过膝盖到脚腕处（图3-2-37）。

图3-2-37 沿人物身体左侧从上向下分阶段描画

需要注意，胳膊向右推移后，与胸部之间的距离显得别扭，所以还要通过描画胸部将其同样向右推移；而腰部则需要人为的多几次大幅度向右推移，才能“制造”出纤细的腰身；其他部分沿外轮廓描绘即可，整体大约需要超过100次的描画。

完成后点击【确定】，我们对比观察一下左侧瘦身后的效果（图3-2-38）。

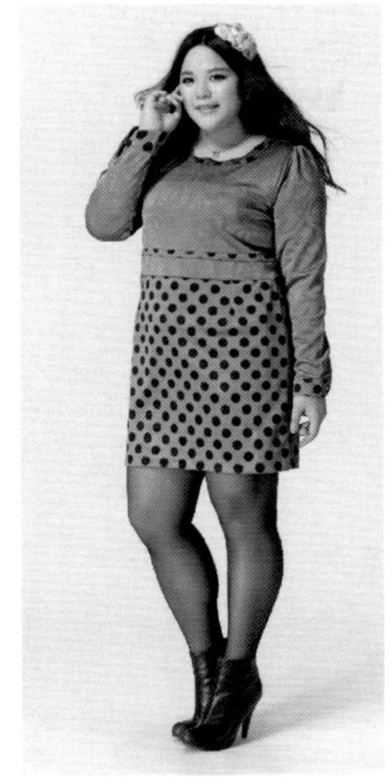

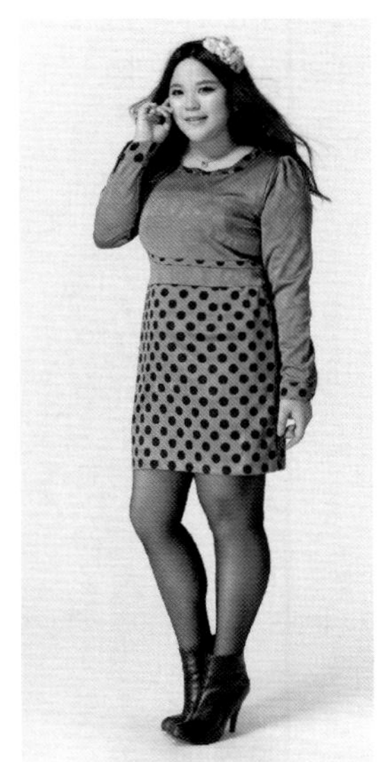

左侧身体液化前　　　　左侧身体液化后

图3-2-38 左侧瘦身完成效果对比

⑦ 复制图层“左侧瘦身”为“右侧瘦身”，再次进入【液化滤镜】，放大图片到100，仍旧使用100画笔及【左推工具】。

沿着人物身体右侧的轮廓线，按照从下向上的方向分段描画，依次为：脚腕到腿肚、腿肚到大腿、裙角到手部、手腕到胳膊肘、胳膊肘到肩膀、右侧手臂与身体的接缝处（图3-2-39）。

图3-2-39 沿人物身体右侧从下向上描画

需要注意的是手臂与身体接缝的腰部要向左收，与之前瘦身过的左侧身体腰部合理对应；整体大约也需要超过100次的描画。

完成后点击【确定】，对比观察一下右侧瘦身后的效果（图3-2-40）。

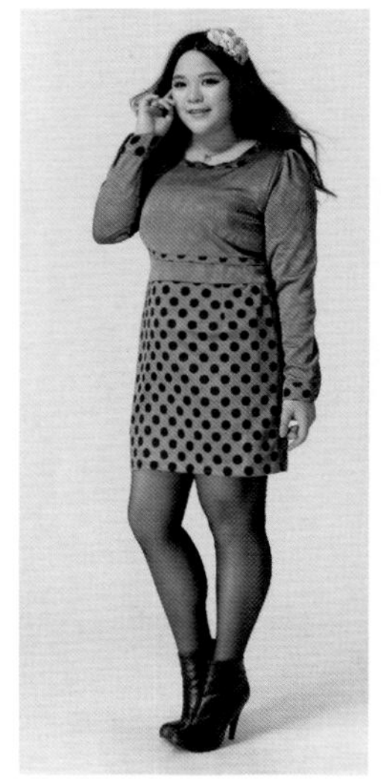

右侧身体液化前

右侧身体液化后

图3-2-40 右侧瘦身完成效果对比

⑧ 腿部的外侧已经随着身体进行了减肥，需要对两腿之间进行修整了：复制图层"右侧瘦身"为"腿间减肥"，进入【液化滤镜】；

放大图片200%甚至更大一些，移动画面腿部到编辑区中间，【画笔大小】调整为"40"，使用【左推工具】从下向上描画左侧腿部的右轮廓线（腿肚一侧），再从上向下描画右侧腿部的左轮廓线（膝盖一侧）（图3-2-41）。

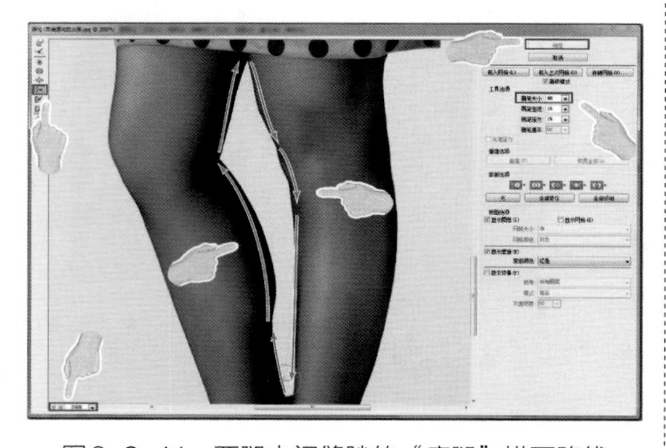

图3-2-41 两腿中间缝隙的"瘦腿"描画路线

因为画笔比较小，描画时将画笔中心十字线沿着腿部的外轮廓行进即可；其中，靠近大腿根部时，需将【画笔大小】调整为"20"以下进行描画。

完成后【确定】，对比观察一下腿间减肥后的效果（图3-2-42）。

两腿之间液化前

两腿之间液化后

图3-2-42 腿间减肥完成效果对比

⑨ 复制图层"腿间减肥"为"手部减肥"，然后进入【液化】进行修改，这部分需要放大的更大并且【画笔大小】更小，手掌、手背、手指肚都是需要根据手型适当进行"减肥"，静下心来慢慢修改吧。

⑩ 至此，大部分"瘦身减肥"工作基本完成了，接下来需要更细致的工作：

脸瘦了，头发是否需要用同样的方式收拢？

周身轮廓是否需要用个【液化滤镜】再进行一次细微的调整美化？

⑪ 当【液化】操作完成以后，需要通过使用其他的操作来完善收尾：

结合着使用【污点修复画笔工具】和【修复画笔工具】，将女孩的双下巴以及脖子上的细微肉纹擦除，留给大家运用已经掌握的技巧自由发挥吧；

看看最后完成的"瘦身壮举"！（图3-2-43）尤其要对比脸型、五官、腰身、腿间关系、手等多处身体部位整形后的真实感。

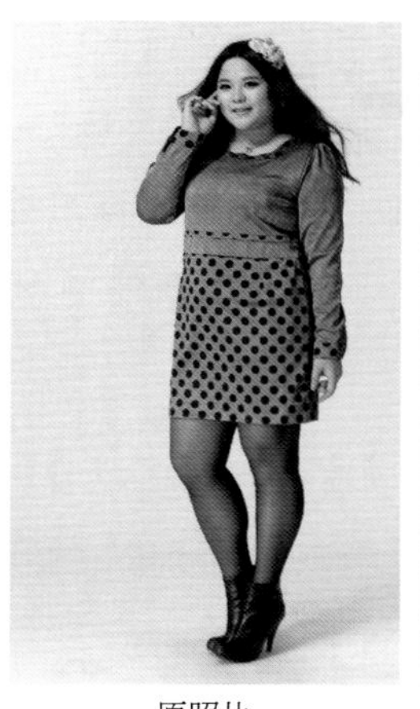

原照片

挤压瘦身

【液化】瘦身

图3-2-43　完成效果对比

小提示：　　重要度：★★★★

在【液化滤镜】的使用过程中，需要注意以下几点。

① 放大画面超过150%使用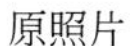【左推工具】进行操作时，可能工作区画面轮廓会出现"锯齿"现象，这是因为原照片分辨率不够高造成的，可以继续操作，并不会影响最后的实际效果。

② 根据具体情况不断改变【画笔大小】才能达到更好的效果。

③【液化】后的照片画面，操作过的区域画质肯定是受到影响的，会产生变形和模糊，清晰度也下降了，因此，对于人像来说，一定要先进行【液化】再进行污点擦除等细节修复，最后进行"磨皮美白"的操作，这样可以最大限度地降低【液化】对画面清晰度的不良影响。

④ 一定要注意观察人物的饰品（耳环、项链坠、手镯、手表、袖扣）等处是否因使用工具而产生了奇怪的变形，确实变形了的，要在关闭【液化】后分别采用擦除变形区域、从原图上抠图复制等方法进行人工修复。

⑤ 对人物进行"瘦身"最需要的就是耐心和细致，几百次的描画涂抹是非常正常的；尤其是不要忽略横放的手、腋下赘肉等处的修饰，完成的作品出现"瘦人胖手"百分百是因为不细心造成的，显得极其不专业。

⑥ 正是因为描画的次数很多，所以要采用多建图层的方式逐步推进，发现效果不满意，既可以重新进入【液化】继续修改，也可以删掉图层重新复制后再执行【液化】但不需要完全从头再来；多复制几个图层不费什么工夫，减少几遍上千次的重复描画动作才是最重要的。

⑦ 每一个新图层都是在前一个【液化】完成后产生的，所以隔步去修改前面的图层就没有实际意义了；因此，当前图层【液化】效果满意后再复制图层你进行下一步液化。

3. 效果颇佳的磨皮滤镜protraiture

（1）这款滤镜的安装

① 通过购买或合法下载方式获得protraiture滤镜，如果是压缩文件，需要解压；然后打开文件夹，其中后缀为“8BF”的文件就是滤镜文件了，文件夹里可能会有2个名称带“protraiture”的滤镜文件，其中带“_32”的是支持32位Windows系统的，而另一个带“_64”的是支持64位Windows系统的，这需要根据自己电脑系统的具体情况进行选择。

② 选择与自己系统位数相同的文件并复制。

③ 找到自己电脑上安装PS的目录里面存放滤镜的子目录，通常情况下与下面的例子类似（也有可能自己在安装时设置了特定的安装盘和安装目录）：photoshop的安装路径下面的Plug-ins文件夹。

④ 粘贴刚才拷贝的文件。

⑤ 运行PS CS6，在【菜单栏】—【滤镜】里，已经可以找到【Imagenomic】—【Portraiture】了。

（2）操作实例

滤镜插件虽然功能强大，使用方便，但并不是万能的，在处理复杂问题的照片时，仅靠滤镜本身很难独立达成满意效果，还需要我们学习过的其他操作配合使用，最终将照片处理的完美。

这里我们有一张需要后期完善的照片（图3-2-44），一个非常漂亮的小姑娘，遗憾的是脸上的雀斑很多，这种情况是人像摄影后期处理中比较头疼的一种，如果我们能让这张照片脱胎换骨而又真实自然，那比它难度低的照片处理起来不就信手拈来了？

① 打开示例照片“漂亮小姑娘”，复制图层，命名“去除雀斑”；选用【污点修复画笔工具】与【修复画笔工具】混合使用，配合【缩放工具】放大画面并随时改变画笔大小，在画面中逐个点击雀斑，这是一个细致耐心的工作，需要一边点击一边观察颜色，不建议按住鼠标左键连续涂抹，因为效果并不好。

局部画面修改完，按 空格 键+鼠标左键拖动画面，继续修改，直至完成整张脸部雀斑的去除；靠近眼皮和头发的区域，可能还需更加放大以及缩小工具大小来完成；随着不断的修复，画面上的小姑娘脸上越来越干净清爽了（图3-2-45）。

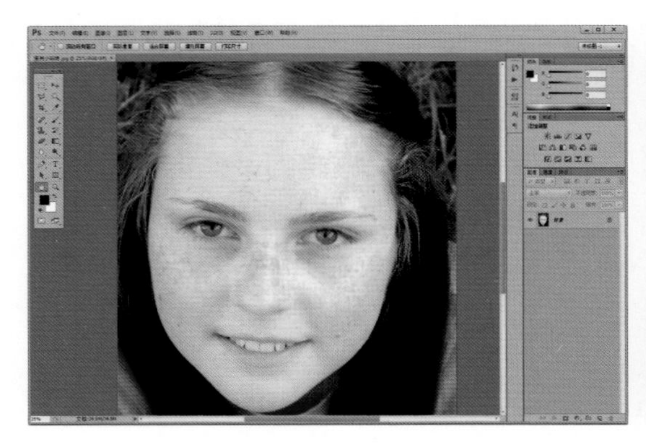

图3-2-44 打开照片“漂亮小姑娘”

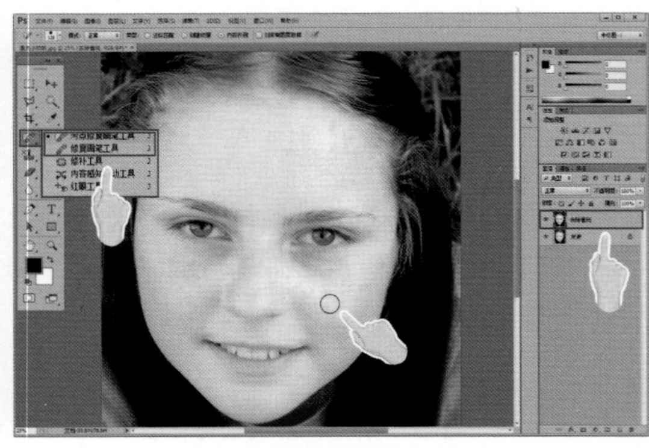

图3-2-45 去除雀斑

② 去除雀斑工作比较费时，但在制作本例时，大部分工作都是由【污点修复画笔工具】完成的；为了更加完美，我们继续。

复制图层“去除雀斑”，命名为“去除眼袋”，用我们之前学过的方法把两眼下方区域进行处理（图3-2-46）；怎么样，小姑娘是不是真的很漂亮？

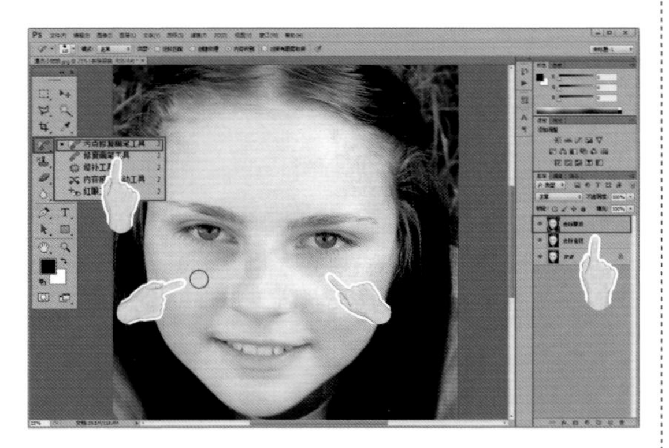

图3-2-46　去除眼袋

③ 利用图层“去除眼袋”把已经学过的“牙齿美白”操作一遍；当然也建议大家利用图层“去除眼袋”把“描眉”的操作也完成一次。(图3-2-47)。

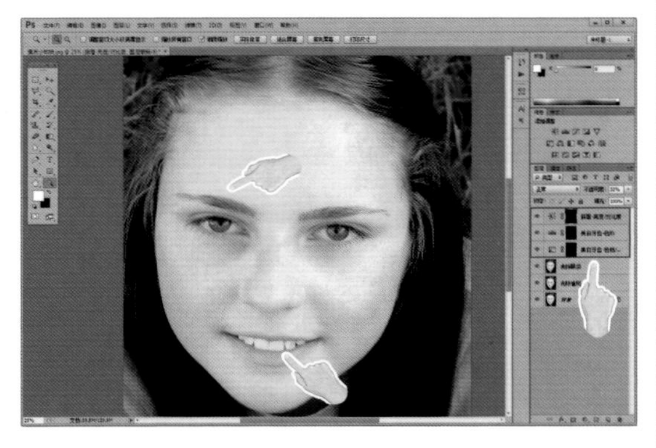

图3-2-47　描眉美齿

④ 选择最上面的图层，用 Ctrl + Shift + Alt + E 键进行图层合并，新图层命名为“手工美化合成”，复制这个图层，命名“磨皮美白”。

⑤ 终于该Portraiture出场了：点击【菜单栏】—【滤镜】—【Imagenomic】—【Portraiture】；也许大家打开的菜单和本例不太一样，但是只要【滤镜】菜单栏中有这个滤镜就对了（图3-2-48）。

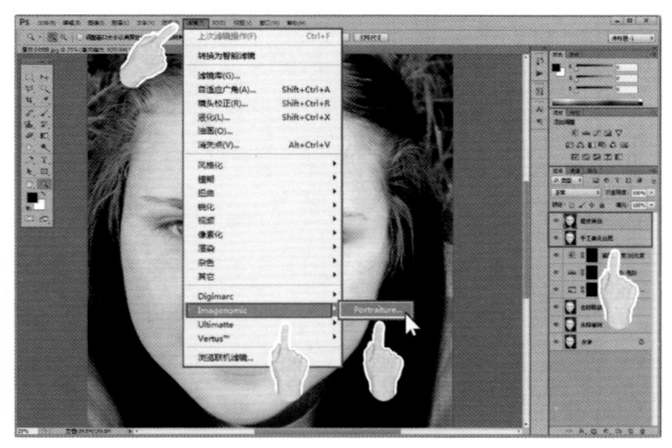

图3-2-48　合层复制后点击【滤镜】—【Imagenomic】—【Portraiture】

⑥ 弹出【Portraiture】窗口（本例为大家提供的是试用版，有15天的试用期，版本为2.3；建议大家在这期间多多试用，试用期结束后如果喜欢，请通过正规渠道购买），第一次使用，首先弹出的是“软件许可协议”与“试用期提示”，点击【接受】以及【确定】即可继续使用；以后则只会弹出“试用期提示”；试用期满后，仍然可以使用这款滤镜，但是输出的结果会被加上网格线（图3-2-49）。

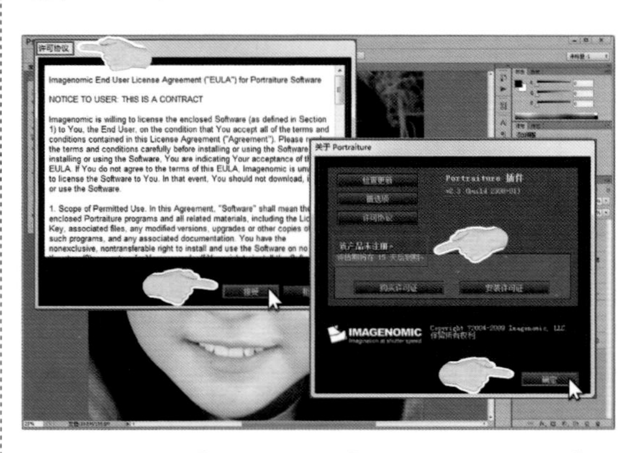

图3-2-49　【Portraiture】滤镜的“许可协议”及“试用期提醒”

⑦【Portraiture】窗口的中间是预览区域，可以按照习惯设置成单屏的效果预览或

原图+效果预览的左右、上下双屏，下部可以调整预览图的大小，如果要观察皮肤细节则可以多多放大（这时也可以利用右下角的【导航器】拖动画面，便于观察局部）；本例采取的是单屏的效果预览。

左侧是【Portraiture】滤镜的效果参数设置区；右侧是输出参数设置区。

本例中【细节平滑】的4个数值从上至下一次为“0”、“0”、“0”、“18”。

【肤色蒙版】中——【羽化】20，【不透明度】30，【模糊】35。

建议大家通过来回拖动滑块来达到这些数字，这过程中，可以直观地从【预览】窗口中看到调整效果；对于各人喜欢的效果，可以在完成本例后自我试验。

如果出现操作失误，可以使用最上面的↶【撤销一步】来撤销操作。

观察【预览】窗口对结果满意后，在右侧的【输出】选择【当前图层】，并勾选【创建透明蒙版】，最后点击【确定】，完成了Portraiture磨皮滤镜的操作（图3-2-50）。

⑧ 现在图层“磨皮美白”变成了一个蒙版图层，【隐藏/显示】这个图层，看看磨皮前后的效果吧。

⑨ 再次复制“背景”图层为“原片对比”，并把它拖动到最上层，对比观察原图与完成修改后的照片是不是有了令人惊讶的变化。

⑩ 放大观察修改完成后的照片，明眸皓齿皮肤细腻的小姑娘，谁看了不喜欢。如果你亲自操作的结果也能这样，还有什么样的人像不能在你的手里美化呢（图3-2-51）。

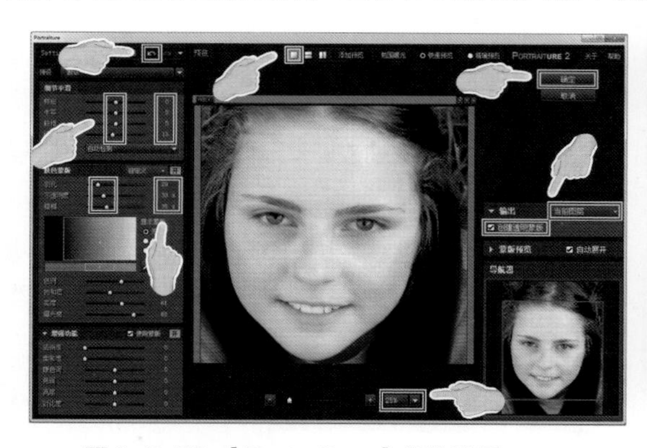

图3-2-50 【Portraiture】参数设置

原照片

完成效果

图3-2-51 完成效果对比

小提示：　　重要度：★★★★

千万不要小看基础操作，再复杂的效果、再绚丽的滤镜都需要这些基础操作的配合，打仗还得有兵有将呢。

很多教材上针对雀斑等情况都在教大家学习“图像计算”这个方法，虽然这个方法很好，归根结底也还是离不开【修复工具】、【仿制图章工具】的配合，再加上计算的使用原理比较复杂拗口，多数初学者难以理解，反而达不到很好的效果。既然我们只是学习数码照片的后期处理，又不是作为专业平面设计操作的教材，就为大家推荐的是更实用更省脑的操作过程，但最终效果丝毫不逊色。

有时候，最简单的往往是最好用的。

4.效果专业的动作版人像美化滤镜 Beauty Retouching Kit

在人像鼻祖后期处理中，使用最多的就是磨皮美白效果，虽然前面学习了相当好用的protraiture滤镜，但是有一个完成效果相当专业并且很全面的滤镜更想要介绍给大家。

滤镜最大的好处就是有专用的窗口界面，操作直观方便，但还是有少数滤镜是以动作方式出现的，被称作“动作版滤镜”，Beauty Retouching Kit就是其中的一款，直到PS CC版以后，这款滤镜才出现了带操作窗口的3.0版滤镜。

话不多少，直接上手。

（1）打开示例照片“气质”（图3-2-52），看得出来，片中的老年模特年轻时一定也是风华绝代的佳人，岁月的痕迹仍遮不住她美丽大方的气质；我们一起来帮助她“回到过去”，但提醒大家注意，千万不要把一个人物后期美化过渡，如果变得已经认不出来本来面目的，美化就没有任何意义了，这话听起来简单，却是一种很高的人像美化境界。

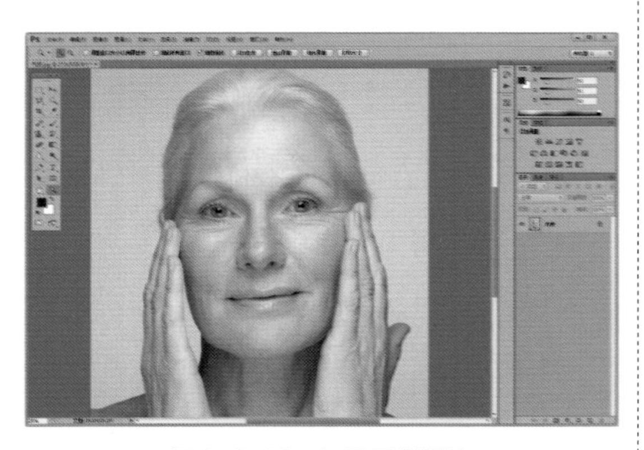

图3-2-52　打开示例照片

（2）复制“背景”图层为“抹去岁月痕迹”，然后综合使用修复工具对人物比较深的皱纹痕迹进行修复，主要为眼角、眼袋、嘴角、笑纹、额头、嘴唇与鼻子之间、下巴以及手背部（图例中带红色的区域），经过认真仔细的修复，很多纹理消失了，仅仅是这样，人物就显得年轻了不少，看起来非常不错（图3-2-53）。

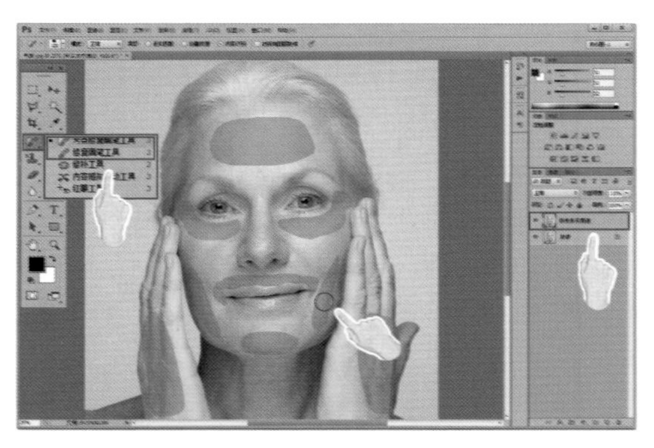

图3-2-53　修复人物皮肤上较深的皱纹

（3）按 Alt + F9 打开【动作选项卡】，点击右上角 【载入动作】，选中为大家提供的“美白皮肤动作版滤镜—Beauty Retouching Kit v2.0（PS Action-English）.ATN”文件（位于“示范素材/可调用的滤镜、动作、笔刷、样式”文件夹）下，然后点击【载入】（图3-2-54）。

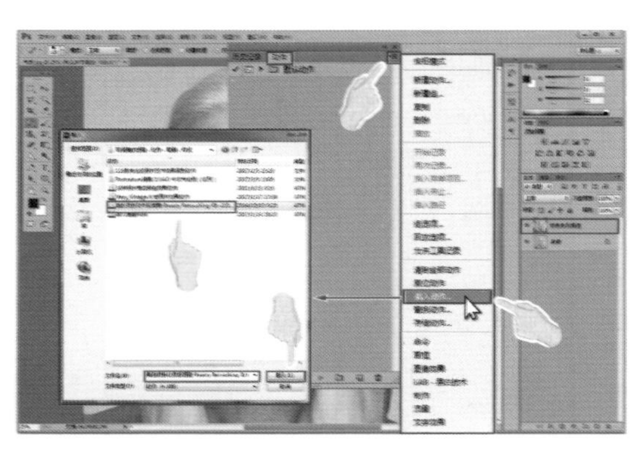

图3-2-54　载入动作

（4）在【动作选项卡】中出现了名为“Beauty Retouching Kit v2.0（English）”【动作组】，一共有20多个针对美容的动作，我们选择其中的“Freckle and Stain Reducer”【动作】，点击下面的 【播放选定的动作】。

现在只需要等待，PS在自动进行操作；直到这个【动作】弹出【信息提示窗口】，其实这时【动作】已经执行到最后了，点击【继续】或【停止】均可，弹窗2次，点击2次（图3-2-55）。

（5）【动作】执行到这里，已经完成了它的使命，接下来是我们操作的时间。

现在自动增加了一个带蒙版的图层“Skin Cleaner”，并且当前选择了蒙版图层，同时【工具栏】自动选择为【画笔工具】，前景颜色也自动变成白色。

我们将画面放大到80% ～ 100%，调整【画笔工具】的大小（确保选择的是带虚边的圆形画笔，其他参数不要调整），然后在人模有皮肤的地方进行涂抹，需要注意的是眼睛、嘴唇、眉毛以及头发不要涂抹；一遍涂抹一遍观察涂抹过的区域，看是不是产生了变化（深色皮肤和有纹理的地方减淡了，浅色的皮肤变化不大，但是细细的纹理并没有消失，保留了质感），同时【图层选显卡】中的【蒙版】缩略图也用白色显示出已经涂抹过的区域（图3-2-56）。

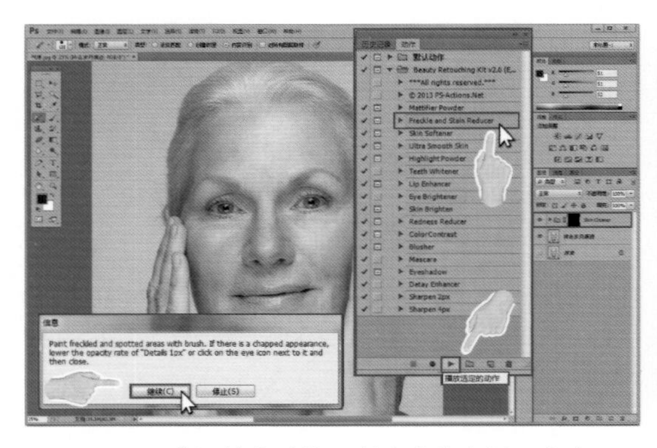

图3-2-55 【播放】动作后弹出【信息提示】窗口

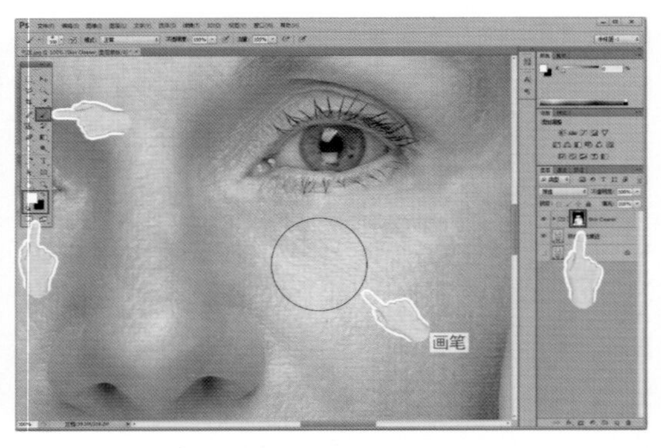

图3-2-56 用【画笔工具】在人物的皮肤上涂抹

（6）通过放大对人物的全部皮肤检查后，确认没有遗漏的地方，调用“动作版滤镜—Beauty Retouching Kit v2.0 (English)”、“Freckle and Stain Reducer”的过程就算完成了。

点选最上面的图层，按 Ctrl + Shift + Alt + E 键合并全部可见图层到新图层，改名“精细修整”，对不太满意的地方再次做细微的修整。

（7）至此，完成了对照片人物的美容：一个很有气质的老年女性至少因此年轻了二三十岁，并且看起来还是那么的自然。操作起来总的感受是：虽然没有直观的窗口界面，但操作起来到是更加简单了；从完成的效果看，肌肤纹理方面表现尤其出色，甚至比原片还要细腻清晰，感觉很真实，相比纯粹“磨平”的方式更胜一筹。这也正是要把这款滤镜推荐给大家的原因之一，强烈建议大家放大到100%细细观察一下吧，我们来对比完成效果（图3-2-57）。

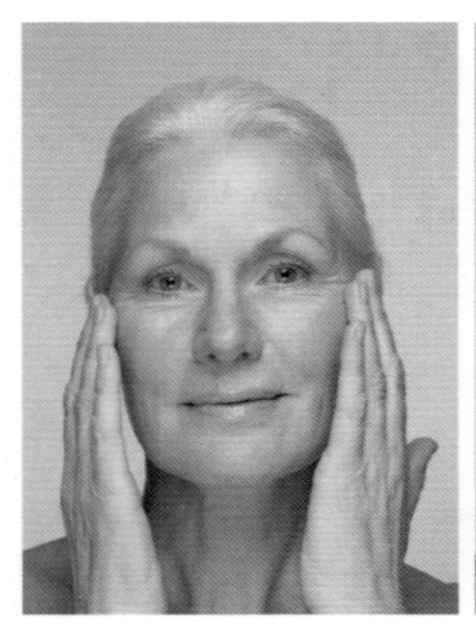

原照片

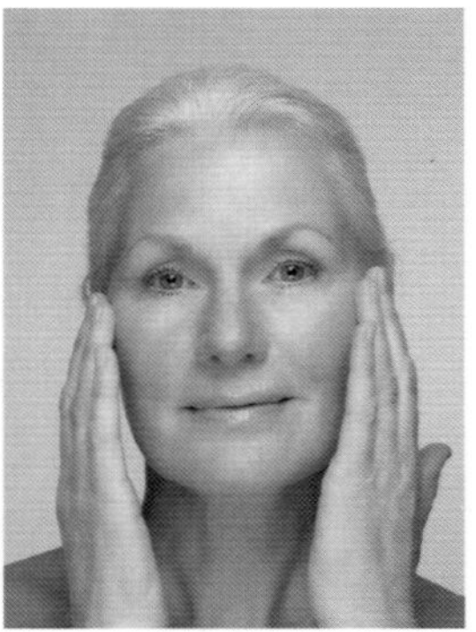

“Skin Cleaner”完成图

图3-2-57 完成效果对比

小提示：　　重要度：★★★★

无论使用哪种磨皮美白滤镜，你真的以为像网上描述的那样可以一次到位么？对于人物面部情况稍微复杂一点儿的来说就肯定不是，我们可以做个试验。

重新打开这张“气质”照片，复制“背景”图层，接下来不对人物皮肤表面任何修整，直接播放“Freckle and Stain Reducer”【动作】，然后用【画笔工具】涂抹人物皮肤，最后得到的结果与前面完成的效果对比如下（图3-2-58）。

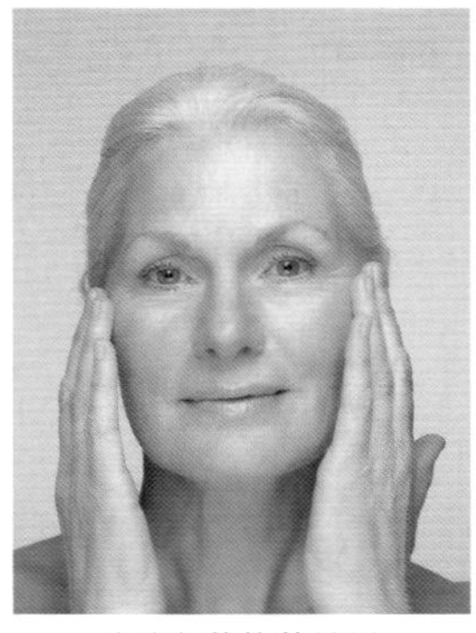

未进行修饰的效果

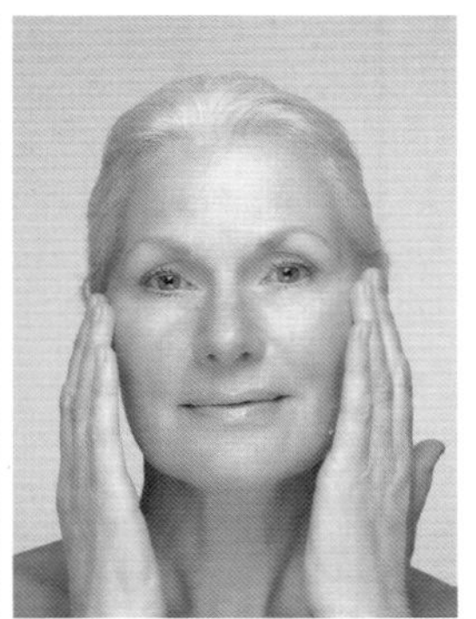

先进行修饰的效果

图3-2-58　两种完成效果对比

如果前例“漂亮小姑娘”也由原片直接运用滤镜，并且将相关参数调整到很大，完成后合并图片，再一次运用滤镜，同样调整大参数，结果如下（图3-2-59）。

未修饰且两次大参数滤镜的效果　　先进行修饰的效果

图3-2-59　“漂亮小姑娘”两种完成效果对比

通过对比我们发现，肌肤的纹理同样清晰细腻，真实自然，但是没有先进行修整的照片，使用滤镜后人物皮肤上原来比较深的皱纹都还在，只是浅了一些，如眼角、眼袋、笑纹、嘴角、下巴、手背等等，这说明使用滤镜并不能将颜色深的皱纹、雀斑等消除干净，还需要手工提前修整才能达到更好的效果。对一张人像照片的美容美化，是在是一个综合操作的过程，所以本书讲述这两个示例时，都先让大家进行了修整修饰才运用滤镜。

思考题

1. 可以自己制作【笔刷】么？讲述利用抠图制作并保存【笔刷】的操作过程。

2.【图层样式】的标记是什么？怎么进入这个窗口？其中的那个选项可以实现立体效果？怎样把【图层样式】复制给其他图层？

3. PS中的【动作】是什么？叙述建立/续录/插录【动作】的过程。

4.【快捷批处理】与【批处理】有什么不同之处？

5. 外部【滤镜】如何安装与卸载？

6. 哪种PS的内置滤镜可以实现对人物的“瘦身作用”？其中的【左推工具】的工作方式是什么？

I ❤ Photography!

附录　摄影师的后期利器——Lightroom

一、别有乾坤（了解Lightroom）

在本书第一章介绍八大最流行数码后期软件中，排名第二位的就是Lightroom（以下简称Lr），它的功能和界面与2005年苹果公司推出的Aperture 1.0 很相似。到了2006年，Lr推出公测版；2007年，1.0版的Lr问世；但直到2012年的Lr 4问世，这个软件才算正式在中国被逐渐广泛的应用推广开来。

由于课程安排和版面的限制，本书无法详细讲述Lr的全部操作使用，但尽量言简意赅地为大家总结Lr的特点并讲述这款软件的基本操作。

既然学习了PS这个最全面的图像处理软件，为什么还要再学习Lr？首先比较一下PS与Lr各自的主要优缺点。

Photoshop

优点：

- 可以“从无到有”制作图片、实现“创意无限”；
- 可以做到像素层级的编辑，还可以加入路径、矢量图案、字体等；
- 独创的、强大的图层功能可以让你为所欲为的合成任何神奇的效果；
- 可以记录/编辑动作，大大提高图像制作/编辑的效率；
- 众多功能超强的编辑工具；
- 可以直接制作网页。

缺点：

- 主要为处理单张图片而设计，虽然有简单的批处理操作功能，确实不够强大；面对数以千计、万计的图片，实在是勉为其难了；
- 虽然可以使用Camera Raw plugin来处理RAW文件，但目前还是需要单独升级/下载插件来满足需求；
- 高版本的软件对电脑配置要求高、占用磁盘空间大；
- 功能固然极其强大，涉及的领域也很宽广，但是过于复杂，相对学习也比较困难。

Lightroom

优点：

- 界面简洁、使用简单；
- 一次处理大量图片，操作及其简便；
- 直接就可以处理RAW格式文件而无需额外下载其他扩展软件；
- 通过“预设”可以记录一连串的照片调色、编辑动作，并可在其他照片处理中调用，从一定范围内讲，有些类似PS的“动作”。

缺点：

- 只能对照片做基本调成，无法做到PS的像素层级的编辑；

● 没有图层功能，无法对照片进行分层编辑处理，智能使用“画笔”工具对图片局部进行处理；

● 可以编辑已有的图片，无法“从无到有”去创造图片。

PS还在不断完善，目前配合着Camera Raw或者Bridge使用，PS在功能上已经非常接近Lightroom了。而Lr也因为拥有了数以万计的预设可以下载，为缺少时间进行照片后期处理的需求者提供了更大的方便和更高的效率；同时，Lr还可以直接将相机与电脑连接，然后进行实时照片预览和编辑。

综上所述，尽管PS与Lr有部分功能重叠，但PS更全面，是“大全强”，而Lr更专业，是“小专精”，各自都有其不可取代的功能。

根据有效统计，自2013年起，使用最多的图片处理软件，就是PS和Lr，这两个软件的使用比例超过了50%；而排在第1位的，是Lr，这是因为，单纯处理照片的人越来越多；如果你完全只是一个摄影师，那么建议你更熟练地掌握Lr，仅此就足够满足工作需求；如果将来的工作还需要处理照片以外的图片工作，当然建议你掌握PS以便全面地完成图片处理，并且利用Lr来辅助提高效率。

二、拨云见日（认识Lr软件）

1.认识界面

学习Lr还是要先了解操作界面，这个界面和PS还是有很大区别的，但是更方便易用；本书将以Lr 2015CC版进行操作实例。

每次打开Lr 软件，都会出现一个很漂亮的欢迎窗口（附图1）。

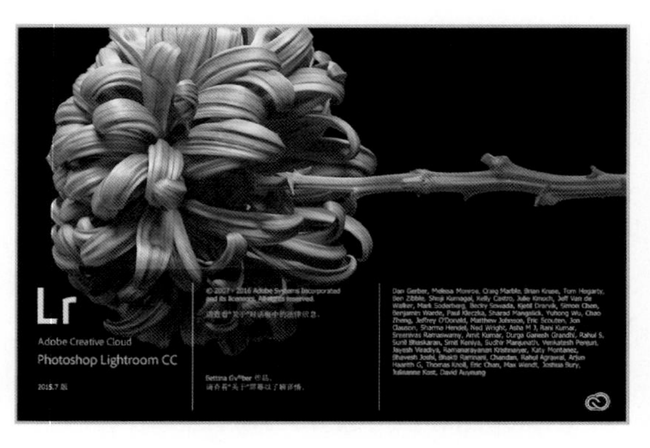

附图1 Lr-CC欢迎界面

欢迎界面之后，片刻即进入软件，界面与PS大相径庭：

（1）在软件窗口的顶部（一般是最左上角），显示的是Lr当前的【目录】和当前使用的模块，接着下面是和所有软件一样的【菜单栏】。

（2）Lr的主要工作区，分文上、下、左、右、中共计5个区域，而照片的处理工作主要通过【模块选择器】在模块面板中操作，也因此被称为“模块式软件”（附图2）。

附图2 认识Lr-CC-软件主界面

① 上方面板的左侧是Lr的【标题栏】；当后台进行某些操作时，这里还会显示相应的进度条来提示操作的进展情况；右侧是

【模块选择器】，共计有7个模块按钮（早期版本会少些），点击鼠标右键可以选择哪些模块按钮显示在屏幕上，从而让自己的工作区域更加简洁明快。

②【左侧模块面板】：与【右侧（模块）调整面板】对应着显示，其内容根据我们点击不同的【模块选择器】按钮会有不同的变化，主要是导航目录、文件夹、收藏夹、预设以及历史记录等。

③【右侧（模块）调整面板】是点击不同模块按钮后显示的主要操作命令，包括各种参数、调节滑轨等。

④ 最下方是【胶片显示窗格】，也被称作“幻灯片窗口”，像连续的胶片或放幻灯一样显示照片缩略图，在窗口的上边缘上下拖动鼠标可以放大/缩小这里显示的照片缩略图；这是显示/选择照片的最快速的手段。

⑤ 中间的是Lr的主窗口——【照片显示窗口】，这个窗口的下方是【工具条】，点击【工具条】右侧的下箭头，可以选择不同的工具。

2.工作区域的整理方法

（1）这5个区域的位置是固定不能变换的，只能隐藏或显示；在这些区域面板选项中出现的小三角按钮（▶或◀或▼）、⇕或+，都可以点开后展开更详细的操作选项或者菜单。

（2）当在一个面板内很多选项都被打开时，虽然可以使用滑动条，但视觉上还是很凌乱的，在区域面板内点击右键弹出的菜单中选择【单独模式】，▶变成了⁝▸，这样可以每次只显示点开的选项中的细项，其他选项自动折叠（左侧顶端的【导航器】与右侧顶端的【直方图】不受此控制），从而大大方便了观察。

（3）在工作区域最上/下方以及左/右侧的靠边中间部位的小三角（▶/◀/▲/▼），点击后可以隐藏/显示这个区域的操作面板；隐藏面板后，可以给予中间【图像显示窗口】更大的显示空间，便于对照片进行细致的编辑调整工作。

3.快捷键的使用

（1）F5、F6、F7、F8 键分别对应着上、下、左、右4个区域面板的隐藏/显示操作；Tab 键可以同时隐藏/显示左右2个区域的面板；Shift + Tab 键更是可以同时隐藏/显示上下左右4个区域的面板；这可以省去我们拖动鼠标去点击四个方位小三角的时间，提高效率。

（2）可以使用 T 键来隐藏/显示【图像显示窗口】的【工具条】。

隐藏/显示区域面板与【工具条】是经常要用到的，所以这是一组在Lr中最常用的快捷键。

三、抽丝剥茧（Lr的基本操作）

1.关于【目录】

（1）【目录】的概念

【目录】是出现在Lr中的非常重要的一个概念，这是PS中没有的。长期使在WIN系统中有“文件夹（Folder）”，也常称作“目录（Folder）”，但在Lr中【目录（Catalog)】是专用的名词，虽然中文一样，但英文并不相同，它有别于前面提到的文件系统的目录结构，这点是首先要弄明白的，一旦关闭了Lr，我们还是可以按照以往的习惯去称呼。

在Lr中，是用“数据库”结构来管理所有照片的，【目录】就是管理照片用的“数据库”，只有当照片导入到“数据库”中，Lr才知道这些照片的存在。

Lr导入照片的过程就是复制照片到指定的位置（文件夹）的同时将这些照片信息导入到Lr的“数据库”也就是【目录】中；对于本地磁盘中已经存在的照片，也可以不复制而只将照片信息导入到Lr的【目录】中。

与PS不同的是，当Lr打开一张照片时，并不是直接操作这张照片，而是通过【目录】里相应的信息记录来调用磁盘中的这张照片（这对于不太熟悉数据库概念的使用者可能有点费神）。

对比我们过去的操作，下面举例说明。

当有大量的照片（甚至成千上万）需要管理时，以往都是在资源管理器中人工对照片进行分类，先创建不同的文件夹，然后拷贝、粘贴、拖动照片到不同的文件夹中，这需要耗费大量的时间和精力，甚至占用庞大的磁盘空间。但是在Lr中，我们可以通过【目录】按不同的方式和途径将这些照片重新组织，并不需要改变照片原来的位置就能在一个【收藏夹】中看到这些照片，并且几乎不怎么占用磁盘空间，而所用的时间仅仅是几分钟甚至十几秒钟而已，不再需要那些耗时费力的操作，甚至可以在不复制照片的情况下对一张照片进行不同的处理、创建不同的副本，并且Lr记录了我们对照片的所有编辑步骤而不损坏原始照片。

（2）【目录】的建立

Lr的所有工作，必须是在建立的【目录】基础上进行。

① 当在电脑本地磁盘中没有任何Lr【目录】（例如新装软件），Lr会弹出窗口，提示是否需要建立建立默认位置的【目录】或者指定位置的【目录】，通常选择默认待进入软件后再行新建【目录】（依个人习惯）。

如果是新系统新安装的Lr（本地磁盘无Lr【目录】），进入Lr后，我们可能看不到任何照片，不用着急。

② 在软件界面的最左上角显示了当前的【目录】名称+当前选用的模块，光标在此处停留片刻会显示出【目录】所在的路径以及【目录】的文件名。

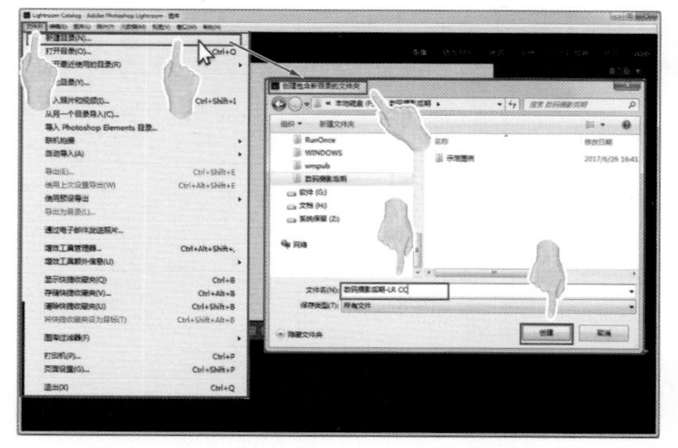

附图3　创建包含新【目录】的文件夹

③ 点进【菜单栏】—【文件】—【新建目录】，弹出【创建包含新目录的文件夹】窗口，选择指定的路径并为【目录】起好名字后，点击【创建】即可（附图3）。

因为Lr一次只能在一个【目录】下工作，所以这时Lr会自动关闭并重启，自动进入新的【目录】（通过最左上角显示可以看到已经是新建的【目录】了）。

当今后我们拥有了众多不同的【目录】时，选择【打开目录】(相当于更换【目录】)，Lr也会弹窗询问是否需要重启打开新【目录】；

④ 新建【目录】的过程与新建文件很相似，不同的是新建【目录】是同时建立了同名的文件夹和位于文件夹内的【目录】(.Lrcat) 文件，这个文件是很重要的，文件损坏也就意味着在Lr的这个【目录】中的所有相关操作都不存在了。

2.照片的【导入】

(1)【导入】设置

第一次使用Lr，虽然建立了【目录】，可还是看不到任何照片，这是因为【目录】这个数据库中还没有任何照片的信息，即便我们将照片文件拷贝到【目录】所在的文件夹也是没有用的（这一点大家可以尝试一下），这就是Lr与PS不同的地方。只有【导入】照片，【目录】才能拥有这些照片的信息，Lr才能识别并管理这些照片，今后任何情况下，都不需要从外部向Lr【目录】所在的文件夹内拷贝任何照片，只需【导入】即可。

点击【菜单栏】—【文件】—【导入照片和视频】(或点击【左侧模块面板】左下角的【导入】按钮)，弹出新窗口。这个窗口和Lr主界面相似，也分为上/下/左/右/中五个区域（附图4）。

附图4 【导入】窗口介绍

① 在左侧面板中出现类似资源管理器的【源】菜单界面，可以从本地磁盘或存储卡中选择原始照片所在的路径。

② 上部面板的中间有4个【导入方法选项】，如果原始照片位于本地磁盘（或移动硬盘），选择【添加】即可；如果是导入存储卡/U盘上的照片，应当选择【复制】，否则当拔出这些存储装置后，【目录】将无法对应导入的照片。

③ 右侧【文件处理】面板中的选项对应着上部的【导入方法选项】，除了【添加】包含2个选项外，其他均包含以下4个选项。

A.【文件处理】选项中有一个重要的选项【构建预览】(也翻译为“渲染预览”)，所谓【构建预览】一般这是在导入照片的过程中完成的，虽然从小到大有4个子选项可以选择，但多数情况下都使用个“标准”这个最平衡的预览选项，这时Lr可以为我们的照片进行完全的色彩管理；过大或过小的选项只在特殊需要时才会选用。

B.【文件重命名】选项可以在我们从相机存储卡中导入照片时，批量将复制后的文件名修改成更明确更直观的名称，当然这项工作也可以在【图库】中进行；选择【添加】的导入方法则无此选项。

C.【在导入时应用】—【元数据】—【编辑预设】，可以为我们所有导入的照片嵌入详细的个人版权信息，这对于保护自己的作品有很大的好处；但是，如果导入的是别人的照片，一定要取消或者修改这些预设。

D.【目标位置】是指我们打算把照片文件复制到哪个文件夹中，可以在类似于文件管理器的界面中选择或右键新建一个文件夹（也可以勾选其中的【至子文件夹】选项并在右侧输入栏中起好名字来自动建立新的子文件夹）；选择【添加】的导入方法则无此选项（图1-5左图）。

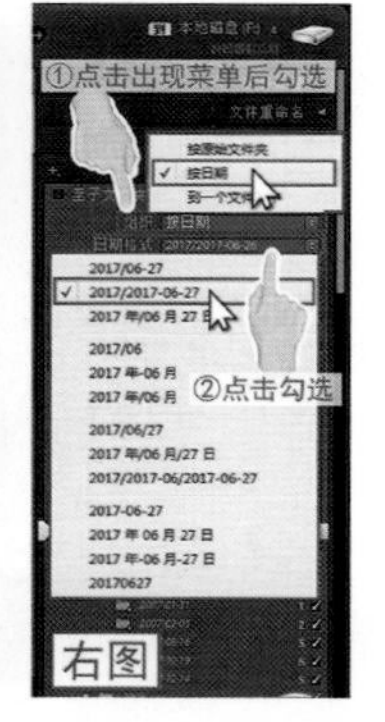

附图5 【目标位置】的设置

在其中的【组织】选项中除了“到一个文件夹中”外还有“按日期”选项，允许我们按照片的拍摄日期导入到不同的自动按日期建立的子文件夹中；日期格式可以选择，但是要注意，带“/”的将按“/”的数量逐级建立子文件夹，最细致的可以自动建立“×年×月×日”的三层文件夹（附图5右图）。

对于拍摄的照片来说，这种建立文件夹的方式既实用又方便。

（2）选择【导入】的照片

完成了【导入】设置之后，就可以在中间的【照片显示窗口】选择要【导入】的照片了，可以【全选】也可以【取消全选】后再在每张照片左上角勾选来进行筛选，此时可以组合 Ctrl 键或 Shift 键来提高选片效率，但这需要先选择（高亮度为选中）后勾选任意一张选中的照片。

如果是从存储卡中导入照片，建议大家【全选】导入，然后在【图库】面板中进行筛选，那样更加便捷。

中间【照片显示窗口】下面的【工具条】中最左边两个，是照片显示▦【网格视图】（多照片显示）与▣【放大视图】（单照片）的选择按钮，并且可以通过 + 与 − 键来放大和缩小显示（附图6）。

（3）【总结导入设置】

在最后确认【导入】之前，查看一下Lr自动为我们进行的【总结导入设置】可以避免有错误与疏漏的设置或选项。

点击下方面板最左边的▲按钮，在屏幕中间显示出我们曾经进行过的【导入】设置，鼠标指针停留在左下角的文字处，片刻后会显示出选择照片的数量/总量大小及忽略的照片等信息。

确认无误后，点击右下角的【导入】即可完成此次【导入】操作；或者点击左下角的▼按钮，返回到【导入】窗口，重新完善设置和选择，然后点击这里右侧的【导入】按钮（附图7）。

附图6 选择【导入】的照片

点击【导入】按钮后，窗口自动关闭回到正常界面；如果导入（复制）的照片比较多，这时可以看到左上角的【标题栏】会出现一个进度条显示导入（复制）的进度，这个进度条满格后，会再显示出一个进度条“构建标准预览”，这是在为复制完成后的照片构建预览；当这个进度条满格后，就可以看到中间的【照片显示窗口】和下面的【胶片显示窗格】中都有照片显示出来了，【导入】操作至此全部完成。下面，就可以对这些照片进行管理、浏览和修改了。

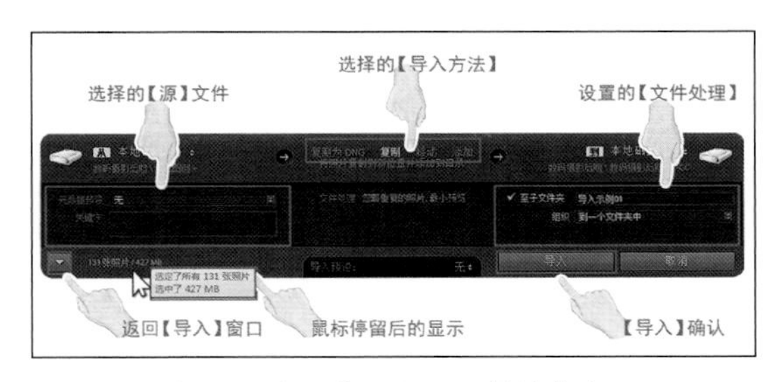

附图7　查看【导入设置总结】窗口

3.照片的组织管理

在Lr中，所有对照片文件的浏览/标记/删选/组织工作都是在【图库】模块中进行的。

（1）浏览照片

点击上方面板右侧的【图库】按钮，使其变成高亮白色，这时左右两边的模块面板内容是与其相对应的。

附图8　在【图库】中的浏览照片

在中间【照片显示窗口】的【工具条】的右侧，有5种浏览形式选项，分别是：【网格视图】、【放大视图】、【比较视图】、【筛选视图】和【人物】（附图8）。

① 【网格视图】：可以在【照片显示窗口】中显示多张照片，这是一种快速浏览模式，可用 + 和 – 键来放大和缩小网格，还可以在【左侧模块面板】—【导航器】中来放大当前选中的照片。

在【网格视图】与下面的【胶片显示窗格】中点选照片是同步进行的；鼠标在【照片显示窗口】点中的那张照片，在【胶片显示窗格】会自动居于面板中间。

在【网格视图】中，可以使用 J 键来叠加2种/取消显示“视图信息”，这些信息出现在照片的上方，如果不想使用默认的信息，具体显示的信息可以在【菜单栏】—【视图】—【视图选项】—【网格视图】中设置。

② 【放大视图】：是另一种常用的浏览形式，点击按钮或双击照片（或点击 E 键）都可切换到这种模式。反之，在【放大视图】模式下双击照片（或点击 G 键）则可以切换回【网格视图】模式；这两种模式是最常用的，经常需要来回切换，双击与快捷键是最快的方式。

【左侧模块面板】中【导航器】的右侧，可以选择【照片显示窗口】中【放大视图】的显示尺寸，共有13种，分为A组（“适合”、“填满”）与B组（11种数字比例），可以单击选择；而在窗口中的照片上单击鼠标右键，将在A组/B组两种尺寸之间来回切换，这其实就是一种指定比例的缩放工具。

除了“适合”的显示尺寸，其他选择都会在照片中出现手型指针，点住鼠标则可以拖动照片，也可以利用【导航器】挪动大比例的照片区域。

在【放大视图】中，可以使用 I 键来叠加2种/取消显示“视图信息”，同样，如果像改变显示的信息可以在【菜单栏】—【视图】—【视图选项】—【放大视图】中设置。

③ 【比较视图】：适合在筛选图片时从两张照片中挑选出效果好的。

④ 【筛选视图】：适合对两张以上类似照片进行对比观察筛选。

⑤ 【人物视图】：点击这个按钮，就启动了Lr的“人脸识别”功能，将会自动从指定的文件夹搜索出带有人脸的照片，排列后显示在【照片显示窗口】和【胶片显示窗格】中，非常方便使用；在低版本中是没有这个功能的。

如果对某张人脸进行了命名，Lr还能够通过自动对比识别，将属于同一人的照片归类，虽然还不能做到100%，还可以手工进行添加或减少；相信随着版本的不断更新，这个功能也越来越完善、准确。

在【右侧调整面板】的最上方是【直方图】，通过观察【直方图】可以评价每一张照片的曝光，以此确定保留更好的作品。

（2）【重命名照片】

数码相机存储照片一般使用“固定字母组合”+“4位循环数字”的方法，对于导入的大量拍摄，这样既无法通过文件名看出是什么照片，甚至可能出现文件名重复导致覆盖而造成损失，因此要养成【导入】照片后重命名的好习惯。

在Lr中，【重命名照片】操作很简单。

① 首先要确定选择了【网格视图】。

② 利用 Ctrl 或 Shift 键组合左键来选择照片。

③ 点击 F2 键弹出【重命名照片】窗口，窗口上部显示了需要重命名的照片数量。

④ 点击【文件命名】右侧的三角，可以在弹出的菜单中选择一种重命名方式，更可以点击【编辑】（自定设置），然后在弹出的【文件名模板编辑器】中输入文字并利用更多的选择项自行组合，具体方法和从网上下载的改名程序差不多，但是由于是Lr自带功能所以更方便。

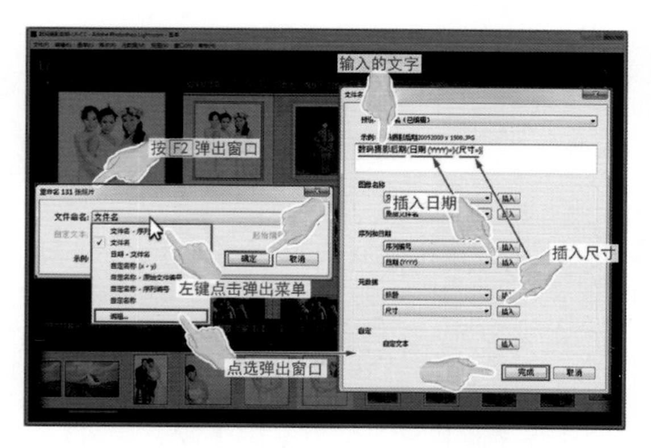

附图9 【重命名照片】—【自定义】编辑文件名

⑤完成选择与设置后，回到【文件名模板编辑器】窗口中点击【确定】，立刻LR就完成了对选择的这些文件的重命名操作（附图9）。

（3）为照片添加【关键字】

在日常上网搜索时，经常要用到关键字，相信大家对此非常熟悉了。Lr为照片添加关键字也是一样的作用——为照片做文本标记，使其成为今后进行删选的参照依据。

① 选择【网格视图】，利用 Ctrl 键或 Shift 键组合左键来选择照片。

② 点击【右侧调整面板】中的【关键字】右侧的小三角，然后可以在下面的“关键字编辑/显示栏”中输入字或词，彼此间需以逗号隔开；或在其下的输入栏（文字提示为“单击此处添加关键字”）单个输入字或词+ 回车 键，Lr会自动添加到上面的编辑显示栏并用逗号隔开；这些关键字随时可以再添加或删除部分及全部。

③ 这样就完成了添加【关键字】，当我们点击这些照片中的任何一张的时候，都可以在【右侧调整面板】中点开的【关键字】中看到具体内容，而没有添加过【关键字】的照片则无内容显示。

④ 如果显示出的某个关键字（词）的后面带有“*”，说明这个关键字只存在于所选择照片文件中的某些照片中而不是全部。

⑤ 带有【关键字】的照片，在中间的【照片显示窗口】和下面的【胶片显示窗格】的照片单元格中同时在右下角显示出一个标记（附图10）。

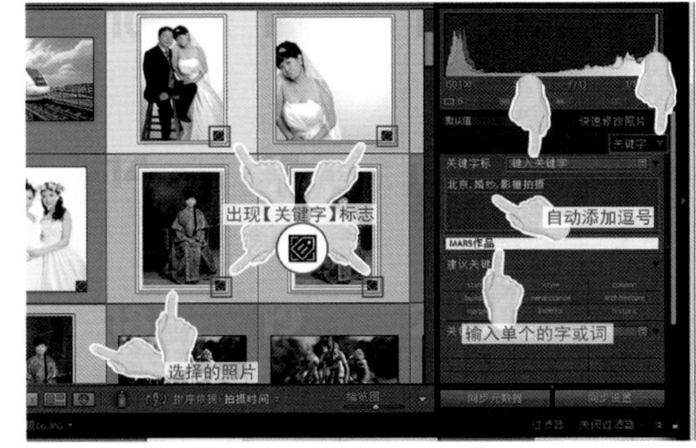

附图10　为照片添加【关键字】

管理照片是为了今后使用中更加快捷方便，添加【关键字】也是一个需要慢慢养成的习惯，初期可能会感觉麻烦，熟练后会非常容易，随着照片越来越多，事半功倍的效果也就越来越明显。

（4）【标记照片】

【标记照片】其实就是在选择照片。当有很多类似的照片时，只需要选择比较好的照片去进行修改处理，这些可以通过Lr的“标记系统”来完成。

Lr中有3种【标记】:【旗标】、【星级】、【色标】，它们都存在于【工具条】中；需要时点击【工具条】右侧的三角可以勾选它们以便显示出来，如果勾选了却没有显示出来，那是因为屏幕显示宽度不够大，可以关闭其他暂时不用的工具以确保【标记】工具可以显示。

①【旗标】有3个选择：“标记为留用（有用）”和“设置为排除（无用可删除）”，第3种就是“无旗（暂时保留）”；标记后会在中间的【照片显示窗口】和下面的【胶片显示窗格】的照片单元格中（以下相同）同时在左上角出现小标志。

按 Ctrl + Backspace 键即可删除“设置为排除”标记的照片。在弹出的确认窗口中，【从磁盘删除】为彻底删除源文件，【移去】是仅仅从【目录】中移除，源文件不受影响。

Delete 键则可以直接删除任何选择的照片文件，当然也需要进行上述的确认。

②【星级】共有5颗星☆，标记后为实心星★，代表照片的重要度，5星即为最重要；标记后会在照片单元格的下方出现小标志。

③【色标】共有5种颜色，点击其中之一后会为选择的照片添加这个颜色的边框，取消选择时则为照片单元格覆盖这个颜色的底色（附图11）。

④【标记照片】时，常常会用到【比较视图】，目的是为了通过对比来挑选出刚好的

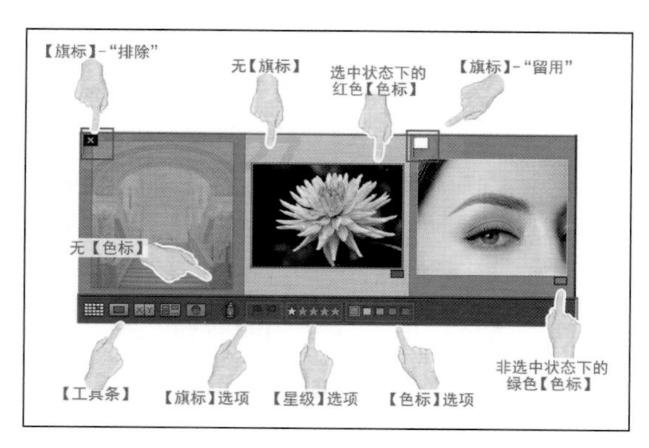

附图11　为照片添加【标记】

照片，然后做出【标记】。

⑤ 做过的【标记】在【胶片显示窗口】同时会有显示。

⑥ 撤销【标记】：当为照片文件做了【标记】时，只要再次点击相同的【标记】，即可取消。

（5）【筛选照片】

在Lr中，使用【图库过滤器】来根据一定的条件对照片进行筛选，这是非常强大的功能之一，之前为照片的重新命名、添加的【关键字】、做的各种【标记】等等，这时都成为了筛选的条件。

使用 Ctrl + L 键启动/关闭【图库过滤器】，点击 \ 键可以显示/隐藏【图库过滤器】的选项卡显示栏。

【图库过滤器】出现在【照片显示窗口】的顶部，有4个选项卡：【文本】、【属性】、【元数据】、【无】（关闭过滤器）。

①【文本】

② 以【属性】为例。

a.点击【属性】，使之成为白色高亮状态，其下又有四种条件选项，分别是3种【标记】（旗标、星级、色标）和文件【类型】，如果【照片显示窗口】太小，这些选项则无法完全显示，那就需要关闭两侧的面板来扩大中间的显示区域。

b.只要用鼠标点击条件选项，在【照片显示窗口】和【胶片显示窗格】中就会同步显示出所有满足条件的照片。

c.这些条件选项是叠加的关系，也就是可以同时被选中的，而【旗标】与【色标】所包含的所有子选项都可以被叠加，【星级】的子选项“≥、≤、=”只能单选。

d.任何时候只要关闭【图库过滤器】（ Ctrl + L 键或选择【无】），即可以返回到无筛选的正常状态的【图库】显示方式。

e.已经点击的筛选条件，只要再次做相同的点击即可消除，并且进行照片筛选时，我们仍旧可以为照片添加或撤销各种【标记】。

f.任何时候，下方【胶片显示窗格】的右上角，【过滤器】—【属性】选项随时可以使用（附图12）。

（6）使用【收藏夹】/【智能收藏夹】组织照片

实际使用中，常常会根据具体需要按不同条件对照片进行筛选分类，如何保存这些筛选结果，这就用到了Lr中的【收藏夹】。

【收藏夹】不是文件夹，性质和【目录】

附图12　用【图库过滤器】筛选照片

一样，也是“数据库”结构，所不同的是，Lr一次只能管理一个【目录】，但是一个【目录】下的【收藏夹】中，可以有很多“收藏夹”，分别保存不同的照片筛选结果，而无需复制/移动任何一张照片。

在【收藏夹】中，我们可以任意创建新的“收藏夹”，这些“收藏夹”可以自己命名，而【收藏夹】不可以，为了加以区分，本书对可以创建的“收藏夹”使用双引号标注，而Lr自身的【收藏夹】则使用书名号。

明白了【收藏夹】的概念和目的，操作起来非常容易，和在资源管理器中操作文件夹大同小异。

① 在【收藏夹】下，Lr自动建立了一个名为“智能收藏夹”的收藏夹集，这和浏览器的收藏夹自动建立的一些子集是一个意思，实际意义并不大，我们可以删除或不理睬它。

② 点击【收藏夹】右侧的+弹出菜单，可以【创建收藏夹】或者【创建收藏夹集】。

“收藏夹”的标志是▭，它的里面不能再创建“收藏夹”;“收藏夹集”的标志是▭，是分类管理“收藏夹”的，它的里面，既可以创建子级的“收藏夹集”，也可以创建“收藏夹”；但是筛选的照片只能存放于“收藏夹”中。

③ 把筛选后的照片文件全部选中，然后点住任何一张照片（必须点中照片本身，点中照片外的窗格无效），拖动到左侧显示出来的指定的“收藏夹”中便大功告成。

④【智能收藏夹】很有意思，在创建时就可以提前设置好各种筛选条件，今后使用【图库过滤器】筛选照片时，凡是符合条件的照片，就会自动存放到相对应的【智能收藏夹】中，更加减少了我们的操作。

⑤ 我们实际存放照片文件的【文件夹】只有在【图库】中可以看到，而【收藏夹】则存在于Lr的所有模块中，所以，想在其他模块中使用照片，就必须要用到【收藏夹】。

四、结束语

至此，我们就已经了解了Lr不同于PS的概念，尤其是基本掌握了Lr在组织、管理海量照片文件的最基础的操作，实际的应用是一个循序渐进的过程，就好像从家庭作坊—微小公司—正规企业的发展过程，千万不要操之过急，虽然因人而异，但也不要认为这很繁琐，因为照片越多，效果就越明显，“甜头儿”也就更大，今后节省的时间、精力和磁盘空间也就更大。

在此之后的更多功能的用法，相信大家运用已经学到的PS与Lr的相关知识，完全可以在很短时间内自行掌握本书中未及讲述的内容，只要坚持不懈，多多实际操作，相信大家都能成为了不起的数码摄影后期高手。

借用陈勤教授的一句话结束本书“快乐生活！快乐摄影！快乐的数码后期！”。

参考文献

[1] 尹新梅，施霁耘. Photoshop CS6数码照片处理入门到精通. 北京：清华大学出版社出版，2016.

[2] 林卫星，林竞. Photoshop CC图像处理入门教程. 北京：化学工业出版社出版，2016.

[3] 盛秋. 中文版Photoshop CS6从新手到高手（超值版）. 北京：人民邮电出版社出版，2016.

[4] 刘彩霞. Lightroom完全自学一本通. 北京：电子工业出版社出版，2016.

[5] 龙飞. 零基础学后期—Lightroom 6/CC数码照片处理从新手到高手. 北京：人民邮电出版社出版，2016.